航空类专业职业教育系列"十三五"规划教材

航空材料与成形工艺基础

主　编　陈志强

副主编　谷霞英　罗　静

编　者　陈志强　谷霞英　罗　静

　　　　周　波　朱　阁　查梦江

　　　　付有卓

主　审　侯德政

西北工业大学出版社

西安

【内容简介】 本书共12章,可归纳为三大部分。第一部分材料科学基础,主要讲述材料的力学性能、金属的晶体结构与结晶、铁碳合金相图、钢的热处理;第二部分常用航空工程材料,主要讲述钢铁材料、轻金属、复合材料、非金属材料及功能材料;第三部分航空材料制造技术,主要讲述航空材料成形工艺和特种加工技术、航空材料腐蚀与防护。三大部分共同形成了较为完整的知识构架。

本书适合作为高等职业院校相关专业的教材,也可以作为相关工程技术人员的参考书。

图书在版编目(CIP)数据

航空材料与成形工艺基础/陈志强主编 . —西安:
西北工业大学出版社,2019.11(2024.12重印)
航空类专业职业教育系列"十三五"规划教材
ISBN 978 - 7 - 5612 - 6661 - 8

Ⅰ.①航…　Ⅱ.①陈…　Ⅲ.①航空材料-成型-工艺
-高等职业教育-教材　Ⅳ.①V25

中国版本图书馆 CIP 数据核字(2019)第 272366 号

HANGKONG CAILIAO YU CHENGXING GONGYI JICHU

航 空 材 料 与 成 形 工 艺 基 础

责任编辑:胡莉巾		**策划编辑**:华一瑾	
责任校对:卢颖慧		**装帧设计**:董晓伟	

出版发行:西北工业大学出版社

通信地址:西安市友谊西路 127 号　　　邮编:710072

电　　话:(029)88491757,88493844

网　　址:www.nwpup.com

印 刷 者:西安浩轩印务有限公司

开　　本:787 mm×1 092 mm　　1/16

印　　张:15.75

字　　数:413 千字

版　　次:2019 年 11 月第 2 版　　2024 年 12 月第 4 次印刷

定　　价:48.00 元

如有印装问题请与出版社联系调换

前　言

航空材料反映了材料发展的前沿,代表了一个国家材料科学技术的先进水平,《中国制造2025》所涉及的的五大工程、十大领域都离不开材料科学的发展。

本书以航空材料及航空材料成形技术为核心知识体系,并结合我们多年教学实践经验及航空类专业课程改革探索的成果编写而成。随着科学技术的迅猛发展,新材料和新的加工技术层出不穷,在某些应用领域,传统的航空金属材料正逐步被一些先进的非金属材料所替代,已经由过去的金属材料占绝对优势发展到现在金属材料、高分子材料、陶瓷材料和复合材料等多种材料并存的时代。在制作工艺方面也是传统加工技术与先进加工技术并存。因此,在保证基础知识和基本理论的前提下,本书对陈旧的课程结构体系进行了优化。本着立足航空、服务社会的理念,以工匠精神的培育为基础,以学生能力培养为主线,本书具备完整的知识体系,既强调理论知识的思想性,又注重实践的应用性,有利于教学对象思考能力、创新能力、终身学习能力的培养。

本书可作为高等职业院校航空发动机制造技术、航空发动机装试技术、飞行器制造技术、航空机电设备维修、航空材料精密成形技术、无人机应用技术、机械设计与制造、机电一体化等专业的教材,也可供从事航空制造与维修、飞机设计等工作的工程技术人员参考。

本书由陈志强任主编,谷霞英、罗静任副主编,参加编写的主要人员有张家界航空工业职业技术学院的周波、朱阁、查梦江、付有卓等。全书由侯德政高级工程师审稿,陈志强负责总纂、定稿。

在编写本书过程中,我们参考了较多文献、资料,在此谨向所有参考文献的作者表示感谢。

由于水平有限,加之时间仓促,书中难免存在缺点和不足,恳请广大读者批评指正。

编　者
2019 年 7 月

目　录

第 1 章 绪 论

　　材料是现代科学技术、社会经济发展和国家安全的重要支柱,因此,世界各先进国家都把材料技术列入国家的关键技术研究开发计划,而航空装备对材料的依存性尤为突出。航空材料反映了结构材料发展的前沿,也代表了一个国家结构材料技术的最高水平。"一代材料,一代飞行器"是航空工业发展的生动写照,也是航空材料带动相关领域发展的真实描述。

　　所谓航空材料是指用于制造航空器、航空发动机和机载设备等所用各类材料的总称。航空材料是研制生产航空产品的物质保障,也是使航空产品达到人们期望的性能、使用寿命与可靠性的技术基础。由于航空材料的基础地位,以及其对航空产品贡献率的不断提高,航空材料与航空发动机、信息技术成为并列的三大航空关键技术之一,也是对航空产品发展有重要影响的六项技术之一。

　　1. 航空材料的特点

　　航空产品系统庞大复杂,使用条件恶劣多变,高科技密集、品种多、批量小,要求长寿命、高可靠性。出于航空器飞行及其安全性的考虑,航空材料具有一系列特点。

　　(1)种类、品种、规格多。航空材料按用途分有结构材料、功能材料及工艺与辅助材料三大类,按化学成分分有金属材料、有机高分子材料、无机非金属材料以及各种复合材料。各类材料又涉及众多的牌号、品种与规格。

　　(2)高的比强度($\frac{\sigma_b}{\rho}$)和高的比刚度($\frac{E}{\rho}$)是航空结构材料的重要特点。减轻结构质量既可增加飞机的运载能力,提高机动性,加大航程,又可减少燃油消耗。因此,高强度铝合金、钛合金以及先进复合材料在航空上得到广泛的应用。

　　(3)抗疲劳性能是航空材料的另一个突出特点,航空材料的抗疲劳性能是关系到航空产品使用可靠性和使用寿命的一项非常重要的性能指标。大量的事实说明,在飞机、发动机所发生的失效事件中,约 80% 以上是由各种形式的疲劳损伤所引起的。

　　(4)质量要求高。由于飞机、直升机是一种载人反复运行的产品,在规定的使用寿命期内,对使用可靠性、安全性有着极其严格的要求,因此对航空材料要进行严格的质量控制。

　　(5)高温合金是航空材料极其重要的组成部分。燃气涡轮(包括涡轮喷气、涡轮风扇、涡轮螺旋桨、涡轮轴)发动机是现代飞机、直升机的主要动力装置。随着发动机推重比(或功重比)的提高,涡轮前温度也升高,对材料的耐温要求也越来越高。各类高温合金则是制造现代航空燃气涡轮发动机的关键材料。

　　(6)成本高、价格贵。由于航空产品品种多样而批量小,相应的航空材料的牌号品种也多,批量也小,难以形成规模化生产,同时质量要求又高,从而导致材料的成本高、价格贵。材料费用在航空产品成本中占有很大比例,如何降低其价格是航空材料发展的一个重要方向。

2.航空材料技术体系简介

2011年,中国航空工业集团公司(中航工业)基础技术研究院对航空材料技术进行了专业梳理,形成了中航工业基础技术研究院的航空材料技术体系。根据这个航空材料体系的分类法,航空材料技术主要包括以下18个方面:

(1)铝合金材料技术;

(2)钛合金材料技术;

(3)结构钢材料技术;

(4)变形高温合金材料技术;

(5)铸造高温合金材料技术;

(6)粉末高温合金材料技术;

(7)非金属结构材料技术;

(8)树脂基复合材料技术;

(9)结构功能一体化复合材料技术;

(10)碳基/陶瓷基复合材料技术;

(11)金属基复合材料技术;

(12)隐身材料技术;

(13)透明材料与结构技术;

(14)特种功能材料技术;

(15)纳米材料技术;

(16)机敏材料技术;

(17)材料力学性能表征技术;

(18)无损检测与理化测试技术。

另外,从材料航空应用的角度出发,航空材料的应用技术体系可以归结为图1-1。材料技术包括设计、材料、制造及质量控制等多个环节,只有当这些环节密切配合形成一个有机整体或一个材料技术体系时,才能最大限度发挥航空材料的本质优势。由于质量控制渗入设计、材料与制造的各个环节,因此图中未将质量控制单独列出。航空装备的设计、材料、制造及质量控制等4者之间的关系被称为"设计是主导,材料是基础,工艺是手段,质检是保障"。材料的基础作用不仅体现在它是制造航空装备的物质基础,同时体现在它也是使航空装备达到所期望的技术性能、使用可靠性与寿命的技术基础。航空材料的应用技术体系如表1-1所示。

3.航空材料的发展史

从20世纪初,莱特兄弟制造的人类第一架飞机"飞行者一号"问世以来,航空材料技术的进步与航空装备技术的进步就一直存在着相互推动、相互牵引的密切关系。到目前为止,飞机机体的材料结构大致经历了4个发展阶段,正在跨入第五阶段,见表1-2。

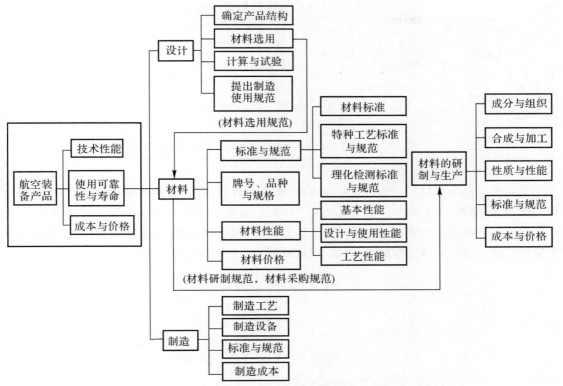

图 1-1 航空装备的设计、材料及制造三者之间的关系

表 1-1 航空材料的应用技术体系

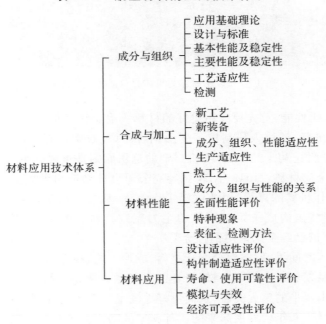

表 1 - 2　飞机机体材料发展情况

发展阶段	时　　间	机体材料
第一阶段	1903—1919 年	木、布结构
第二阶段	1920—1949 年	铝、钢结构
第三阶段	1950—1969 年	铝、钛、钢结构
第四阶段	1970—21 世纪初	铝、钛、钢、复合材料结构（以铝为主）
第五阶段	21 世纪初至今	复合材料、铝、钛、钢结构（以复合材料为主）

　　第一阶段的飞机材料主要是木料和布料，支柱和翼肋用云杉，螺旋桨用胡桃木，机翼蒙皮采用麻布等，如图 1 - 2 所示。在飞机从手工作坊走出来的年代，木质材料是人们首选的、具有一定强度且容易加工的材料。木质材料的缺点是强度低、刚度小、材料质量大，木质材料还具有吸湿性强、易燃、易腐蚀等缺点，因此，很难视其为一种航空结构材料。

图 1 - 2　以木材作为机体材料的第一代飞机

　　显然，要提高飞机性能，首先要改用更好的材料。冶金技术的发展，使飞机材料实现向金属材料的过渡。1906 年，法国人研制出了变形铝合金（杜拉铝），轻质高强的铝合金成了一种理想的飞机材料；20 世纪初十几年内，飞机材料的选用原则是重要的承力件采用金属，大量部件和蒙皮都使用非金属材料。1919 年，德国容克公司设计制造出世界上第一架全金属客机 F - 13，它用 9 根铝管作机翼的翼梁，用波纹铝板作蒙皮，从此开启了铝合金用于飞机结构材料的全盛时代，铝和钢结构构成了第二阶段的主力航空材料。图 1 - 3 是 1935 年德国制造的 Me109 型战斗机，蒙皮已经全部采用铝合金。

　　在随后的百余年时间里，航空铝合金从材料、成形工艺、构件制造与加工、服役性能表征等多方面都得到了长足发展。今天，航空铝合金已实现系列化，并通过结合先进的制造技术，实现了研制和应用技术水平的重大突破，从而更好地满足了飞机设计、制造和使用要求。

　　钛合金是 20 世纪 50 年代发展起来的一种新型的结构金属材料，因具有比强度高、耐蚀性好、耐热性高等特点而被广泛用于各个领域。20 世纪 50—60 年代，钛合金被开发用于航空发动机和机体,从此开始了航空材料第三阶段的发展历程。典型案例是 20 世纪 70 年代初开始服役的 F - 14 航母舰载飞机。F - 14 是双座多用途超声速战斗机,采用双发双垂尾变后掠中单翼的结构方案,在机体结构中使用了 25% 的钛合金、15% 的钢、36% 的铝合金,还有 4% 的非金属材料和 20% 的复合材料等。

图 1 - 3　德国制造的 Me109 型战斗机

今天,钛合金在飞机和发动机中的用量是衡量其先进性的重要指标之一,如美国第四代战斗机 F - 22 和 F - 35 机体钛合金使用量已分别达 40% 和 27%,其中,特大型钛合金整体锻件已广泛用于机翼和后机身;而美国先进的 V2500 发动机钛合金用量也达到了 30% 左右。民机上的钛合金用量也创新高,波音 787 飞机和空客 A380 飞机的钛合金的用量都达到了 10% 左右。

轻质高强是航空结构材料不断的追求,20 世纪 60 年代末出现的碳纤维复合材料使航空材料发展到第四阶段。碳纤维是一种直径极小的连续细丝材料,直径范围在 6~8 μm 内,是近几十年发展起来的一种新型材料。用碳纤维和高性能的树脂基体复合而成的先进树脂基复合材料最大的性能优势是轻质、高强、高模量、化学性能稳定。用碳纤维复合材料代替钢或铝制造航空结构,减重效率可达 20%~40%,因此在航空领域得到越来越多的应用。如波音 787 飞机(见图 1 - 4)和空客 A380 飞机的碳纤维复合材料的用量分别达到 50% 和 25%,而空客大型宽体飞机 A350 的复合材料用量达 52%,由此预计,未来 20~30 年航空复合材料将迎来新的发展期,大规模地采用碳纤维增强树脂基复合材料将带来航空制造产业链革命性的变革。例如,创新的设计概念将促使设计团队人员组成和知识结构改变;而材料与结构件成形的同时完成,可以实现由生产纤维、树脂的原材料供应商或二级供应商直接向飞机制造商供货。碳纤维增强树脂基复合材料的独特性能无疑会对飞机维修业提出新的、未预见到的挑战。

随着军用飞机一代接一代的发展,美国军机飞机机体选材的变化如图 1 - 5 所示。目前,航空材料已发展到第五阶段。这个阶段,航空材料技术的发展主要有以下特点:一是复合材料技术飞速发展,水平大幅提高,用量大幅增加;二是传统的金属材料仍是制造飞机的骨干材料,但不断推陈出新,涌现出一批新材料品种;三是各种功能材料的品种、性能与应用高速发展。

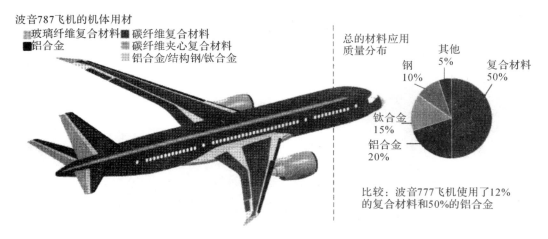

图 1-4　美国波音公司波音 787 飞机的用材变化

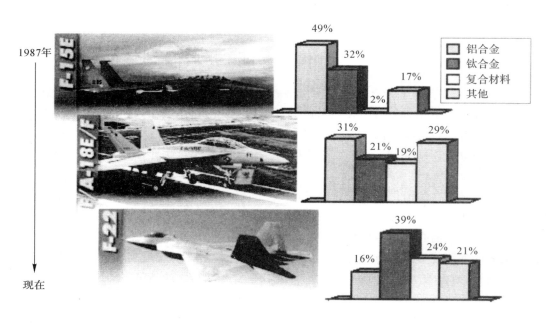

图 1-5　美国第二代、第三代和第四代战斗机用材的变化

4. 航空材料的应用现状

　　航空材料用材很广泛,如各种金属、工程塑料、橡胶、陶瓷材料等。L1011 三星式飞机的主要材料和设计特点如图 1-6 所示。

　　在为飞机部件选择材料时,设计师要"权衡",也就是要选择质量最轻,而强度也要满足一定要求,此外还要考虑预算的问题。历史上机身几乎无一例外地由铝制成,用钢加固关键部位,例如发动机衬里和起落架基本用钢制成。自从喷气发动机使用以来,钛用于抵御机身的高温。钛之后是更高级的复合材料,通常是碳、硼纤维及环氧化合物。这种复合材料非常轻,可以在某特定方向上增加强度,今天的飞机就是使用这种化合物。而且飞机用材还在随着新材料的诞生而不断发展。

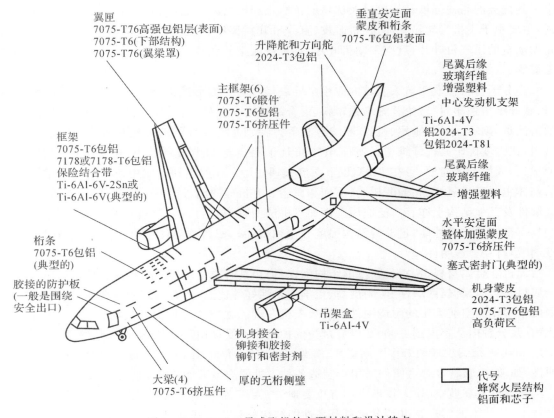

图 1 - 6　L1011 三星式飞机的主要材料和设计特点

以铝合金、钢、钛合金为主的金属材料,由于具有优良的力学性能、工艺性能和较低成本,在航空应用中占有重要地位,用做航空领域的主体材料、结构材料等。应用最广的"飞行"金属——铝合金,它在 21 世纪继续占有重要位置。在民机上的结构质量占比仍可达到 60% 左右,欧洲坚持发展 M2 的超声速运输机也正是因为看好铝合金的独特优势。铝合金进一步的发展途径在于工艺上的创新。近年开发的搅动摩擦焊及激光焊将用在一些飞机结构上,比铆接减重 60%。例如,新出现的 C80A 合金,不仅改进了 A380 的后机翼大梁的强度,而且减轻了质量。目前已开发出第三代的铝锂合金,分别在米格型飞机、"阵风"和 EF2000 等飞机上应用。俄罗斯首创的加钪细化来提高铝锂合金的方法得到了各方的公认,可使飞机减重 5%～10%,疲劳性能与钛相当,而成本只是钛的 1/4。近年来,欧美用非晶铝的方法来提高铝合金的强度又重新受到关注。研究表明,非晶铝有可能在 200～300℃ 工作,其潜在用途在于可代替钛合金及高温有机复合材料,例如可用做 F/A - 22 后机身上壁板、蒙皮、垂尾等,在 F119 上用做风扇匣、静子叶片等。

钛合金今后的发展方向将主要围绕合金的精密铸造、电子束焊以及超塑成形、扩散连接等新工艺,目标是降低制造成本。新型钛合金的开发将向其金属间化合物型合金延伸,主要是以钛铝及钛铝铌合金为重点,其潜在工作温度可达到 900℃。不过目前技术仍不成熟,障碍是钛在室温下塑性不好,难加工。

纤维增强金属基复合材料,如铝合金基、钛合金基、镁合金基及镍铝化合物基复合材料等,由于其优异的高比强度和比模量及优良的抗氧化和抗腐蚀性能,成为一种理想的航空、宇航材料,主要用于飞机齿轮箱壳体、飞机蒙皮、直升机旋翼桨叶、重返大气层运载工具的防护罩、涡轮发动机的压气机叶片、航空发动机叶片、飞机或航空器蒙皮的大型壁板,以及一些长梁和加强筋等。

高分子材料在航空航天领域的应用主要以复合材料的形式出现,主要有玻璃纤维增强塑料、碳纤维增强塑料、芳纶纤维增强塑料、混合纤维增强塑料。它们被大量作为结构件使用,例如雷达罩、副翼、平尾、垂尾、机翼、机身壁板等。特别是芳纶纤维增强塑料被称为宇航级复合材料,比强度优于其他纤维增强塑料,比刚度优于铝合金,线膨胀系数小,介电性能和耐腐蚀性能优良,成形工艺简便,可在180℃以下温度长期使用。在航空和宇航中使用的纤维增强塑料的基体主要有环氧树脂、酚醛树脂、不饱和树脂和有机硅树脂等类型。另外,塑料在透明件、耐烧蚀件及其他结构上亦有广泛应用。例如飞机透明件,包括风挡、座舱盖和窗玻璃等,要求它们具有良好的光学性能,足够的结构强度和使用寿命。塑料透明件主要有两种,即有机玻璃、玻璃-塑料复合透明件。

无机非金属材料,特别是新型的结构陶瓷材料,具有质量轻、压缩强度高(接近或超过某些金属材料)、耐高温、耐磨性好、硬度高、化学稳定性好等优点,还有很好的耐蚀性、绝缘绝热性,因此常用作航空航天中的耐烧蚀件。航天飞机在进入太空或返回大气层时,经受剧烈温度变化(在几分钟内从室温到1 000℃以上),为保护机体不受损伤,采用陶瓷作为热绝缘材料,设计中用 SiO_2 纤维编织成两万多个陶瓷片,覆盖机体表面约70%的面积。玻璃主要应用于各种透明件,如玻璃-塑料复合透明件适用于制造各种飞机的防弹玻璃和抗鸟撞击玻璃等。

高温材料在航空、航天技术中占有重要地位。由于战争的需要,20世纪40年代出现了喷气技术,该技术的实现是以高温材料及高性能结构材料为依托,特别是高温合金和钛合金的发展,不断提高了歼击机的性能,而且为今天大型客机的安全及有效载荷的提高、持续航行时间的延长及飞机与发动机的长寿命提供了可能。20世纪50年代以来,喷气式发动机的推重比增加2倍,燃烧效率提高1倍,两次大修间隔时间延长近100倍,这在很大程度上得益于高温材料的进步。

作为航空航天所用的材料,其比强度、比刚度尤为重要。因为飞机发动机每减重1 kg,飞机可减重4 kg;航天飞行器每减重1 kg,可使运载火箭减重500 kg。所以对高速飞行器来说,要不惜一切代价来减轻质量。新开发出来的高强度高分子纤维芳纶,其比强度较高强度钢高出近100倍。设想用这种材料制成飞机,飞行速度可达15Ma,从纽约到东京只要不到1 h。比刚度对于飞行器也是十分关键的,高比刚度材料,在相同受力条件下变形量小,从而保证了原设计的气体动力性能,这就是大力发展纤维增强的树脂基及金属基复合材料的重要原因。另外,热机的工作温度越高,其效率也越高,但是目前所用的金属材料由于熔点及抗氧化能力所限,不能保证更高的使用温度。因此,现代功能陶瓷就成为当前研究的重点。

5. 航空材料的发展趋势

航空材料的发展趋势是种类增多、成本降低、性能提高。具体体现为:传统材料大有可为,新型材料亟待应用,新兴材料层出不穷,材料标准化、通用化势在必行,可靠性、可维修性、低成本和环保性要求日趋严格。

(1)传统材料大有可为。传统航空材料凝结了大量的研究成果,也积累了可贵的使用经验,不能轻易放弃这些传统材料。目前,先进材料的应用准则发生了重大的变化,使材料性能不再是选材的首要标准。这种渐进演化式发展反映为,在复合材料改进、传统金属材料超纯熔炼,以及铸、锻件的研制、试验和生产过程中,抛弃了传统方法,代之以材料性能和产品制造一体化的可设计和可预测的全新概念,广泛引入仿真及人工智能技术,特别是在制造技术方面不断取得进展和开拓创新。这种高技术含量、高附加值的航空材料的发展以信息技术、自动化技术和先进制造技术的高速发展为依托,将对航空材料的发展产生深远的影响。

(2)新型材料亟待应用。冷战时期的积累和长期的超前研究储备了相当数量的新材料,但它们至今仍在候选名单上等待应用,典型例子有高性能的双马来酰亚胺树脂基复合材料、热塑性树脂基复合材料和各种金属基复合材料等。暂时不应用这些材料的原因很复杂,原因之一是新材料过高的成本效益比,包括采购、制造、取证和全寿命等。因此,工业界出于技术和安全风险的考虑,缺乏了解先进材料的热情,也没有使用先进材料的经验,更没有等待先进材料发展成熟的耐心。

(3)新兴材料层出不穷。新技术,特别是纳米技术为航空材料的发展开拓了新的思路,人们充满热情地研究由片状纳米黏土改性的环氧树脂、双马来酰亚胺树脂和聚醚亚胺树脂,研究纳米改性的铝合金,期望在性能上获得显著提高。英、德等国对由碳纳米管增强的树脂基复合材料开展了许多研究工作,结果表明,无论其力学性能还是电磁性能均有改进。纳米技术的发展还有力地带动了航空材料的发展,如雷达罩纳米防雨涂层以及隐身材料的纳米化等。

(4)材料标准化、通用化势在必行。随着国际经济的一体化,航空材料在国际材料市场上的流通以标准化、通用化为前提。目前,国际航空材料的发展趋势是在国内取消军用标准,取而代之的是军民两用标准。在国际范围内实施国际化标准,有利于国际合作与交流及市场开拓,如俄罗斯在铝锂合金和钛合金的出口问题上,以往因未与国际标准接轨,上述材料出口受阻。为扩大出口,俄罗斯已逐步改用国际标准。

(5)低成本和可维修性成为趋势。航空材料的高技术特征必然带来高成本。环氧树脂的价格大约是每磅[1 磅(lb)=0.454 kg]7 美元,钛为每磅 10 美元,先进复合材料为每磅 60 美元。降低航空产品采购成本的主要途径是改变设计概念、采用低成本材料和成形加工技术等,降低航空产品使用成本或全寿期成本的主要途径是提高材料的可靠性和寿命。航空产品在选材时不仅要考虑使用性能,而且还必须考虑可维修性。如果航空产品的全寿命成本及维修费用为采购成本的两倍时,就需重新考虑选材问题。发展高可靠性、维修性能好的航空材料,以延长结构使命寿命和简化维修,越来越受到重视。

第2章　材料的力学性能

为正确、合理地使用和加工材料,必须了解其性能。材料的性能一般包括使用性能和工艺性能。使用性能是指材料在制成零件或构件后,为保证其正常工作和一定工作寿命所必须具备的性能,包括物理性能(如密度、熔点、导电性等)、化学性能(如耐腐蚀性、抗氧化性、化学稳定性等)、力学性能(如强度、塑性、韧性等);工艺性能是指材料在冷、热加工过程中,为保证加工过程的顺利进行材料所必须具备的性能,包括铸造、锻压、焊接、热处理及切削加工性能等。

材料在外力作用下抵抗变形或破坏的能力,称为材料的力学性能,主要包括强度、塑性、硬度、韧性及疲劳强度等。一般机械制造中选用材料和鉴定零件质量时,常以力学性能指标为主要依据。本章将主要介绍上述各性能指标及试验方法。

2.1　强度与塑性

强度是指材料在载荷作用下抵抗变形和断裂的能力。塑性是指材料在静载荷作用下产生塑性变形而不破坏的能力。为便于理解相应概念,下面简单介绍载荷的种类和应力概念。材料在加工及使用过程中所受的外力称为载荷,按其性质不同,可分为静载荷和动载荷两类。

(1)静载荷。指大小不变或变动很慢的载荷,如飞机停放时起落架支柱上受到的载荷便是静载荷。

(2)动载荷。主要有冲击载荷和交变载荷两种:冲击载荷指以很大速度作用在物体上的载荷,例如飞机着陆时起落架就承受着巨大的冲击载荷;交变载荷指大小反复变化的载荷,或大小与方向都反复变化的载荷,例如飞机上单向活门中的弹簧,就受到大小反复变化的交变载荷作用。

材料受外力作用后,为保持其不变形,在材料内部作用着与外力相对抗的力,称其为内力。单位截面积上的内力称为应力。材料受拉伸载荷或压缩载荷作用时,其横截面积上的应力 σ 按下式计算:

$$\sigma = \frac{F}{S}$$

其中:F—— 外力(N);

　　　S—— 横截面积(m^2);

　　　σ—— 应力(Pa)。

与截面垂直的应力称为正应力或法向应力,与截面相切的应力称为剪应力或切应力,如图 2-1 所示。简单地说,正应力会使材料拉伸或压缩,剪应力会使材料发生剪切变形。

2.1.1　力-伸长曲线

测定材料的强度指标和塑性指标数据时需要采用拉伸试验的方法。进行拉伸试验时,将制成一定形状的金属试样装在拉伸试验机上,然后逐渐增大拉力,直到将试样拉断为止。试样在外力作用下,开始只产生弹性变形,当拉力增大到一定程度时,就产生塑性变形,拉力继续增大,最终试样将会拉断,整个变化过程即弹性变形—塑性变形—断裂。

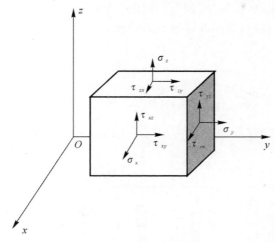

图 2-1　应力示意图

试验前,将被测的金属材料制成一定形状和尺寸的标准试样。拉伸试样的形状一般有圆形和矩形两类,常用的试样截面为圆形。如图 2-2 所示,d_0 是试样的直径(mm),L_0 为标距长度(mm)。根据标距长度与直径之间的关系,试样可分为长试样($L_0 = 10d_0$)和短试样($L_0 = 5d_0$)。

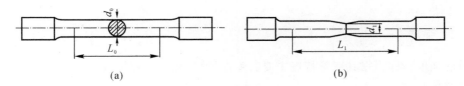

图 2-2　拉伸试样
(a)拉伸前;　(b)拉伸后

在试验过程中,把外加载荷与试样的相应变形量,画在以载荷 F 为纵坐标、变形量为横坐标的图形上,所得曲线即为力-伸长曲线,或称为拉伸曲线。

图 2-3 是低碳钢的力-伸长曲线,图中明显出现以下几个变形阶段:

(1)Oe——弹性变形阶段。试样在载荷作用下均匀伸长,伸长量与所加载荷成正比关系,试样发生的变形完全是弹性的,卸载拉伸力后试样可恢复原状,没有残余变形。F_e 为能恢复原始形状和尺寸的最大拉伸力。

(2)es——屈服阶段。当载荷超过 F_e 时,试样除产生弹性变形外,开始出现塑性变形。若卸载拉伸力,试样伸长只能部分地恢复而保留一部分残余变形。当载荷增加到 F_s 时,图上出现水平线段(或锯齿状),此时表示载荷不增加,变形继续增加,这种现象称为屈服。s 点叫做屈服点,F_s 称为屈服载荷。屈服后,材料将残留较大的塑性变形。

(3)sb——强化阶段。在屈服阶段以后,欲使试样继续伸长,必须不断加载。随着塑性变形增大,试样变形抗力也逐渐增加,这种现象称为形变强化(或加工硬化),F_b 为拉伸试验时加载的最大载荷。

(4)bz——颈缩阶段。当载荷增加到最大 F_b 时,变形显著地集中在材料最薄弱的部分,试样出现局部直径变细的现象,称为"缩颈"或"颈缩",如图 2-4 所示。由于试样断面缩小,载荷也就逐渐降低,当达到 z 点时,试样就在缩颈处拉断。

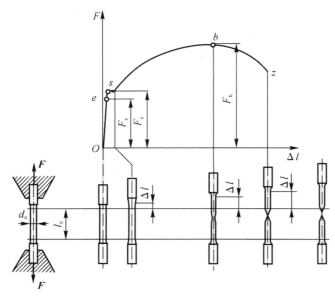

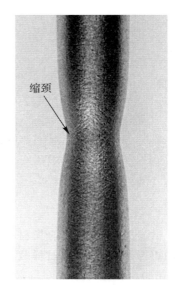

图 2-3 低碳钢的力-伸长曲线   图 2-4 缩颈现象

2.1.2 强度

材料的强度指标根据其变形特点主要有弹性极限、屈服点和抗拉强度等。

1. 弹性极限

弹性极限是指试样产生完全弹性变形时所能承受的最大拉应力,用符号 σ_e 表示,有

$$\sigma_e = \frac{F_e}{S_0}$$

其中:σ_e——弹性极限(MPa);

F_e——试样产生完全弹性变形时的最大拉伸力(N);

S_0——试样原始横截面面积(mm^2)。

有些零件如枪管、炮筒和精密零件等在工作时不允许产生微量塑性变形,设计时弹性极限是选用材料的主要依据。

材料在弹性范围内,应力 σ(试样单位横截面上的拉力)与应变 ε(试样单位长度的伸长量)的比值 E 称为弹性模量,即 $E = \sigma/\varepsilon$。如果将力-伸长曲线上的力变为应力,伸长量变为应变,所得曲线即称为应力-应变曲线。

材料弹性变形的能力称为刚度。弹性模量 E 相当于引起单位弹性变形时所需要的应力,金属材料的刚度常用它来衡量。弹性模量越大,则表示在一定应力作用下能发生的弹性变形越小,即材料的刚度越大。

2. 弹性屈服点（屈服强度）

屈服点是指试样在试验过程中拉伸力不增加（保持恒定）仍然能继续伸长（变形）时的应力，用符号 σ_s 表示，有

$$\sigma_s = \frac{F_s}{S_0}$$

其中：σ_s—— 屈服点（MPa）；

　　　F_s—— 试样屈服时所承受的拉伸力（N）；

　　　S_0—— 试样原始横截面面积（mm^2）。

不少材料（如铸铁、高碳钢）在拉伸试验中没有明显的屈服现象，难以按上述公式计算其屈服点。对此类材料，国家标准规定：以试样塑性变形量为 0.2% 时的应力值为规定残余伸长应力，来代替屈服点，用符号 $\sigma_{0.2}$ 表示。

一般机械零件不仅仅是在破断时才造成失效，而往往是在产生少量塑性变形后，零件精度降低或与其他零件的相对配合受到影响而造成失效。因此，除了少量要求特别严格的零件在设计和选材时用弹性极限 σ_e 外，屈服点 σ_s 或规定残余伸长应力 $\sigma_{0.2}$ 是一般机械零件选材和设计的主要依据。如发动机气缸盖的螺栓受应力都不应高于 σ_s，否则因螺栓变形将使气缸盖松动漏气。

3. 抗拉强度

抗拉强度是指试样被拉断前所能承受的最大拉应力，用符号 σ_b 表示，有

$$\sigma_b = \frac{F_b}{S_0}$$

其中：σ_b—— 抗拉强度（MPa）；

　　　F_b—— 试样断裂前所承受的最大拉伸力（N）；

　　　S_0—— 试样原始横截面面积（mm^2）。

如前所述，机械零件设计和选材时，一般是以屈服点 σ_s 或规定残余伸长应力 $\sigma_{0.2}$ 为主要依据。但抗拉强度 σ_b 的测定比较方便精确，同时从安全方面考虑，也有直接用作为设计依据的，并采用较大的安全系数。由于脆性材料无屈服现象，则必须以抗拉强度 σ_b 作为设计依据。

金属材料的强度，不仅与材料本身内在因素（如化学成分、晶粒大小等）有关，还会受外界因素如温度、加载强度、热处理状态等的影响而有所变化。要控制和调整材料的强度，可通过细化晶粒、合金化或热处理等方法来最大限度地发挥材料内部的潜力，延长其使用寿命。

2.1.3　塑性

塑性指标也是由拉伸试验测得，评定材料的塑性指标有断后伸长率和断面收缩率。

1. 断后伸长率

试样拉断后，标距的伸长量与原始标距长度的百分比称为断后伸长率，用符号 δ 表示，有

$$\delta = \frac{\Delta L}{L_0} \times 100\% = \frac{L_1 - L_0}{L_0} \times 100\%$$

其中：δ—— 伸长率（%）；

　　　L_1—— 试样拉断后的标距（mm）；

　　　L_0—— 试样的原始标距（mm）。

若采用的拉伸试样标准不同,测得的伸长率也就不相同,δ_{10} 和 δ_5 分别用来表示长、短试样的伸长率,短试样的伸长率大于长试样的伸长率,即 $\delta_5 > \delta_{10}$。习惯上,δ_{10} 也常写成 δ,但 δ_5 不能将下标"5"省去。

2.断面收缩率

断面收缩率是指试样拉断后缩颈处的横截面积减小量与试样原始横截面积的百分比,用符号 Ψ 表示,有

$$\Psi = \frac{\Delta S}{S_0} \times 100\% = \frac{S_0 - S_1}{S_0} \times 100\%$$

其中: Ψ—— 断面收缩率(%);

S_0—— 试样的原始横截面积(mm²);

S_1—— 试样拉断处的横截面积(mm²)。

试验表明,断面收缩率与试样的尺寸因素无关,因此较断后伸长率能更正确地反映出材料的塑性。

材料的断面收缩率 Ψ 和断后伸长率 δ 的数值越大,其塑性越好。塑性好的金属可以通过塑性变形加工成复杂形状的零件,而且在工作时如遇瞬时超载,由于首先产生一定的塑性变形而不至于突然断裂。

注意:材料的塑性高与低,与使用外力的大小无关。塑性指标不直接用于计算,但任何零件都需要有一定塑性。

2.2　硬　　　度

硬度是衡量金属材料软硬程度的指标,它反映材料表面局部抵抗塑性变形的能力。硬度是一个衡量材料性能的综合的物理量,表示金属材料在一个小的体积范围内抵抗弹性变形、塑性变形或破坏的能力。

测量材料硬度的试验方法有压入法、回跳法、刻划法等。常用的主要有布氏硬度、洛氏硬度和维氏硬度,它们的试验方法均为压入法。

采用压入法测定材料硬度时,需具备以下两个条件:

(1)压头。一个标准物体,用于压入被测材料的表面。

(2)载荷。加在压头上的压力。

当压头相同,载荷也相同时,压痕越大或越深则表示被测材料的硬度越低。

硬度的测定方便快捷,设备简单,不需专门制作试样,可直接在原材料或零件表面上测试。一般材料硬度高,耐磨性也好,并与强度值之间有一定关系,因此机械零件设计的技术条件常以硬度作为主要力学性能指标,并将其标注在图纸上。而且硬度试验是非破坏性的试验,可作产品成品性能检验。在零件加工和检验过程中,常以硬度试验作为主要检测手段。

2.2.1　布氏硬度

1.测试原理

如图 2-5 所示,用直径 D 的球体(淬火钢球或硬质合金球)作压头,以相应的试验力 F 压入被测材料的表面,保持规定时间后卸除试验力,材料表面便留下一个直径为 d 的球冠形压

痕,用球面压痕单位表面积上所承受的平均压力作为布氏硬度值,用符号 HBS(当用淬火钢球压头时)或 HBW(当用硬质合金球时)来表示。计算公式为

$$HBS(W) = \frac{F}{S} = 0.102 \frac{2F}{\pi D(D - \sqrt{D^2 - d^2})}$$

其中:F—— 试验力(N);

　　　D—— 球体直径(mm);

　　　S—— 压痕球面积(mm²);

　　　d—— 压痕平均直径(mm)。

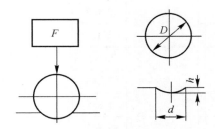

图 2-5　布氏硬度试验原理图

由公式可知:当外载荷 F,压头球体直径 D 一定时,只有 d 是变数,布氏硬度值仅与压痕直径 d 的大小有关。d 越小,布氏硬度值越大,材料越硬;d 越大,布氏硬度值越小,硬度也越低,即材料越软。

在实际应用中,布氏硬度值是不标注单位的,也不需要进行计算,而是借助专用的刻度放大镜量出压痕直径 d,再根据压痕直径 d 和选定的压力 F 查布氏硬度表,即可得出相应的 HBS(W) 值。

2.试验规范

当使用不同大小的载荷和不同直径的球体进行试验时,只要能满足 F/D^2 为常数,那么对同一种金属材料当采用不同的 F,D 进行试验时可保证得到相同的布氏硬度值。国标规定 F/D^2 的比值(N/mm²)有 30,15,10,5,2.5,1.25,1,共 7 种比值。布氏硬度试验时,根据被测材料的种类、工件硬度范围和厚度的不同,选择相应的压头球体直径 D、试验力 F 及试验力保持时间 t,如表 2-1 表示。

3.硬度符号及表示方法

布氏硬度值在 450 以下的材料,压头用淬火钢球,用符号 HBS 表示;布氏硬度值在 450～650 之间的材料,压头用硬质合金球,用符号 HBW 表示。

表示方法:符号 HBS 或 HBW 之前的数字表示硬度值,符号后面的数字(可省略)按顺序分别表示球体直径、试验力及试验力保持时间(一般 10～15 s 不标)。如:120HBS10/1000/30 表示用直径为 10 mm 的淬火钢球在 1 000 kgf(9.807 kN,1 kgf=9.8 N)的试验力作用下保持 30 s,测得的布氏硬度值为 120;500HBW5/750 表示用直径为 5 mm 的硬质合金球在 750 kgf 的试验力作用下保持 10～15 s,测得的布氏硬度值为 500。

表 2-1 布氏硬度规范

材料种类	布氏硬度（HBS）使用范围	压头直径 D/mm	$0.102F/D^2$	试验力 F/N	试验力保持时间/s	备 注
钢、铸铁	≥140	10	30	29 420	10	压痕中心距试样边缘距离不应小于压坑平均直径的2.5倍；两相邻压坑中心距离不应小于压坑平均直径的4倍；试样厚度至少应为压坑深度10倍。试验后,试样支撑面应无可见变形痕迹
		5		7 355		
		2.5		1 839		
	<140	10	10	9 807	10~15	
		5		2 452		
		2.5		613		
非金属材料		10	30	29 420	30	
		5		7 355		
		2.5		1 839		
		10	10	9 807	30	
		5		2 452		
		2.5		613		
		10	2.5	2 452	60	
		5		613		
		2.5		153		

4.应用范围及特点

布氏硬度主要用于测定铸铁、有色金属及合金、各种退火及调质钢材的硬度,特别对于软金属、如铝、铅、锡等更为适宜。布氏硬度的特点如下:

(1)硬度值较精确,因为压痕直径大,能较真实地反映出金属材料的平均性能,不会因组织不匀或表面略有不光洁而引起误差。

(2)可根据布氏硬度近似换算出金属的强度,因而在工程上得到广泛应用。

(3)测量过程比较麻烦且压痕较大,不宜测量成品及薄件,只适合测量硬度不高的铸铁、有色金属、退火钢的半成品或毛坯。

(4)用钢球压头测量时,硬度值必须小于450,用硬质合金球压头时,硬度值必须小于650,否则球体本身会发生变形,使测量结果不准确。

2.2.2 洛氏硬度

洛氏硬度试验是目前工厂中应用最广的试验方法。与布氏硬度试验不同的是,洛氏硬度试验测量的是压痕的深度,而不是测量压痕的面积,以深度的大小来表示材料的硬度值。

1.测试原理

如图 2-6 所示,在压头(锥顶角为120°的金刚石圆锥或直径为 1.588 mm 的淬火钢球)上施加初始试验力(深度为 h_0),再加主试验力(深度为 h_1),经规定时间后卸除主试验力(深度为 h_2),用残余压痕深度增量 $h(h=h_2-h_0)$ 来计算洛氏硬度值。h 越大,表示材料硬度越低,实际测量时硬度可直接从洛氏硬度计表盘上读得。

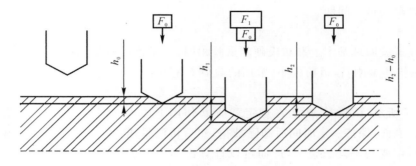

图 2-6　洛氏硬度试验原理图

显然,h 越大,金属的硬度越低,反之则越高,这与习惯观念不符。考虑到数值越大,表示金属的硬度越高的习惯,故用一个常数 K 减去 $h/0.002$(每 0.002 mm 的压痕深度为一个硬度单位)来表示硬度的高低,由此获得的硬度值称为洛氏硬度值。计算公式为

$$HR=K-\frac{h}{0.002}$$

其中:K——常数(用金刚石圆锥体作压头时 $K=100$,用淬火钢球作压头时 $K=130$);

　　h——压入金属表面塑性变形的深度(mm)。

所有的洛氏硬度值都没有单位,在试验时一般从硬度计的指示器上直接读出。

2.试验规范

为了扩大硬度计测定硬度的范围,根据被测试对象的不同,常采用不同的压头和试验力组成不同的洛氏硬度标尺来测定不同硬度的材料,常用的洛氏硬度标尺有 HRA,HRB,HRC 三种,其中 HRC 应用最为广泛。三种洛氏硬度标尺的试验条件和适用范围见表 2-2。

表 2-2　常用洛氏硬度标尺的试验条件和适用范围

硬度标尺	压头类型	初始试验力/N	主试验力/N	适用范围	应用举例
HRA	120°金刚石圆锥体	98.07	490.3	20～88	硬质合金、表面淬火钢、渗碳件
HRB	ϕ1.588 mm 淬火钢球	98.07	882.6	25～100	软钢退火钢、铜合金
HRC	120°金刚石圆锥体	98.07	1373	20～70	一般淬火件

3.特点

(1)测量硬度的范围大,可测从很软到很硬的金属材料。

(2)测量过程简单迅速,能直接从刻度盘上读出硬度值。

(3)压痕较小,可测成品及薄的工件。

(4)精确度不如布氏硬度试验高,当材料内部组织和硬度不均匀时,硬度数据波动较大,结果不够准确。通常需要在不同部位测量数次,取其平均值代表金属材料的硬度。

2.2.3 维氏硬度

上述两种硬度试验方法因载荷大和压痕深,所以不能用来测量很薄工件的硬度,而维氏硬度试验法可以解决这个问题。

1. 测试原理

维氏硬度试验原理基本上和布氏硬度试验相同,只是维氏硬度用的压头是相对面夹角为136°的正四棱锥体金刚石,负荷较小(常用的载荷 F 有 5 kgf,10 kgf,20 kgf,30 kgf,100 kgf 和 120 kgf)。

如图 2-7 所示,试验时,压头在规定载荷 F 作用下压入被测试的金属表面,保持一定时间后卸除载荷,然后再测量压痕投影的两对角线的平均长度 d,进而可以计算出压痕的表面积 S,最后求出压痕表面积上的平均压力,以此作为被测试金属的硬度值,称为维氏硬度,用符号 HV 表示。计算公式为

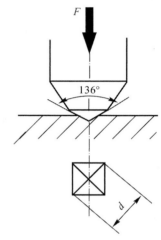

图 2-7 维氏硬度试验原理图

$$HV = \frac{F}{S} = 0.189\ 1\ \frac{F}{d^2}$$

其中:HV——维氏硬度;

  F——试验力(N);

  d——压痕两对角线长度算术平均值(mm)。

若所加载荷 F 选定,维氏硬度 HV 值只与压痕的两对角线的平均长度 d 有关。d 愈大,则 HV 值愈小;反之,HV 值愈大。

维氏硬度与布氏硬度的标注方法相同,符号 HV 之前的数字表示硬度值,符号后面的数字为试验力和保持时间。

在实际工作中,维氏硬度值同布氏硬度值一样,不用计算,而是根据 d 的大小查表得所测的硬度值。

2. 特点

维氏硬度可测定极软到极硬的各种材料。由于所加压力小,压入深度较浅,故可用于测量极薄零件表面硬化层及经化学热处理的表面层(如渗氮层)的硬度,但测量操作较烦琐。它具有如下特点:

(1)因压头 136°锥角很浅不至压穿试件,故可测量硬度高而薄的试件。

(2)因压痕的面积较浅而大,压坑对角线的长度对试件硬度的高低很敏感。故维氏硬度测量值比较精确。

(3)测定过程较麻烦并且压痕小,对试件表面质量要求较高。

各种硬度试验法测得的硬度值不能直接进行比较,必须通过专门的硬度换算成同一种硬度值后才能比较。

2.3 韧 性

强度和硬度指标都是在缓慢加载的条件下测定的,只适合于承受静力的情况,为静态力学性能指标。但在工作过程中,许多机器零件和工具往往受到冲击载荷的作用,如飞机的起落

架、冲床的冲头、铆钉枪等。由于冲击载荷的加载速度高,作用时间短,它的破坏能力比静载荷要大得多。因此对承受冲击力作用的零件,不仅要有高的强度和一定的硬度,还必须具有足够的抗冲击能力。材料抵抗冲击破坏的能力,习惯上用韧性来表示,其力学性能指标是冲击吸收功。

冲击吸收功是指材料在冲击力作用下折断时所吸收的功。根据冲击力的表现形式,冲击吸收功的测定可分为大能量一次冲击和小能量多次冲击两种方法。

2.3.1　大能量一次冲击

1. 冲击试样

为了使试验结果可以相互比较,试样必须采用标准试样。冲击试样按国家标准制造,常用的试样类型有 10 mm×10 mm×55 mm 的夏氏 V 型缺口和 U 型缺口试样两种。

2. 试验原理、设备及方法

大能量一次冲击试验利用了能量守恒原理,即试样被冲断过程中吸收的能量等于摆锤冲击试样前后的势能差。

试验设备为摆锤式冲击试验机,测定步骤如图 2-8 所示。

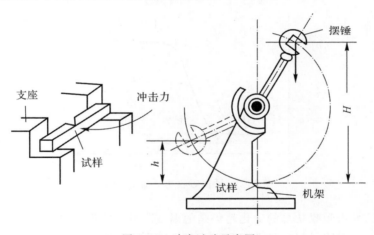

图 2-8　冲击试验示意图

(1)将标准规格的待测材料试件,置放在冲击试验机的支座上。注意使试样缺口背向摆锤的冲击方向。

(2)将具有一定质量 m 的摆锤举起至一定高度 H。

(3)使摆锤自由落下,冲断试件,并向反向升起一定高度 h。

材料在摆锤冲击力作用下折断时所吸收的功,称为冲击吸收功,单位为焦耳,用符号 A_{KV} 或 A_{KU} 表示。有

$$A_{KV}(A_{KU}) = mgH - mgh$$

不同类型的试样(V 形缺口或 U 形缺口)进行试验时,其冲击吸收功应分别称为 A_{KV} 或 A_{KU}。实际使用时,冲击吸收功值可在试验机的刻度盘上直接读出,不需计算。

用冲击吸收功 A_K 除以试样缺口处的横截面积 S_0 即可得到材料的冲击韧性,用符号 a_K 表示,即

$$a_K = \frac{A_K}{S_0}$$

其中：a_K—— 冲击韧性（J/cm^2）；

A_K—— 冲击吸收功（J）；

S_0—— 缺口处横截面积（cm^2）。

冲击韧性a_K值越大，表明材料的韧性越大。韧性大的金属，在冲击载荷作用下不易破坏。

3.影响冲击吸收的因素

（1）试样形状与尺寸。冲击吸收功与试样形状、尺寸有很密切的关系。不同形状、尺寸试样的冲击吸收功值不能直接比较。对同一种材料来说，用夏氏 V 型缺口试样所测的值与 U 型缺口试样所测的值也不相同。

（2）试验温度。材料的冲击吸收功与试验温度有关。对某材料进行一系列不同温度的冲击试验，可获得冲击吸收功与试验温度的关系曲线，称为冲击吸收功-温度曲线，如图 2-9 所示。

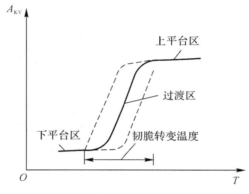

图 2-9　冲击吸收功—温度曲线

由曲线可见，冲击吸收功总的变化趋势是随温度降低而降低。当温度降至某一范围时，冲击吸收功急剧下降，表明材料由韧性断裂变为脆性断裂，这种现象称为韧脆转变。冲击吸收功急剧变化或材料由韧性状态向脆性状态转变的温度范围称为韧脆转变温度。韧脆转变温度是衡量材料韧脆倾向的指标。韧脆转变温度较高的材料，不宜在高寒地区使用，以免发生脆断现象。

（3）材料内部结构。材料纤维组织方向、内部缺陷（如夹杂、气孔、偏析等），以及加工工艺所造成的裂纹、过热、回火脆性等缺陷，都对冲击吸收功有很大的影响。

2.3.2　小能量多次冲击

工程上许多承受冲击载荷的零件，很少因一次大能量冲击而破坏，而是要经过千百万次小能量多次冲击才发生断裂，如凿岩机风镐上的活塞、冲模的冲头等。它们的破坏是由于多次冲击损伤的积累，导致裂纹的产生与发展。这类零件每次承受的冲击能量也远小于一次冲断的能量，其破坏的形式也不相同，这种冲击称为小能量多次冲击，在大能量一次冲击试验中测定的冲击吸收功，不能代表这类零件抵抗多次小能量冲击的能力。所以应进行多次冲击试验，以测定其抗多次冲击的能力。

　　小能量多次冲击试验是在落锤式试验机上进行的。如图 2 - 10 所示，试验时带有双冲点的锤头以一定的冲击频率冲击试样，直至冲断为止。多次冲击抗力指标一般是以在某冲击功 A 作用下的冲击断次数 N，或在某一冲断次数 N 时的冲击功 A 来表示。

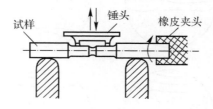

试样　　　　锤头　　　橡皮夹头

图 2 - 10　小能量多次冲击试验示意图

　　研究表明，材料的韧性与其强度和塑性有很密切的关系，但承受的冲击性质不同，强度和塑性对韧性的影响是不同的。大能量一次冲击时，其韧性主要取决于塑性；而小能量多次冲击时，其韧性则主要取决于强度。

　　材料的强度大小或塑性高低不能单独说明韧性的优劣。材料的韧性较高，说明材料兼有较高的强度和塑性，因而不易发生断裂。

2.4　疲　劳　强　度

　　许多机械零件如曲轴、齿轮、弹簧在工作过程中受到大小、方向随时间呈周期性变化的交变应力的作用。在这样的循环应力作用下工作时，经过一定周期发生突然断裂的现象，称为金属的疲劳现象。发生疲劳断裂时的应力，远小于该材料的 σ_b，有的甚至低于 σ_s。

　　疲劳破坏是机械零件失效的主要原因之一。据统计，大约有 80% 以上的机械零件失效属于疲劳破坏。疲劳断裂与静载荷作用下的断裂不同，无论是脆性材料还是韧性材料，疲劳断裂都是突然发生的，事先没有明显的塑性变形，很难观察到，因此具有很大的危险性。

2.4.1　零件产生疲劳断裂的原因

　　通过对不同应力作用下疲劳断口的总结与分析得知，零件的疲劳破坏，实际上是裂纹的产生、扩展直至截面断裂的变化过程，如图 2 - 11 所示。零件上裂纹的产生有两种情况：一种是原始存在的，即零件在加工过程中形成的；另一种是在工作时，零件应力集中部位或内部某一薄弱部位产生的。这两种裂纹称为疲劳源，在循环应力作用下，裂纹不断向纵深扩展，使零件有效承载截面不断减小，直至剩余的截面不能再承受该负荷时便发生突然断裂。

2.4.2　疲劳破坏的特点

　　(1)疲劳断裂时没有明显的宏观塑性变形，断裂前没有预兆，是突然破坏。

　　(2)引起疲劳断裂的应力很低，常常低于材料的屈服点。

　　(3)疲劳破坏的宏观断口由两部分组成，即疲劳裂纹的发源地及扩展区(光滑部分)和最后断裂区(毛糙部分)，如图 2 - 12 所示。

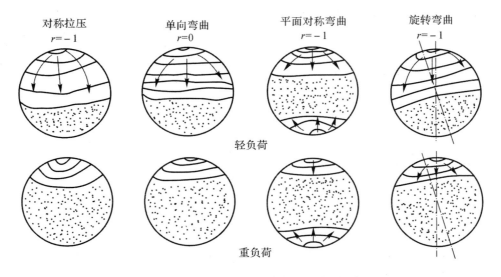

图 2-11 不同应力作用下典型的疲劳破坏断面

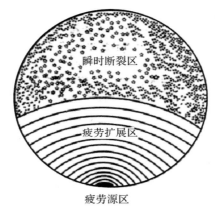

图 2-12 疲劳断口示意图

2.4.3 疲劳曲线和疲劳强度

材料抵抗疲劳破坏能力的性能指标称疲劳极限或疲劳强度,材料的疲劳强度的测定通常在旋转弯曲疲劳试验机上进行,如图 2-13 所示。试验时,将试样夹持在旋转的转筒内,挂在框架下的砝码使旋转的试样承受对称循环应力,直至试样断裂。循环次数由试验机上的计数器显示。

利用一组试件分别在不同的循环应力下进行试验,就可测得循环应力 σ 与断裂时的循环次数的关系曲线,称为疲劳曲线,如图 2-14 所示。曲线表明,承受的交变应力 σ 越大,断裂前应力循环的次数就越小。应力循环次数随承受的交变应力下降而增加,当交变应力低于某一值时,应力循环次数可达无限多次而不断裂。所谓疲劳极限,是指金属材料在无限多次交变载荷作用下,而不发生断裂的最大应力,又称为疲劳强度。当循环应力对称时,可用 σ_{-1} 表示。

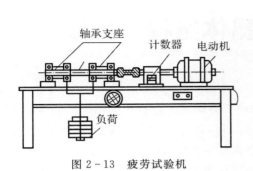

图 2 - 13　疲劳试验机

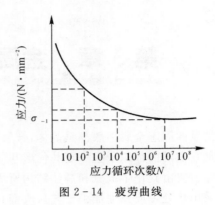

图 2 - 14　疲劳曲线

　　实际上,对材料不可能作无限次交变载荷试验。对于黑色金属,一般规定应力循环 10^7 次而不断裂的最大应力称为疲劳强度,对于有色金属、不锈钢等为 10^8 次。

　　材料的疲劳强度值大小受许多因素的影响,如工作条件、表面质量状态、材料的本质以及内部残余应力等。所以,降低零件表面的粗糙度,避免断面形状上出现应力集中,采取各种表面强化方法(表面喷丸、表面渗氮、表面淬火、表面冷轧等),使零件表面产生残余压应力,均可有效地提高零件的疲劳强度。

第3章 金属的晶体结构与结晶

常见的固态金属一般都是晶体,金属由液态转变为固态的过程称为结晶。晶体的主要特点就是它们的内部原子呈一定几何形状的有规律排列,其排列方式称为晶体结构。金属的力学性能主要由其化学成分和晶体结构所决定。在实际生产中,改变某种金属材料的力学性能,一般采用热处理或其他加工工艺来改变它的晶体结构来达到目的。

本章主要介绍金属的结晶规律以及结晶后金属晶体的内部结构情况。

3.1 纯金属的晶体结构

3.1.1 晶体结构的基本知识

1.晶体与非晶体

自然界中大多数的固态物质,其组成微粒(原子或分子)是呈规则排列的,称为晶体。常见固态金属(如金、银、铜、铁、锌、锡等)都是晶体,但也有少数固态物质,如松香、玻璃、沥青等,其组成微粒无规则地堆积在一起,称为非晶体。实际上,规则排列是固态物质构成的一条基本规律。所谓非晶体,可以看成从液态转化为固态时未获得使其组成微粒规则排列的必要条件。按照这种认识,现代技术为玻璃的组成微粒创造了实现规则排列的条件,制成了晶体玻璃。

研究表明,晶体与非晶体的区别不在外形,主要在于内部的原子排列情况。在晶体中,原子按一定的规律周期性地重复排列着,而非晶体内部的原子则是散乱分布的,最多有些局部的短程规则排列。

由于晶体与非晶体内部原子的排列不同,这就造成两者在性能上区别的一些重要特点。首先,晶体具有一定的熔点,在熔点以上,晶体变为液体,处于非结晶状态。在熔点以下,液体又变为晶体。从晶体到液体或从液体到晶体的转变是突变的。而非晶体则不然,它从固体至液体或从液体到固体的转变是逐渐过渡的,没有确定的熔点。然后,就是晶体在不同的方向上其性能(如导电性、导热性、塑性和强度等)表现出或大或小的差异,称为各向异性。而非晶体在不同方向上的性能则是一样的,不因方向而异,称为各向同性。

2.晶格与晶胞

为了描述晶体中原子的排列规律,可以把原子看成是刚性小球,而把晶体看成是许多小球堆积成的物体,如图 3-1(a)所示。如果把原子看成是一个点,可用假想的线条把原子连接起来构成一个空间格架,这种空间格架称为晶格,如图 3-1(b)所示。晶格中原子的排列具有周期性变化的特点。通常从晶格中选一个能反映晶格特征的最小几何单元来研究原子的排列规律。这个最小几何单元是一个单位晶格,通常称为晶胞,如图 3-1(c)所示。显然,晶格是由晶胞重复堆积形成的。

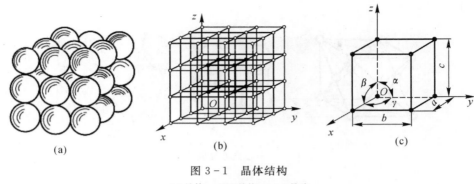

图 3-1　晶体结构

(a)晶体；　(b)晶格；　(c)晶胞

3. 常见晶格类型

金属中常见的晶体结构有三种,即体心立方晶格(body centered cubic,bcc)、面心立方晶格(face centered cubic,fcc)、密排六方晶格(hexagonal close-packed,hcp)。

(1)体心立方晶格(bcc)。体心立方晶格的晶胞是一个立方体,原子位于立方体的中心和八个顶点上,如图 3-2 所示。因每个顶角上的原子为周围八个晶胞所共有,故晶胞中实际原子数为 $1/8 \times 8 + 1 = 2$(个)。铁在 912℃以下具有体心立方晶格(α-Fe),属于体心立方晶格的金属还有 Cr(铬)、W(钨)、Mo(钼)、V(钒)、Nb(铌)、β-Ti(β 钛)等约 30 种金属。具有体心立方晶格的金属塑性较好。

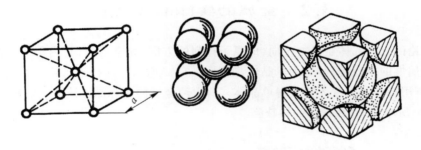

图 3-2　体心立方晶胞示意图

(2)面心立方晶格(fcc)。面心立方晶格的晶胞也是一个立方体,原子位于立方体六个面的中心处和八个顶点上,如图 3-3 所示。因每个面中心的原子为两个晶胞所共有,故每个面心立方晶胞的原子数为 $1/8 \times 8 + 1/2 \times 6 = 4$ 个。铁在 912~1394℃具有面心立方晶格(γ-Fe),属于面心立方晶格的金属还有 Al(铝)、Cu(铜)、Ni(镍)、Au(金)、Ag(银)、Pb(铅)、β-Co(β 钴)等。具有面心立方晶格的金属的塑性通常优于具有体心立方晶格的金属。

(3)密排六方晶格(hcp)。密排六方晶格的晶胞是一个六方柱体,原子位于两个底面的中心处和十二个顶点上,柱体内部还包含着三个原子,如图 3-4 所示。因每个面中心的原子为两个晶胞所共有,故其晶胞的实际原子数为 $1/6 \times 12 + 1/2 \times 2 + 3 = 6$ 个。属于密排六方晶格的金属有 Mg(镁)、Zn(锌)、Be(铍)、Cd(镉)、α-Ti(α 钛)、α-Co(α 钴)等。具有密排六方晶格的金属较脆。

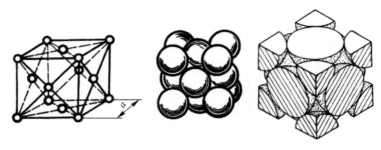

图 3-3 面心立方晶胞示意图

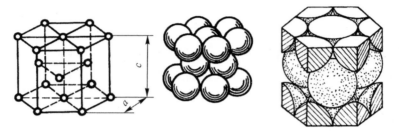

图 3-4 密排六方晶胞示意图

3.2 金属的实际晶体结构

以上讨论的金属晶体是晶格位向(即原子排列的方向)完全一致,且内部所有的原子都按一定规律周期性的重复排列,称为单晶体,如图 3-5(a)所示。这种理想状态在实际生产中很难达到,只有用特殊的方法才能获得单晶体。所以纯金属的实际晶体结构一般都是多晶体的,如图 3-5(b)所示,并存在许多晶体缺陷。

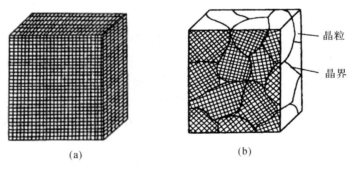

(a)   (b)

图 3-5 单晶体与多晶体结构示意图
(a)单晶体; (b)多晶体

如前所述,金属结晶后会形成许多外形不规则的小晶体,称之为晶粒,多晶体就是由许多晶粒组成的晶体,如图 3-6 所示。每个晶粒内的晶格位向基本一致,但各个晶粒彼此间的位向却不同(相差 30°~40°)。因此各晶粒的各向异性现象就可以相互抵消或补充,所以实际金属呈现各向同性现象。

　　晶粒的大小与金属的结晶及其加工方法有关,钢铁材料的晶粒尺寸一般在 $10^{-5} \sim 10^{-1}$ mm 范围内,只有在显微镜下才能观察到晶粒的形态、大小和分布等情况。在显微镜下观察到纯铁的晶粒和晶界如图 3-7 所示。

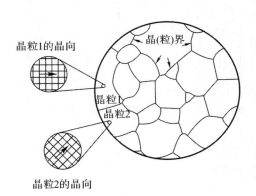

图 3-6　晶粒位向示意图

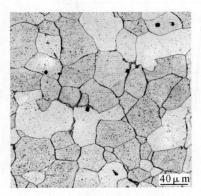

图 3-7　工业纯铁的显微组织

　　由于结晶条件或加工等方面的影响,在纯金属的实际晶体结构中,总是不可避免地存在着一些原子偏离规律排列的不完整性区域,这就是晶体缺陷。根据晶体缺陷的几何特点,可将晶体缺陷分为点缺陷、线缺陷和面缺陷三种。

　　(1)点缺陷。点缺陷包括空位和间隙原子两种,其特征是三个方向上的尺寸都很小,相当于原子的尺寸。空位是晶格内应被原子占据的结点而未被原子占据,如图 3-8(a)所示。有的原子占据了原子之间的空隙,就形成了间隙原子,如图 3-8(b)所示。

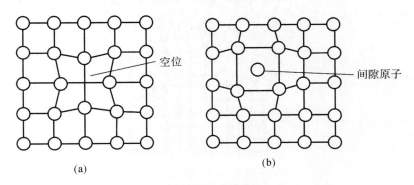

(a)

(b)

图 3-8　点缺陷

(a)空位;　(b)间隙原子

　　(2)线缺陷。线缺陷的特征是在两个方向上的尺寸很小,另一个方向上的尺寸相对很大。属于这一类的缺陷主要是位错。如图 3-9(a)所示晶体的 ABCD 面以上,在垂直方向多出了一个原子面 EFGH。即晶体的上下两部分发生了有规律的错排现象。多余的原子面像刀刃插入晶体,刃口处的原子列称为刃型位错。在与位错线平行的切应力作用下,原子平面被扭成了螺旋面,这种位错称为螺型位错,如图 3-9(b)所示。

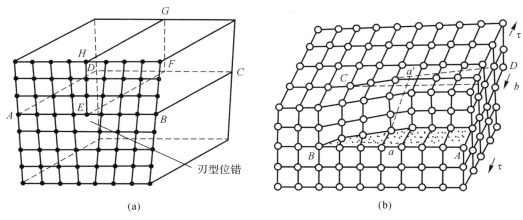

图 3-9 位错

(a)刃型位错； (b)螺型位错

（3）面缺陷。面缺陷的特征是在一个方向上的尺寸很小，在另外两个方向上的尺寸相对很大。晶界和亚晶界是面缺陷的两种主要形式。晶界和亚晶界是晶粒间或亚晶粒间的交界，都是晶体内不同区域的晶格位向过渡而引起的原子排列偏离理想状态的一种缺陷。各种晶界的位错密度高，且存在较多的空位和间隙原子等，如图 3-10 所示。除晶界和亚晶界外，孪晶界、相界、层错界、胞壁等都属于面缺陷。

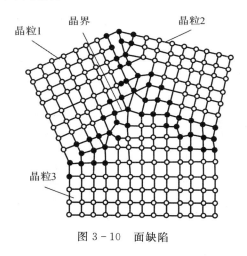

图 3-10 面缺陷

各种晶体缺陷处的晶格处于畸变状态。晶格畸变会导致常温下金属材料的强度、硬度的提高。拉伸试验时拉伸试样屈服后表现出的强化现象，实际上就是因为塑性变形使晶体中位错缺陷大量增加造成的。用塑性变形使金属得到强化的方法，称为形变强化。形变强化是强化金属材料的基本途径之一。

在实际晶体中，晶体的缺陷并不是静止不变的，而是随着条件（如温度、加工工艺等）的改变而不断变化的。晶体中的缺陷既可以产生、发展、运动和交叉作用，又可以合并或消失。

3.3　纯金属的结晶

一切物质从液态到固态的转变过程,统称为凝固。若凝固后形成晶体结构,则该转变过程称为结晶。纯金属的晶体结构在结晶过程中形成,研究金属结晶的规律对探索和改善金属的性能有重要意义。

3.3.1　金属的结晶现象

1.冷却曲线和过冷度

在纯金属自液态缓慢冷却至室温的过程中,温度、状态随时间的变化情况,常可通过热分析法测定,把冷却过程中温度 T 与时间 t 的关系描绘在平面直角坐标系中,可得到纯金属的冷却曲线,如图 3-11 所示。

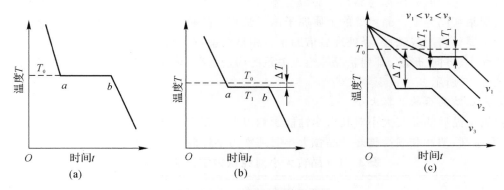

图 3-11　纯金属的冷却曲线

(a) 缓慢冷却曲线;　(b) 实际冷却条件下的冷却曲线;　(c) 不同冷却速度下的冷却曲线

纯金属的冷却曲线上有一段平台 ab,说明从 a 到 b 这段时间内完成了结晶过程。平台还说明结晶过程中放出大量潜热,补偿了散失在周围介质中的热量。因此,结晶过程中温度不变。平台在冷却曲线上的位置随冷却速度的不同而不同,冷却速度越大,则平台位置越低。通常,把无限缓慢冷却条件下测得的平台位置 T_0 称为理论结晶温度(即熔点);把实际冷却条件下测得的平台位置 T_1 称为实际结晶温度。T_1 总是小于 T_0,这种现象称为过冷现象。通常把 T_0 与 T_1 之差称为过冷度,用符号 ΔT 表示,即

$$\Delta T = T_0 - T_1$$

实验表明,金属的结晶过程必须在过冷的条件下才能实现,过冷是金属结晶的必要条件。

2.纯金属的结晶过程

(1)形核。当液态金属的温度下降到接近 T_1 时,某些局部会有一些原子规则地排列起来,形成极细微的小晶体。这些小晶体很不稳定,遇到热流和振动就会立即消失。但是,在过冷度 ΔT 存在的条件下,稍大一点的细微小晶体,其稳定性较好,有可能进一步长大成为结晶的核心(晶核)。晶核的形成过程称为形核。

(2)长大。晶核形成之后,会吸附其周围液体中的原子不断长大。晶核长大使液态金属的相对量逐渐减少。开始时各个晶核自由生长,并且保持着规则的外形;当各个生长着的小晶体

彼此接触后,其接触处的生长过程自然停止,因此晶体的规则外形遭到破坏;最后全部液态金属耗尽,结晶过程终止。纯金属的结晶过程如图 3-12 所示。

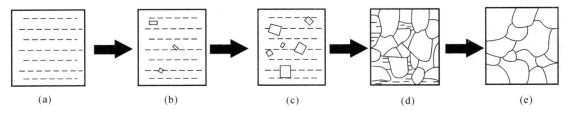

图 3-12　纯金属的结晶过程
(a)熔融金属液;　(b)形核;　(c)形核与晶核长大;　(d)晶核长大;　(e)结晶结束

由于不同方位形成的晶体与其周围的晶体相互接触,晶体的外形几乎都呈不规则的颗粒状。每个颗粒状的晶体称为晶粒。晶粒与晶粒之间自然形成的界层称为晶界。金属中的夹杂物往往聚集在晶界上。晶界处的金属原子由于受相邻晶粒的影响不可能排列得十分规则。

把金属材料制成试样,经处理后借助于金相显微镜,在金属及合金内部看到的涉及晶体或晶粒的大小、方向、形状、排列状况等组成关系的构造情况,称为显微组织。工业纯铁的显微组织如图 3-7 所示。

3. 金属结晶后的晶粒大小

金属结晶后的晶粒大小对其力学性能影响很大。在室温下工作的金属件,晶粒越细,其强度、硬度越高,塑性和韧性越好。晶粒大小对纯铁力学性能的影响见表 3-1。

表 3-1　晶粒大小对纯铁力学性能的影响

晶粒平均直径 d/mm	σ_b/MPa	σ_s/MPa	δ/(%)
9.7	165	40	28.8
7.0	180	38	30.6
2.5	211	44	39.5
0.20	263	57	48.8
0.16	264	65	50.7
0.10	278	116	50.0

晶粒大小主要取决于形核速率 N(简称形核率)和长大速率 G(简称长大率)。形核率是指单位时间内在单位体积中形成的晶核数。长大率是指单位时间内晶核长大的线速度。为了细化晶粒,提高金属的力学性能,在实际生产中,常采用增大过冷度、变质处理和附加振动等方法。

(1)增大过冷度。金属结晶时,随着过冷度的增大,晶核的形成速率增大,也使晶核的长大速率增大。但是,当过冷度较大时,形核率 N 增大速度大于长大率 G,如图 3-13 所示。因此,增大过冷度,可获得细小的晶粒。当过冷度很大时,曲线转入虚线部分,形核率 N 和长大率 G 急剧下降,在生产中一般很难达到如此大的过冷度。

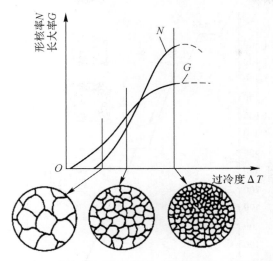

图 3-13　形核率 N 和长大率 G 与过冷度 ΔT 的关系

（2）变质处理。变质处理是指在浇注前在液体金属中加入变质剂，以达到细化晶粒目的的方法。变质剂有两类，一类是用来增加非自发晶核数目，如加入一些高熔点金属及其氧化物的微粒；另一类是起到抑制晶粒长大的作用。

（3）附加振动。液态金属结晶时，采用机械振动、超声波振动或电磁振动等方法，一可使正在生长的晶体破碎，从而增加更多的晶核；二是由于振动提供了能量，促使自发晶核形成，因而也提高了形核率，细化了晶粒。

用细化晶粒强化金属的方法称为细晶强化，它是强化金属材料的基本途径。

3.3.2　金属的同素异构转变

如前所述，铁在 912℃ 以下具有体心立方晶格，称为 α-Fe；在 912～1 394℃ 具有面心立方晶格，称为 γ-Fe。同一种固态的纯金属（或其他单相物质）由一种稳定状态转变成另一种晶体结构不同的稳定状态的转变，称为同素异构转变，纯铁的同素异构转变如图 3-14 所示。从纯铁的冷却曲线可看到其同素异构转变现象。纯铁从液态冷却至 1 538℃ 时，结晶形成具有体心立方晶格的结构，称为 δ-Fe。当冷却到 1 394℃ 时，恒温转变为面心立方晶格，即发生了同素异构转变。具有面心立方晶格的纯铁称为 γ-Fe。继续冷却到 912℃ 时，再次发生同素异构转变，由面心立方晶格以恒温转变为体心立方晶格。为区别起见，低温下具有体心立方晶格的纯铁称为 α-Fe，一直保持到室温。770℃ 是磁性转变点，称为居里点，在 770℃ 以上纯铁无磁性，而在 770℃ 以下有磁性。上述的转变过程可由下式表示：

$$L \xrightarrow{1\,538℃} \delta-Fe \xrightarrow{1\,394℃} \gamma-Fe \xrightarrow{912℃} \alpha-Fe$$

金属的同素异构转变与液态金属的结晶过程类似，转变时遵循结晶的一般规律，如具有恒定的转变温度，转变过程包括形核、长大两阶段等。因此，同素异构转变也可以看成是一种结晶，通过同素异构转变可以使晶粒得到细化。

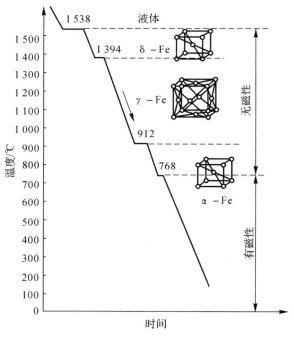

图 3 - 14   纯铁的同素异构转变

3.4   合金的晶体结构

纯金属的晶体结构比较单纯,因为它只有一种元素。而合金是由两种或更多的元素所组成的,因此,合金的晶体结构是比较复杂的。

3.4.1   基本知识

合金是指由两种或更多种化学元素(其中至少有一种是金属)所组成的具有金属特性的物质。例如,黄铜是铜与锌组成的合金,钢和铸铁是铁与碳等组成的合金。

组成合金的最基本的独立物质称为组元。给定组元可以按不同配比制成一系列不同成分的合金,构成一个合金系。在一个合金系内,组元可以是组成合金的元素,也可以是稳定的化合物。合金中按组元成分比例不同,可配制一系列的合金,所形成的该合金系统称为合金系。合金中化学成分、晶体结构、物理性能及化学性能均相同,并以界面相互分开的组成部分称为相。例如纯金属和合金在液态时称液相,在固态时称固相。而在熔点时,则液相与固相共存。有些合金由一种固相组成,称为单相合金。由几种不同的固相所组成的合金,称为多相合金。相的数量、形态、大小及其分布状态称为组织,可通过金相显微镜进行观察,所以也可称为显微组织,例如前述的纯铁的显微组织。纯金属在室温时只有一种相,它是单相组织。合金也可能是单相组织,但大多数合金都是多相组织。

3.4.2   合金的相

组织是决定材料性能的一个极为重要的因素。在相同条件下,不同的组织使材料表现出不同的性能,而相是组成组织的基本组成部分。因此,了解相有助于弄清合金的晶体结构及其性能表现的原因。

根据相的晶体结构特点可以将其分为固溶体和金属化合物两大类。

1. 固溶体

固态合金中一种组元溶入另一种组元中而形成的固相称为固溶体。在固溶体中含量较多的,并能保持晶格不变的组元称为溶剂。含量较少,原晶格消失的另一种组元称为溶质。

(1)固溶体的类型。根据溶质原子在溶剂晶格中所占位置,固溶体分为置换固溶体和间隙固溶体两种。

1)置换固溶体。当溶质原子代替溶剂原子占据溶剂晶格的结点位置时,形成置换固溶体,如图 3-15(a)所示。置换固溶体中溶质与溶剂元素的原子半径相差越小,则溶解度越大。若溶剂元素与溶质元素在元素周期表中的位置靠近,且晶格类型相同,通常可以按任意比例配制,都能相互溶解,形成无限固溶体。例如铜镍合金,铜原子和镍原子可按任意比例相互溶解,形成无限固溶体。

2)间隙固溶体。当溶质原子在溶剂晶格中不占据结点位置,而是嵌于结点之间的空隙时,形成间隙固溶体,如图 3-15(b)所示。间隙固溶体的溶质都是些原子半径很小的非金属元素,如碳、硼、氢等。由于溶剂晶格本身的间隙有限,所以间隙固溶体只能是有限固溶体。

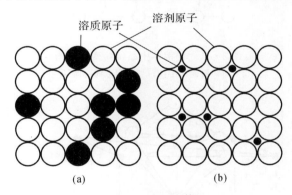

图 3-15 固溶体
(a)置换固溶体; (b)间隙固溶体

(2)固溶体的性能。溶质原子溶入溶剂晶格,会引起晶格畸变,如图 3-16 所示。一般来说,固溶体的强度和硬度总是比组成它的纯金属的平均值高。这种现象称为固溶强化。晶格畸变越大,强化效果则越好。在塑性和韧性方面,固溶体要比组成它的两个纯金属的平均值低,但比一般化合物要高得多。因此,综合起来看,固溶体比纯金属和化合物具有更好的综合力学性能,各种金属材料也总是以固溶体为其基体相。

2. 金属化合物

合金之间发生相互作用而生成的一种新相称为金属化合物。一般可用分子式表示,其晶格类型和性能完全不同于组成它的任一组元。金属化合物常具有较复杂的晶格结构,例如铁碳合金中的渗碳体(Fe_3C),其晶格与铁的体心立方晶格和碳的六方晶格均不相同,而是具有复杂的斜方晶格,如图 3-17 所示。

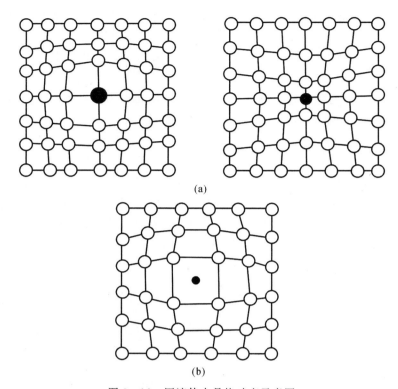

(a)

(b)

图 3-16 固溶体中晶格畸变示意图
(a)置换固溶体； (b)间隙固溶体

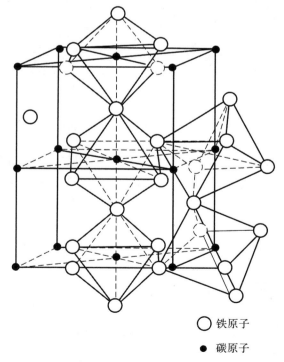

○ 铁原子

● 碳原子

图 3-17 Fe₃C 的晶格结构

金属化合物的性能特点是熔点高、硬而脆,实际上很少使用单相金属化合物的合金。但当金属化合物呈细小颗粒均匀分布在固溶体基体上时,将显著提高合金的强度、硬度和耐磨性。所以,金属化合物主要用来作为许多合金的重要强化相。

纯金属、固溶体和金属化合物是组成合金的基本相。大部分合金的结构是金属化合物相分布在固溶体相基体上而形成的。在这种混合晶体结构中,各相仍然保持各自的晶格结构和性能。因此,合金的性能取决于各组成相的性能及其数量、形状、大小和分布状况等。

3.5　二元合金相图

合金存在的状态通常由合金的成分、温度和压力三个因素确定。合金的化学成分变化时,合金中所存在的相及相的相对含量也发生变化,同样,当温度和压力变化时,合金所存在的状态也要发生改变。由于合金的熔炼、加工处理等都是在常压下进行的,所以合金的状态可由合金的成分和温度两个因素确定。合金相图是描述合金系在平衡条件下合金的状态(组成相)与温度成分之间关系的简明图解,又称状态图。相图是在极缓慢的冷却或加热条件(平衡条件)下测定的,故也称平衡图。

利用相图,不但可以了解在平衡条件下不同成分的合金在不同温度时的组织(相)状态,以及相的成分及其相对量,而且还可以了解合金在缓慢加热和冷却过程中可能发生的组织(相)转变。所以合金相图是研究合金的重要理论基础,是在生产中制定熔炼、热加工和热处理工艺的主要依据。

3.5.1　二元合金相图的建立

以铜镍合金(白铜)为例,用热分析法建立相图的步骤如下:

(1)配制一系列不同成分(质量分数)的铜镍合金。如:铜 100%;铜 80%,镍 20%;铜 60%,镍 40%;铜 40%,镍 60%;铜 20%,镍 80%;镍 100%等。

(2)用热分析法测出所熔配各合金的冷却曲线,如图 3-18(a)所示,找出冷却曲线上的各临界点。铜和镍的冷却曲线上都有一个平台,结晶是在恒温下进行的,只有一个临界点;其他四条冷却曲线上有两个转折点,结晶是在一个温度区间进行的,即有两个临界点,开始结晶的温度为上临界点,结晶终了的温度为下临界点。

(3)将各临界点描绘在温度-成分坐标系中,把意义相同的临界点用平滑的线条连接起来,就形成了 Cu-Ni 合金相图,如图 3-18(b)所示,图中上临界点连成的线条称为液相线,下临界点连成的线条称为固相线。

3.5.2　二元匀晶相图

两组元在液态和固态均能无限互溶时,所构成的相图称为二元匀晶相图。图 3-19 所示的 Cu-Ni 合金相图就属于匀晶相图。

1.相图分析

图 3-19 中,液相线之上为液相区,用符号 L 表示;固相线之下为固相区,用符号 α 表示;液相线与固相线之间是液、固两相区,用符号 L+α 表示;A 点是铜的熔点,B 点是镍的熔点。

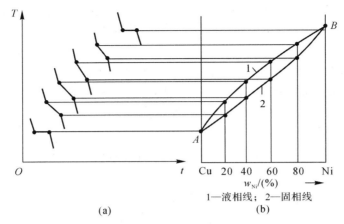

1—液相线；2—固相线

图 3-18 Cu-Ni 合金相图的建立

(a)冷却曲线； (b)Cu-Ni 合金相图

2.合金结晶过程分析

以图 3-19 中 K 点成分合金为例,分析如下:合金从高温液态缓慢冷却至 1 点温度时,开始从液相中结晶出 α 固溶体;随着温度的下降,α 相增多,而 L 相减少;至 2 点时,结晶过程结束,L 相全部转变为 α 相。

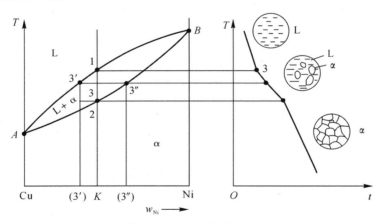

图 3-19 二元匀晶相图

要指出的是,在结晶过程中,合金处于 L+α 区时,液相的成分随液相线变化,固相的成分随固相线变化。例如,K 点成分的合金从高温液态缓慢冷却至 3 点时,其液相部分具有 3′点的成分,而固相部分则具有 3″点的成分。液相和固相的平均成分才是 K 点的成分。

实际结晶过程不可能是无限缓慢的,先结晶的晶粒与后结晶的晶粒成分不同,又来不及扩散均匀,甚至晶粒的心部与表层成分不同,也来不及扩散均匀,这种现象称为成分偏析。成分偏析将影响合金的性能。

3.5.3 二元共晶相图

两组元在液态时无限互溶,在固态时有限互溶,并且发生共晶反应所构成的相图,称为二元共晶相图。共晶反应是指冷却时由液相同时结晶出两个固相的复相混合物的反应。共晶反应的产物称为共晶体,其显微组织称为共晶组织。图 3 - 20 所示的 Pb - Sn 合金相图属于二元共晶相图。

1. 相图分析

图 3 - 20 中液相线 *ACD* 以上为 L 液相区,固相线 *AECFD* 以下为固相区;三边形 *AEC* 和 *CFD* 为匀晶状态图中两相区的一角;*AES* 线左边为 α 固溶体相区,*DFG* 线右边为 β 固溶体相区;*A* 点是铅的熔点,*D* 点是锡的熔点。

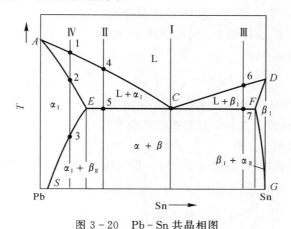

图 3 - 20　Pb - Sn 共晶相图

共晶相图与匀晶相图相比具有以下特点。

(1) 共晶点。*C* 点成分的合金冷却到 *C* 点温度时将产生共晶反应。从液相中同时结晶出 α 相与 β 相组成的均匀的复相混合物,*C* 点称为共晶点。

(2) 共晶线。相图中通过共晶点的水平线 *ECF*,称为共晶线。合金在冷却过程中通过共晶线时,剩余液相具有共晶反应的温度和成分,必然发生共晶反应。即

$$L_C \xrightarrow{\text{恒温}} \alpha_E + \beta_F$$

式中,L_C——*C* 点成分的液相;

　　　α_E——*E* 点成分的 α 相;

　　　β_F——*F* 点成分的 β 相。

(3) 固溶体脱溶线。随着温度的下降,α 固溶体或 β 固溶体的溶解度也将不断下降。图 3 - 20 中 *ES* 线表达了 α 固溶体的脱溶变化规律,*FG* 线表达了 β 固溶体的脱溶变化规律,*ES*,*FG* 线称为固溶体脱溶线。α 固溶体脱溶产物是 β 相。为了区别于高温结晶出的 β 相,通常把脱溶产生的 β 相称为 β 二次相,用符号 β_{II} 表示。β 固溶体脱溶产生的 α 相称为 α 二次相,用符号 α_{II} 表示。

2. 结晶过程分析

(1) 共晶成分的合金。图 3 - 20 中 *C* 点成分的合金是具有共晶成分的合金。在冷却过程中经过 *C* 点时发生共晶反应,生成共晶体。即

$$L \xrightarrow{C} \alpha + \beta$$

(2) 亚共晶成分的合金。图 3 - 20 中 *E*,*C* 点之间成分的合金,称为亚共晶合金。这类合金如图中合金 Ⅱ,在冷却过程中经过 4 点时结晶出 α_I 相;经过 5 点时,剩余液相发生共晶反应生

成共晶体；在继续冷却的过程中 α_I 相还会脱溶出 β_{II} 相，最终组织为 $\alpha_I + \beta_{II} + (\alpha + \beta)$。即

$$L \xrightarrow{\ 4\ } L + \alpha_I \xrightarrow{\ 5\ } \alpha_I + (\alpha + \beta) \xrightarrow{\ 5以下\ } \alpha_I + \beta_{II} + (\alpha + \beta)$$

（3）过共晶成分的合金。图 3-20 中，C，F 点之间成分的合金，称为过共晶合金。这类合金如图中合金 Ⅲ，在冷却过程中经过 6 点时结晶出 β_I 相；经过 7 点时，剩余液相发生共晶反应生成共晶体；在继续冷却的过程中，β_I 相还会脱溶出 α_{II} 相，最终组织为 $\beta_I + \alpha_{II} + (\alpha + \beta)$。即

$$L \xrightarrow{\ 6\ } L + \beta_I \xrightarrow{\ 7\ } \beta_I + (\alpha + \beta) \xrightarrow{\ 7以下\ } \beta_I + \alpha_{II} + (\alpha + \beta)$$

（4）无共晶反应的合金。图 3-20 中 E 点左侧和 F 点右侧的合金在冷却过程中不会发生共晶反应。如图中合金 Ⅳ 冷却至 1 点时结晶出 α_I 相，经 2 点时全部转变为 α_I 相，经 3 点时开始脱溶出 β_{II} 相，最终组织为 $\alpha_I + \beta_{II}$。即

$$L \xrightarrow{\ 1\ } L + \alpha_I \xrightarrow{\ 2\ } \alpha_I \xrightarrow{\ 3\ } \alpha_I + \beta_{II}$$

同理，F 点右侧的合金在冷却过程中会有 β_I 相和 α_{II} 相生成，最终组织为 $\beta_I + \alpha_{II}$。

图 3-20 中 S 点左侧的合金和 G 点右侧的合金形成的固溶体中含有溶质的量较少，没有脱溶反应，不会生成 β_{II} 相或 α_{II} 相。

根据上述结晶过程分析，可以填写 Pb-Sn 相图的组织组成物，如图 3-21 所示。

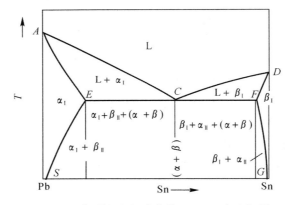

图 3-21 标明组织组成物的 Pb-Sn 合金相图

3.5.4 合金力学性能与相图的关系

当合金形成单相固溶体时，合金的性能与组成元素的性质和溶质元素的溶入量有关。对于一定的溶剂和溶质，如果溶质量较多，则合金晶体中点缺陷多，晶格畸变也较严重，合金的强度、硬度较高。具有匀晶反应的合金，其强度、硬度的变化规律如图 3-22 所示。

当合金形成复相混合物时，其力学性能主要取决于其组织的细密程度。组织越细密，则强度、硬度越高。当复相混合物组织中有一相是金属化合物相时，金属化合物相的形状、大小和分布情况对合金的性能影响很大。金属化合物呈粒状比呈片状存在具有更好的韧性和塑性。具有共晶反应的合金，其硬度变化规律如图 3-23 所示，强度的变化趋势与硬度大致相同。当合金只具有共晶组织时，性能曲线上出现极值（如图 3-23 中虚线所示），这是因为共晶组织细小、均匀。

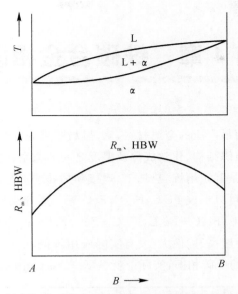

图 3 - 22　具有匀晶反应合金的强度(R_m)、硬度(HBW)的变化规律

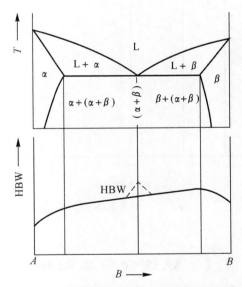

图 3 - 23　具有共晶反应合金的硬度变化规律

第4章　铁碳合金相图

钢铁是现代工业中应用最广泛的金属材料,它是以铁、碳为基本组元的合金。铁碳合金相图全面描述了钢铁材料的组织结构、化学成分及温度之间的关系,是研究钢铁材料以及钢材质量检验的重要理论基础,也是制定熔炼、热加工、焊接和热处理工艺的主要依据。

在铁碳合金中,铁与碳可以形成 Fe_3C,Fe_2C,FeC 等一系列亚稳定金属化合物,因此铁碳相图可以看成是由 $Fe-Fe_3C$,Fe_3C-Fe_2C,Fe_2C-FeC,$FeC-C$ 等相图组成,如图 4-1 所示。由于 $w_C > 5\%$ 的铁碳合金硬度高、脆性大,没有实际应用价值,所以在铁碳相图中仅研究 $Fe-Fe_3C$ 部分。所以通常所说的铁碳相图,实际上就是 $Fe-Fe_3C$ 相图。

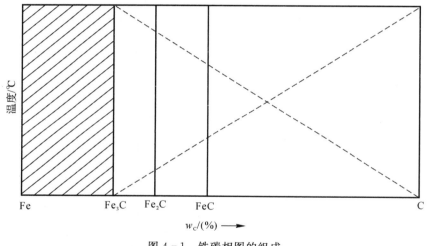

图 4-1　铁碳相图的组成

4.1　铁碳合金基础知识

4.1.1　铁碳合金的基本相

碳可溶解在 $\alpha-Fe$,$\gamma-Fe$ 和 $\delta-Fe$ 中形成铁素体、奥氏体和高温铁素体等固溶体;铁与碳化合形成复杂晶体结构的化合物——渗碳体。

1.铁素体

碳溶于 $\alpha-Fe$ 中形成的间隙固溶体称为铁素体,用符号 F 表示。它仍保持 $\alpha-Fe$ 的体心立方晶格。碳原子一般溶于其扁八面体间隙中(见图 4-2),由于扁八面体间隙半径很小,因而铁素体的溶碳能力极差,在 727℃时溶碳量为最高,$w_C = 0.021\ 8\%$。随着温度的降低,溶解度减小,在 600℃时溶碳量约为 $w_C=0.005\ 7\%$,在室温时溶碳量几乎为 0。由于铁素体的含碳量很小,所以它的性能和纯铁相似,即强度和硬度低,而塑性和韧性好($\sigma_b=180\sim280$ MPa,$50\sim80$HBS,$\delta=30\%\sim50\%$)

在显微镜下观察,铁素体呈明亮的多边形晶粒,如图 4-3 所示。铁素体的居里点为 770℃,即其在 770℃以下具有铁磁性,在 770℃以上则失去铁磁性。

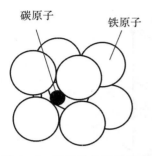

图 4-2　铁素体晶胞示意图

图 4-3　铁素体显微组织

2.奥氏体

碳溶于 γ-Fe 中形成的间隙固溶体称为奥氏体,用符号 A 表示。它仍保持 γ-Fe 的面心立方晶格,碳原子一般溶于其正八面体间隙中(见图 4-4)。面心立方晶格的 γ-Fe 的致密度虽然高于体心立方晶格的 α-Fe,但由于其晶格的正八面体间隙半径要比 α-Fe 的扁八面体大,故溶碳能力也大得多。在 1 148℃时溶碳量最大,$w_C=2.11\%$,随着温度的降低,溶解度减小,到 727℃时溶碳量为 $w_C=0.77\%$。

奥氏体晶粒在显微镜下显示出晶界比较平直的多边形特征,如图 4-5 所示。奥氏体一般只在 727℃以上高温存在。

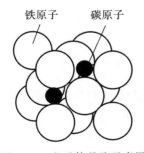

图 4-4　奥氏体晶胞示意图

图 4-5　奥氏体显微组织

奥氏体具有一定的强度和硬度,塑性和韧性好($\sigma_b=400$ MPa,$160\sim220$HBS,$\delta=40\%\sim50\%$),特别适宜压力加工,所以,生产中常将钢材加热到奥氏体状态进行锻压。

3.渗碳体

渗碳体是铁与碳形成的金属化合物,用分子式 Fe_3C 表示,渗碳体具有复杂的斜方晶体结构,碳原子位于铁原子构成的晶格间隙中,如图 4-6 所示。渗碳体的含碳量为 $w_C=6.69\%$。

渗碳体的晶体结构决定了它的硬度很高（950～1 050HV），塑性和韧性几乎为 0，脆性很大。渗碳体的熔点未确切测定（因为加热时易发生分解），根据理论计算约为 1 227℃。

渗碳体常以片、球、粒、网状等不同形态出现在钢的组织中，其形态、大小、数量及分布状态对钢的力学性能有着很大的影响。

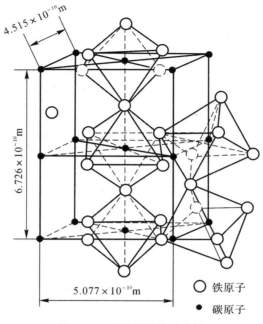

图 4－6　渗碳体晶格示意图

为了研究和分析方便，通常把从液体直接结晶出的渗碳体称为一次渗碳体，以 Fe_3C_I 表示；从奥氏体析出的渗碳体称为二次渗碳体，以 Fe_3C_{II} 表示；从铁素体析出的渗碳体，以 Fe_3C_{III} 表示；共晶及共析渗碳体仍以 Fe_3C 表示。

4.1.2　铁碳合金的机械混合物

1．珠光体

含碳量为 $w_C＝0.77\%$ 的奥氏体在 727℃时同时析出铁素体和渗碳体两相组成的机械混合物，称为珠光体，用符号 P 表示。其形态一般是片层相间、交替排列，显微组织如图 4－7 所示。

由于珠光体是由硬的渗碳体和软的铁素体组成的混合物，所以其力学性能介于铁素体和渗碳体之间，强度和硬度较高，具有一定的塑性和韧性。

2．莱氏体

含碳量为 $w_C＝4.3\%$ 的液相在 1 148℃时同时结晶出奥氏体和渗碳体的混合物，称为高温莱氏体，用符号 L_d 表示。高温莱氏体缓慢冷却至 727℃时，其中的奥氏体将转变为珠光体，组成了珠光体与渗碳体的机械混合物，称为低温莱氏体，用符号 L_d' 表示。低温莱氏体显微组织如图 4－8 所示。

莱氏体的力学性能和渗碳体相似，硬度很高，塑性很差。

图 4 - 7 珠光体显微组织

图 4 - 8 低温莱氏体显微组织

4.2 Fe - Fe$_3$C 相图

铁碳合金相图是表示在缓慢冷却（或缓慢加热）的条件下，不同成分的铁碳合金的状态或组织随温度变化的图形。为了便于研究和分析，把相图左上角实用意义不大的包晶区予以省略。简化后的 Fe - Fe$_3$C 相图如图 4 - 9 所示。

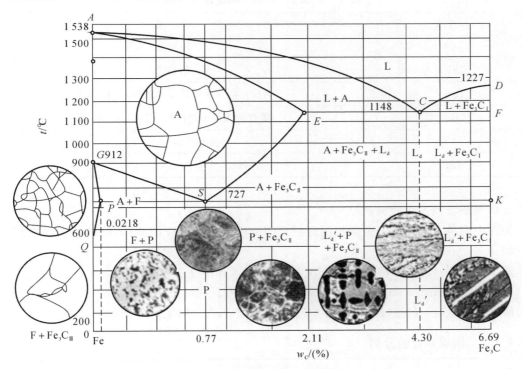

图 4 - 9 简化的铁碳合金相图

4.2.1 铁碳合金相图分析

1.铁碳合金相图中的特性点

简化后 $Fe-Fe_3C$ 相图中各特性点的温度、成分及其含义见表4-1。

表4-1 $Fe-Fe_3C$ 相图的特性点

特性点	温度/℃	含碳量 $w_C/(\%)$	含义
A	1 538	0	纯铁的熔点
C	1 148	4.3	共晶点
D	1 227	6.69	渗碳体的熔点
E	1 148	2.11	碳在 $\gamma-Fe$ 中的最大溶解度
G	912	0	纯铁的同素异晶转变点
P	727	0.021 8	碳在 $\alpha-Fe$ 中的最大溶解度
S	727	0.77	共析点

2.铁碳合金相图中的特性线

相图中的特性线是各种不同成分的铁碳合金具有相同意义的临界点的连线。相图中的特性线的含义见表4-2。

表4-2 $Fe-Fe_3C$ 相图的特性线

特性线	含义
ACD	液相线
$AECF$	固相线
GS	奥氏体向铁素体转变开始线,又称 A_3 线
ES	碳在奥氏体中的溶解度线,又称 A_{cm} 线
ECF	共晶线($L_C \Leftrightarrow A+Fe_3C$)
PSK	共析线,常称 A_1 线($A_S \Leftrightarrow F+Fe_3C$)

3.铁碳合金相图中的相区

相图中的各条特性线把铁碳相图分割成四个单相区和五个两相区,此外两条水平线是两个三相区。

四个单相区:L,A,F 和 Fe_3C(DFK 线视为 Fe_3C 相区)。

五个两相区:$L+A$,$L+Fe_3C$,$A+F$,$A+Fe_3C$ 和 $F+Fe_3C$。

两个三相区:ECF 线($L+A+Fe_3C$)和 PSK 线($A+F+Fe_3C$)。

4.2.2 铁碳合金的分类

$Fe-Fe_3C$ 相图中的铁碳合金,按含碳量和室温组织的不同,一般分为以下三类:

(1)工业纯铁 $w_C \leqslant 0.021\ 8\%$。

（2）钢 $0.0218\% < w_C \leqslant 2.11\%$。钢可分为以下三种：

亚共析钢 $0.0218\% < w_C < 0.77\%$；

共析钢 $w_C = 0.77\%$；

过共析钢 $0.77\% < w_C \leqslant 2.11\%$。

（3）白口铁 $2.11\% < w_C < 6.69\%$。白口铁也可分为以下三种：

亚共晶白口铁 $2.11\% < w_C < 4.3\%$；

共晶白口铁 $w_C = 4.3\%$；

过共晶白口铁 $4.3\% < w_C < 6.69\%$。

4.2.3　典型铁碳合金的结晶过程

典型铁碳合金在 Fe－Fe₃C 相图中的位置，如图 4－10 所示。

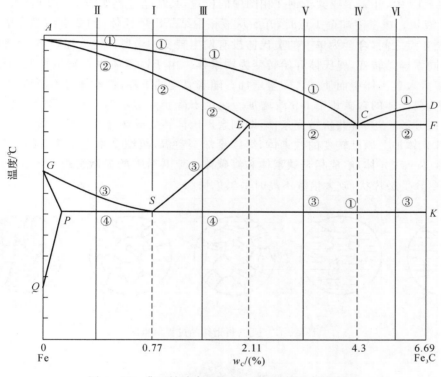

图 4－10　典型铁碳合金在 Fe－Fe₃C 相图中的位置

1. 共析钢的结晶过程

在图 4－10 中，合金 Ⅰ 为含碳量 $w_C = 0.77\%$ 的共析钢，结晶过程如图 4－11 所示。该合金在 1 点以上为液相（L），缓慢冷却至 1 点时，开始从液相中结晶出奥氏体（A），随着温度的下降，奥氏体的数量越来越多。温度降到 2 点时，液相全部结晶成奥氏体。从 2 点继续冷却至 S 点之间，组织不发生变化。到达 S 点时，奥氏体发生共析转变：

$$A_{0.77\%} \xrightarrow{727℃} F + Fe_3C$$

共析转变的产物是珠光体（P）。S 点以下，组织基本上不变化，最后合金的室温组织为珠光体,组成相为铁素体(F)和渗碳体(Fe_3C)。

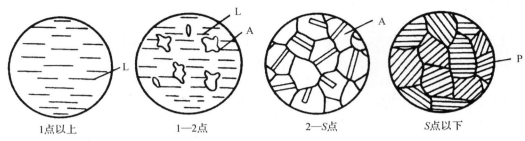

图 4-11 共析钢结晶过程示意图

2.亚共析钢的结晶过程

在图 4-10 中,Ⅱ表示亚共析钢在相图中的位置,其结晶过程如图 4-12 所示。该合金在 1 点以上为液相。缓慢冷却至 1 点时,开始从液相中结晶出奥氏体,到 2 点结晶完毕。从 2 点继续冷却至 3 点之间,合金为单一的奥氏体没有发生转变。当奥氏体冷却到与 GS 线相交的 3 点时,由于同素异晶转变,奥氏体开始转变为铁素体。由于铁素体中含碳量很低,原来溶解的过多的碳将溶入奥氏体中而使其含碳量增加。随着温度的下降,铁素体量不断增加,剩余的奥氏体量减少,奥氏体的含碳量沿 GS 线增加。温度下降至 4 点(727℃)时,剩余奥氏体的含碳量达到 $w_C = 0.77\%$,具备共析转变条件,即剩余奥氏体转变成珠光体。共析转变结束后,合金的组织为珠光体加上原已转变的铁素体,继续冷却至室温,组织基本上不变,最后合金的室温组织为铁素体+珠光体,组成相是铁素体和渗碳体。亚共析钢的显微组织如图 4-13 所示,F 呈白色块状,P 呈层片状,放大倍数不高时呈黑色块状。

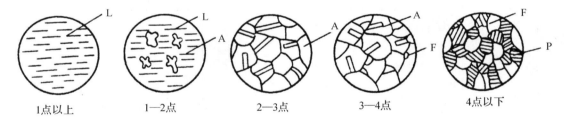

图 4-12 亚共析钢结晶过程示意图

图 4-13 亚共析钢显微组织

3.过共析钢的结晶过程

在图 4-10 中,Ⅲ 表示过共析钢在相图中的位置,其结晶过程如图 4-14 所示。该合金在 1 点以上为液相。缓慢冷却至 1 点时,开始从液相中结晶出奥氏体,到 2 点结晶完毕。从 2 点继续冷却至 3 点之间,合金为单一的奥氏体没有发生转变。当合金冷却到与 ES 线相交的 3 点时,奥氏体中含碳量达到饱和,继续冷却,由于碳在奥氏体中的溶解度下降,奥氏体中多余的碳开始以渗碳体的形式析出,沿奥氏体晶界呈网状分布。随着温度下降,析出的二次渗碳体的量不断增多,奥氏体的含碳量也沿 ES 线变化。温度下降至 4 点(727℃)时,剩余奥氏体的含碳量达到 $w_C = 0.77\%$,具备共析转变条件,即剩余奥氏体转变成珠光体。共析转变结束后,合金的组织为珠光体+网状二次渗碳体。继续冷却至室温,组织基本上不变,最后合金的室温组织为二次渗碳体+珠光体,组成相为铁素体和渗碳体。过共析钢的显微组织如图 4-15 所示,Fe_3C_{II} 呈网状分布在片状 P 周围。

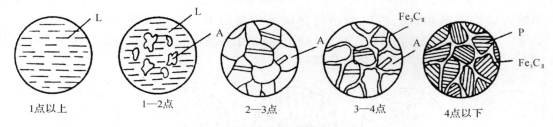

图 4-14　过共析钢结晶过程示意图

图 4-15　过共析钢显微组织

4.共晶白口铁的结晶过程

在图 4-10 中,Ⅳ 表示共晶白口铁在相图中的位置,其结晶过程如图 4-16 所示。该合金在 C 点以上为液相,缓慢冷却至 C 点时,液相发生共晶转变,同时结晶出奥氏体与渗碳体的机械混合物,即高温莱氏体。整个转变过程是在 1 148℃下进行的。当温度自 C 点下降到 1 点之间,从奥氏体中不断析出二次渗碳体,奥氏体的含碳量也沿 ES 线下降。温度到达 1 点 (727℃)时,奥氏体的含碳量降至 $w_C = 0.77\%$,具备共析转变条件,而转变成珠光体,转变结束时,合金的组织是珠光体+二次渗碳体+共晶渗碳体,这种机械混合物称为低温莱氏体。从 1 点继续冷却到室温,合金组织基本不变,最后合金在室温的组织为低温莱氏体。其组成相是铁素体和渗碳体。

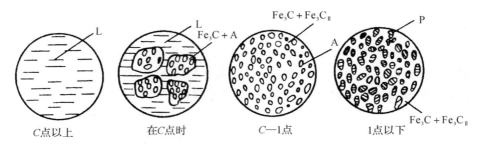

图 4 - 16　共晶白口铁结晶过程示意图

5.亚共晶白口铁的结晶过程

在图 4-10 中,Ⅴ表示亚共晶白口铁在相图中的位置,其结晶过程如图 4-17 所示。该合金在 1 点以上为液相。缓慢冷却至 1 点时,开始从液相中结晶出奥氏体,随着温度的降低,结晶出的奥氏体不断增加。所以液相的含碳量也将沿着 AC 线逐渐增大。冷却至 2 点（1 148℃）时,剩余液相的含碳量达到 $w_C=4.3\%$,发生共晶转变,转变成高温莱氏体。转变结束时,合金的组织为初生的奥氏体和高温莱氏体。

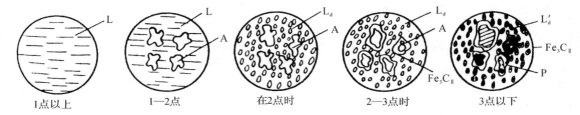

图 4 - 17　亚共晶白口铁结晶过程示意图

从 2 点继续冷却到 3 点之间,由于碳在奥氏体中溶解度减少,从初生奥氏体及高温莱氏体中的奥氏体（亦称为共晶奥氏体）内不断析出二次渗碳体,奥氏体的含碳量沿 ES 线逐渐减少。温度下降到 3 点（727℃）时,奥氏体的含碳量降至 $w_C=0.77\%$,发生共析转变,转变成珠光体。转变结束时,合金的组织为珠光体＋二次渗碳体＋低温莱氏体。从 3 点继续冷却到室温,组织基本不变,其组成相还是铁素体和渗碳体。亚共晶白口铁的显微组织如图 4-18 所示,网状 Fe_3C_{II} 分布在粗大块状 P 周围,L_d 由条状或粒状 P 和 Fe_3C 基体组成。

图 4 - 18　亚共晶白口铁显微组织

6.过共晶白口铁的结晶过程

在图 4-10 中,Ⅵ表示过共晶白口铁在相图中的位置,其结晶过程如图 4-19 所示。该合金在 1 点以上为液相。缓慢冷却至 1 点时,从液相中开始结晶出一次渗碳体,随着温度的降低,结晶出的一次渗碳体不断增加,液相的含碳量也将沿着 CD 线逐渐减少。冷却至 2 点(1 148℃)时,剩余液相的含碳量降到 $w_C = 4.3\%$,液相发生共晶转变,转变成高温莱氏体。转变结束时,合金的组织为一次渗碳体和高温莱氏体。

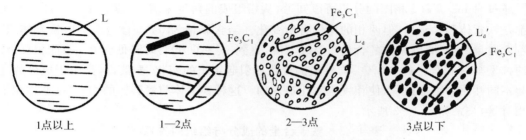

图 4-19　过共晶白口铁结晶过程示意图

从 2 点继续冷却到 3 点之间,由于碳在奥氏体中溶解度减少,从共晶奥氏体内不断析出二次渗碳体,奥氏体的含碳量沿 ES 线逐渐减少。温度下降到 3 点(727℃)时,奥氏体的含碳量降至 $w_C = 0.77\%$,发生共析转变,转变成珠光体。转变结束时,合金的组织为一次渗碳体+低温莱氏体。从 3 点继续冷却到室温,组织基本不变,其组成相还是铁素体和渗碳体。过共晶白口铁的显微组织如图 4-20 所示,Fe_3C_I 呈长条状,L_d 由黑色条状或粒状 P 和白色 Fe_3C 基体组成。

图 4-20　过共晶白口铁显微组织

根据冷却曲线和结晶过程,对钢和白口铁组织变化过程总结如下:

(1)共析钢:$L \rightarrow L+A \rightarrow A \rightarrow P$;

(2)亚共析钢:$L \rightarrow L+A \rightarrow A \rightarrow A+F \rightarrow P+F$;

(3)过共析钢:$L \rightarrow L+A \rightarrow A \rightarrow A+Fe_3C_{\text{II}} \rightarrow P+Fe_3C_{\text{II}}$;

(4)共晶白口铁:$L \rightarrow L_d \rightarrow L_d'$;

(5)亚共晶白口铁:$L \rightarrow L+A \rightarrow L_d+A+Fe_3C_{\text{II}} \rightarrow L_d'+P+Fe_3C_{\text{II}}$;

(6)过共晶白口铁：$L \rightarrow L + Fe_3C_I \rightarrow L_d + Fe_3C_I \rightarrow L_d' + Fe_3C_I$。

4.3　含碳量对铁碳合金平衡组织和性能的影响

4.3.1　含碳量对铁碳合金平衡组织的影响

通过对 $Fe - Fe_3C$ 相图的分析可以知道，从相组成的角度来看，铁碳合金在室温下的组成相都是铁素体和渗碳体，但两相的比例有所变化。当含碳量为 0 时，合金全部由铁素体组成，随着含碳量的增加，铁素体的含量呈直线下降，直到 $w_C = 6.69\%$ 时降低到 0。与此相反，渗碳体的含量则由 0 增加到 100%。含碳量的变化还引起组织的变化，显然，这是由于成分的变化引起不同性质的结晶过程，使相发生变化造成的。这种铁素体与渗碳体的相对量（亦称相组成物相对量）关系如表 4-3 所示。

表 4-3　铁碳合金的成分与组织的关系

钢铁分类	钢			白口铸铁		
	亚共析	共析	过共析	亚共晶	共晶	过共晶
组织特征	高温固态呈奥氏体			固态具有莱氏体组分		
高温组织变化规律	工业纯铁　F　$A+F$	A	$A + Fe_3C_{II}$	$L + A$ $A + Fe_3C_{II} + L_d$	L L_d	$L + Fe_3C_I$ $Fe_3C_I + L_d$
室温组织变化规律	$F + P$　$F + Fe_3C_{III}$	$Fe_3C_{II} + P$		$P + Fe_3C_{II} + L_d'$	L_d'	$Fe_3C_I + L_d'$
相组成相对量	F				Fe₃C	
组织组分相对量	F　P		Fe_3C_{II}	L_d'		Fe_3C_I

从表 4-3 可以看出，随着含碳量的增加，铁碳合金的组织变化顺序为

$$F \rightarrow F + P \rightarrow P \rightarrow P + Fe_3C_{II} \rightarrow P + Fe_3C_{II} + L_d' \rightarrow L_d' \rightarrow L_d' + Fe_3C_I$$

可见，同一种组成相由于生成条件的不同，虽然相的本质未变，但其形态可以有很大的差异。例如，从奥氏体中析出的铁素体一般呈块状，而经共析反应生成的珠光体中的铁素体，由于同渗碳体相互制约，呈交替层片状。又如渗碳体，由于生成条件的不同，其形态变得十分复杂，铁碳合金的上述组织变化主要是由它引起的。含碳量很低时（$w_C < 0.021\ 8\%$），三次渗碳体从铁素体中析出，沿晶界呈小片状分布；共析渗碳体与铁素体呈交替层片状；从奥氏体中析出的二次渗碳体，以网状分布于奥氏体的晶界；共晶渗碳体是与共晶奥氏体同时形成的，在莱氏体中为连续的基体，比较粗大，有时呈鱼骨状；一次渗碳体从液相中直接形成，呈规则的长条状。由此可见，成分的变化，不仅引起相的相对含量变化，而且引起组织的变化，对铁碳合金的力学性能产生很大影响。

4.3.2 含碳量对铁碳合金性能的影响

如前所述,铁碳合金的室温组织由铁素体和渗碳体两相组成。铁素体的强度和硬度低,塑性和韧性好;渗碳体硬而脆。所以,随着含碳量的变化,铁素体和渗碳体两相组成物的相对量呈直线变化,也决定着铁碳合金力学性能的变化趋势,含碳量对钢力学性能的影响如图 4-21所示。

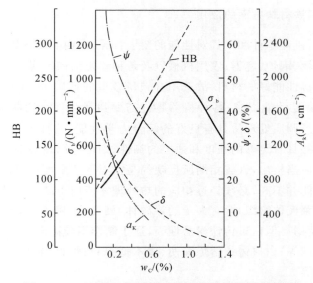

图 4-21 含碳量对平衡状态下碳钢力学性能的影响

由图可以看出,对于亚共析钢,随着含碳量的增加,铁素体减少,珠光体逐渐增多,强度、硬度升高,而塑性、韧性下降。当含碳量 w_C 达到 0.77% 时,其性能就是珠光体的性能。在过共析钢中,含碳量 w_C 在接近 1% 时其强度达到最高值,含碳量继续增加,强度开始下降。这是由于在含碳量 w_C 超过 1% 的合金晶体结构中,脆性很大的二次渗碳体在晶界处形成连续的网络,使钢的脆性大大增加。因此在用拉伸试验测定其强度时,会在脆性的二次渗碳体处出现早期裂纹,并发展至断裂,使抗拉强度下降。

在白口铁中,由于含有大量渗碳体,所以脆性很大,强度很低。而且含碳量越多,这种脆性也就越大。当组织中出现以渗碳体为基体的莱氏体时,塑性降低到接近 0。

冲击韧性对组织十分敏感,含碳量增加时,脆性的渗碳体增多,当出现网状的二次渗碳体时,韧性急剧下降。一般来说,韧性比塑性下降的趋势要大。

组织组成物或组成相的形态对铁碳合金硬度的影响不大,硬度的高低主要取决于组成相的硬度。所以,随着含碳量的增加,高硬度的渗碳体增多,而低硬度的铁素体减少,铁碳合金的硬度便呈直线升高。

为了保证工业上使用的铁碳合金具有适当的塑性和韧性,合金中渗碳体相的数量不应过多。对碳素钢及普通低中合金钢而言,其含碳量 w_C 一般不超过 1.3%～1.4%。

4.4 铁碳合金相图的应用

铁碳合金相图比较直观地反映了铁碳合金平衡组织随成分和温度变化的规律,这对生产具有重要的意义。实际上,铁碳合金相图已成为合理选用钢铁材料和制订各种热加工工艺的重要理论依据,其应用如图4-22所示。

4.4.1 在选用钢铁材料方面的应用

各种工程结构件、机器零件和工具对性能的要求各异,因而需要选用不同含碳量的钢铁材料。如桥梁、船舶、车辆、锅炉、容器、农用机械以及各种建筑结构等属于工程结构,要求强度较高、塑性及韧性好、焊接性能好的材料,故选用含碳量较低的低碳钢,通常不进行热处理,在热轧状态下使用,即可满足性能要求;各种机器零件需要强度、塑性、韧性等综合性能较好的材料,一般选用中碳钢,经调质处理后具有良好的综合力学性能;各种工具(刃具、模具、量具)需要高硬度、高耐磨性,并具有足够的强度和适当的韧性,则可选用高碳钢,经淬火和低温回火后可满足其性能要求。应当指出,铁碳相图所反映的是室温下的平衡组织,具有平衡组织的中碳钢和高碳钢的力学性能并不高,必须经过相应的热处理才能用于制作机械零件或各类工具。

白口铸铁中存在莱氏体组织,含有大量的渗碳体,硬度高、脆性大,既难以切削加工,也不能锻造,故很少直接使用。但白口铸铁耐磨性高,适于制作不受冲击、要求耐磨的工件,如冷轧辊、拔丝模、球磨机磨球等;白口铸铁熔炼简便、成本低、导热性好,特别是铸造性能比钢好,因此常用来制作散热片等。

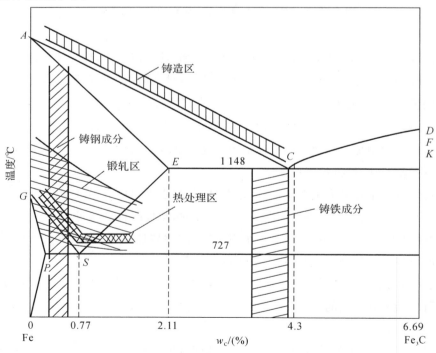

图 4-22 Fe-Fe₃C 相图在生产实践中的主要应用

4.4.2　在铸造生产方面的应用

铸件的质量与浇注工艺有着密切的关系。浇注温度是浇注工艺中的一个重要工艺参数，温度过高，尽管液体的流动性好，但液态收缩率增大，将增加缩孔、孔疏松的倾向，铸件易粘砂，温度高，冷却速度减慢，会使晶粒粗大；浇注温度过低，液体的流动性会降低，使铸件产生浇不足、冷隔、气孔和夹渣等铸造缺陷。因此，制订浇注工艺时，可根据 Fe-Fe₃C 相图上液相线的位置来确定铁碳合金的浇注温度，一般在液相线以上 50～100℃。

铸件的质量还与合金的成分有关，可根据铁碳合金相图确定铸造性能良好的合金成分。由相图可知，共晶成分的白口铁，其凝固温度区间最小（为 0），流动性最好，分散缩孔少，可使缩孔集中在冒口内，从而易得到组织致密的铸件。因此，在铸造生产中接近共晶成分的铸铁得到了较为广泛的应用。此外，共晶成分的铸铁熔点低，便于生产操作。

由相图可知，钢的凝固温度区间随着含碳量的增加而增大，钢液的流动性变差，但是随着含碳量的增加，液相线温度降低，因而当浇注温度相同时，含碳量高的钢，其液相过热度大（液相线温度与钢液温度之差大），这对钢液的流动性有利。上述影响钢液流动性的原因中后者占有一定优势，因此，钢液的流动性随含碳量的提高而提高。根据相图选用合适的铸钢成分时，既要考虑铸造性能，又要考虑力学性能，所以生产上将铸钢的成分规定在适当的范围内，一般含碳量为 $w_C = 0.2\% \sim 0.6\%$。

4.4.3　在锻压工艺方面的应用

所谓锻压就是利用钢的塑性，在外力的作用下使钢成形的一种加工方法。由铁碳合金相图可知，钢在室温时的组织是由铁素体和渗碳体两相组成的机械混合物，其塑性较差，变形抗力大。而钢的组织处于单相奥氏体状态时，则塑性好，变形抗力小，易于锻压加工。所以，在进行锻造和热轧加工时，要把坯料加热到单相奥氏体状态。在奥氏体区域内，加热温度过高，则钢氧化烧损严重、晶粒过分粗大，甚至晶界熔化，一般开轧或开锻温度控制在固相线以下 100～200℃范围内。终轧或终锻温度不宜过高，停轧或停锻后奥氏体晶粒还会通过再结晶长大，使钢材室温组织粗大；终轧或终锻温度也不宜过低，否则奥氏体再结晶困难，加工硬化现象严重，变形抗力增加，还会因塑性降低而导致开裂。一般低碳钢塑性好，变形终止温度可在 800℃左右。对于过共析钢，为了得到细小的奥氏体，以及冷却时渗碳体不至于呈网状，变形终止温度约为 750～850℃。具体温度要根据实际情况合理确定。各种合适的热加工温度范围如图 4-22 所示。

4.4.4　在热处理工艺方面的应用

铁碳合金相图对于制订热处理工艺有着非常重要的意义。例如钢的退火、正火、淬火及回火等热处理工艺的加热温度，必须根据相图中的 A₁ 线、A₃ 线和 A$_{cm}$ 线的相应温度来确定。

必须指出，铁碳合金相图描述的是平衡条件下组织转变规律，所以又称为平衡相图。但在实际生产中，工件的加热和冷却速度一般比较大，这种条件下所得到的组织称为非平衡组织，非平衡组织有别于平衡组织。此外，铁碳合金相图仅是铁碳二元合金相图，但实际生产中应用的钢铁材料，除了铁和碳外，常含有其他杂质元素或人为加入的合金元素。当这些元素含量较高时，合金的成分、温度及相变化之间的关系将发生变化，在这种情况下，铁碳合金相图只能作为参考。

第5章 钢的热处理

热处理,是将工件在固态下以一定的方式加热到预定的温度,保持一定时间,再以预定的冷却速度进行冷却。以使工件的组织结构发生变化(但形状不变),从而获得所需性能的工艺方法。整个过程可用热处理工艺曲线图表示,如图 5-1 所示。

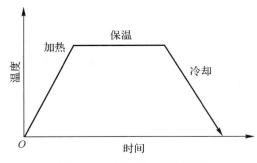

图 5-1 热处理工艺曲线图

根据加热和冷却的规范以及钢的组织、性能变化的特点,热处理可分为普通热处理和表面热处理两大类。常用的普通热处理方法有退火、正火、淬火和回火,常用的表面热处理有表面淬火和化学热处理两种。

热处理之所以能使钢的性能发生变化,其根本原因是钢在加热和冷却过程中,内部组织发生了变化。因此,要正确掌握热处理工艺,首先要研究钢在加热和冷却过程中的组织变化规律。

5.1 钢在加热时的组织转变

钢的热处理,首先要进行加热,使其全部或部分转变为均匀的奥氏体,以便采用适当的冷却方式,获得所需要的组织。

从 $Fe - Fe_3C$ 相图可知,A_1、A_3 和 A_{cm} 是钢在极其缓慢加热和冷却时的临界温度。而在实际加热和冷却条件下,钢的组织转变总有"滞后"现象,即此时的临界温度与相图所示平衡临界温度有一定的偏离。加热时,相变温度将提高;冷却时,相变温度将降低。变化的大小取决于加热或冷却速度的快慢。通常将加热时实际相变温度线分别用 A_{c_1}、A_{c_3} 和 $A_{c_{cm}}$ 表示,将冷却时实际相变温度线分别用 A_{r_1},A_{r_3} 和 $A_{r_{cm}}$ 表示,如图 5-2 所示。

加热是热处理工艺过程的第一阶段,其目的主要是把钢从室温组织转变为奥氏体。也称为钢的奥氏体化。

5.1.1 钢的奥氏体化

以共析钢为例说明钢的奥氏体化过程。共析钢在室温时的组织是珠光体,而珠光体是铁素体和渗碳体两相的机械混合物,因此,珠光体向奥氏体转变过程中,必须进行晶格改组和铁、碳原子的扩散。研究表明,这种转变遵循结晶过程的基本规律,也是通过形核和晶核长大来进行的,如图 5-3 所示。

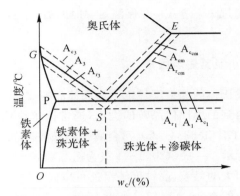

图 5-2　钢在实际加热和冷却时的相变温度

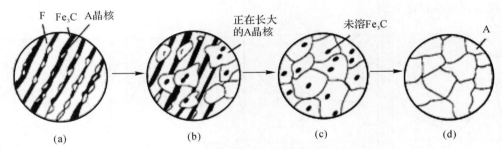

图 5-3　共析钢奥氏体的形成过程示意图

(a)奥氏体晶核形成;　(b)奥氏体晶核长大;　(c)残余渗碳体溶解;　(d)奥氏体成分均匀化

1. 奥氏体晶核的形成

珠光体被加热到 A_{c_1} 以上,在铁素体和渗碳体相界面处位错密度较高、空位较多,原子排列紊乱,容易获得形成奥氏体的能量和成分。所以,相界面处常常优先形成奥氏体晶核,如图 5-3(a)所示。

2. 奥氏体晶核的长大

奥氏体晶核形成以后即开始长大。它是通过渗碳体的溶解、碳在奥氏体和铁素体中的扩散以及铁素体继续向奥氏体转变而进行的,如图 5-3(b)所示。当铁素体全部转变为奥氏体时,可以认为珠光体向奥氏体的转变基本完成,但是仍有部分剩余渗碳体尚未溶解,说明奥氏体化过程仍在继续。

3. 剩余渗碳体的溶解

铁素体消失后,在该温度下保温或继续加热,随着碳在奥氏体中继续扩散,剩余渗碳体不断向奥氏体中溶解,直至全部消失为止,如图 5-3(c)所示。

4. 奥氏体成分均匀化

当渗碳体刚刚全部溶入奥氏体时,奥氏体成分是不均匀的,原来是渗碳体的地方含碳量较高,而原来是铁素体的地方含碳量较低,经过一定时间的保温或继续加热,碳原子进行充分扩散,才能得到成分均匀的奥氏体,如图5-3(d)所示。

亚共析钢和过共析钢的奥氏体化过程与共析钢的基本相同。但是加热温度仅到A_{c_1}时,只能使原室温组织中的珠光体转变为奥氏体,仍保留一部分铁素体或渗碳体,称之为不完全奥氏体化。只有当加热温度超过A_{c_3}或$A_{c_{cm}}$并保温足够时间后,才能获得均匀的单相奥氏体,称之为完全奥氏体化。

5.1.2 奥氏体晶粒大小及其影响因素

钢的加热质量主要用奥氏体的晶粒度评定。奥氏体晶粒度是指将钢加热到相变点以上某一温度,保温一定时间后,得到的奥氏体晶粒的大小,通常以单位体积内晶粒数目来表示。为了生产上的方便,国家标准GB/T 6394—2017《金属平均晶粒度测定法》将奥氏体标准晶粒度分为8个等级,如图5-4所示。一般认为,1~4级为粗晶粒,5~8级为细晶粒,8级以上为超细晶粒。对于更细小或更粗大的晶粒,晶粒度等级还可以向两边扩展,例如比1级更粗大的有0级,00级等,比8级更细小的有10,11,12,13,14级等。工具钢淬火后的实际晶粒度就比8级要细小。实际检测奥氏体晶粒度时,将试样在放大100倍的显微镜下观察,与标准评级图进行比较后评定晶粒度级别。

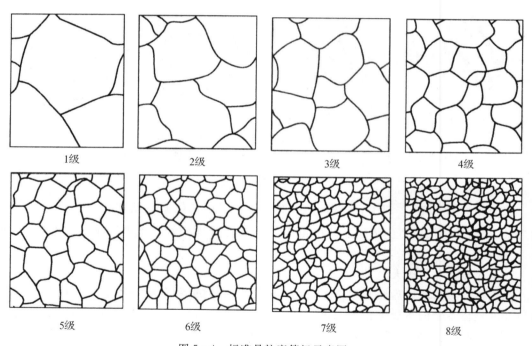

图5-4 标准晶粒度等级示意图

在钢的热处理工艺中,奥氏体晶粒大小对冷却转变后钢的组织和力学性能有着重要的影响。加热时获得的奥氏体晶粒细小,则冷却后转变产物的晶粒也细小,其强度、塑性和韧性较好。而粗大的奥氏体晶粒冷却后转变产物也是粗大的,其强度、塑性较差,特别是韧性显著降低。因此,钢的热处理过程中应注意控制奥氏体晶粒的大小。

影响奥氏体晶粒大小的因素有很多,如加热温度、保温时间、加热速度、钢的化学成分及原始组织等。其中最主要的是加热温度和保温时间。加热温度越高,保温时间越长,奥氏体晶粒就越粗大。所以,在钢的热处理工艺上要合理选择加热温度和保温时间,以保证获得晶粒细小、成分均匀的奥氏体组织,这也是钢的热处理在加热和保温两阶段的目的。

5.2　钢在冷却时的组织转变

钢件奥氏体化,是为随后的冷却转变做准备。因为绝大多数零件是在室温下工作,所以高温奥氏体最终要冷却下来。钢的性能也最终取决于奥氏体冷却转变后的组织。而且,不同的冷却条件可使钢获得不同的力学性能,例如将 45 钢加热至 840℃,保温一定时间后完全奥氏体化。随后的冷却条件不同,其力学性能表现也不同,见表 5-1。因此,研究不同冷却条件下钢中奥氏体组织的转变规律,对于合理制订钢的热处理工艺、获得预期的组织和性能具有重要的实际意义。

表 5-1　45 钢经不同热处理后的力学性能

冷却方法	力学性能				
	σ_b/MPa	σ_s/MPa	δ/(%)	ψ/(%)	硬度(HRC)
随炉冷却	519	272	32.5	49	15～18
空气冷却	657～706	333	15～18	45～50	18～24
油冷却	882	608	18～20	48	40～50
水冷却	1078	706	7～8	12～14	52～60

生产中常用的冷却方式有两种:一种是等温冷却,将奥氏体状态下的钢件迅速冷却到 A_1 以下某一温度,并在此温度下保温,在保温过程中完成组织转变,转变结束后再冷却到室温;另一种是连续冷却,钢从高温奥氏体状态一直连续冷却到室温,在连续冷却的过程中完成组织转变。奥氏体不同的冷却方式如图 5-5 所示。

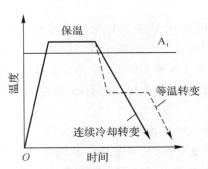

图 5-5　奥氏体不同冷却方式示意图

5.2.1　奥氏体的等温冷却转变

奥氏体在相变温度 A_1 线以上是稳定的,不会发生转变。而冷却至 A_1 线以下,在热力学上处于不稳定状态,必将发生分解转变。但这种分解转变不会立即发生,在转变前需要停留一段时间,这段时间称为孕育期。在 A_1 温度以下暂时存在的不稳定奥氏体称为过冷奥氏体。

1.奥氏体等温转变曲线

奥氏体等温转变曲线是表示过冷奥氏体等温转变时,转变温度、转变时间与转变产物之间关系的曲线。

奥氏体等温转变曲线是根据试验测定而绘制的,如图 5-6 所示。以共析碳钢为例,其过程如下:将共析碳钢制成若干个一定尺寸的试样(如 $\phi 10 \times 1.5$ mm),在相同条件下,加热至 A_1 以上温度,保温一定时间,使其奥氏体化且成分均匀。再分别投入到 A_1 温度以下不同温度的等温槽中等温冷却,如 700℃,650℃,600℃,550℃,500℃,450℃,350℃,280℃ 等。通过仪器观察、分析、测定不同过冷条件下的奥氏体向其他组织转变的开始时间、转变终了时间、转变产物的形状特征及性能特点等。在温度-时间坐标图上,将过冷奥氏体开始转变时间与等温温度的交点定为转变的起始点,过冷奥氏体转变终了点也以相同的方法来确定。然后分别将开始转变点和转变终了点用光滑曲线连接起来,便得到两对曲线,即奥氏体等温转变曲线,如图 5-7 所示。其中一对因形状与字母"C"相似,故又称为 C 曲线。

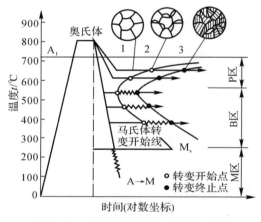

图 5-6　奥氏体等温转变曲线的绘制

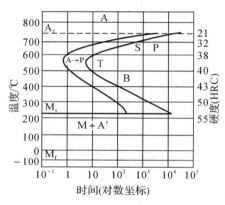

图 5-7　共析钢奥氏体等温转变曲线

在等温转变图的下方有两条水平线,M_s 线为过冷奥氏体向马氏体转变的开始线,约 230℃;M_f 线为过冷奥氏体向马氏体转变的终了线,约 -50℃。在 C 曲线拐弯处(约 550℃,俗称"鼻尖"),孕育期最短,此时奥氏体最不稳定,最容易分解。

钢的等温曲线比较容易测定,一般常用钢都有已测定的等温曲线,应用时可查阅有关材料手册。

2.奥氏体等温转变产物的组织及其性能

过冷奥氏体等温转变的温度不同,其转变特征和转变产物也不同,由此,可将奥氏体等温转变曲线由上至下分为三个区域:$A_1 \sim 550℃$ 之间为珠光体型转变区;$550℃ \sim M_s$ 之间为贝氏体型转变区;$M_s \sim M_f$ 之间为马氏体型转变区。

(1)珠光体型转变。过冷奥氏体在 $A_1 \sim 550℃$ 之间等温下,由于转变温度高,碳原子扩散容易,称为扩散型转变(又称高温转变)。转变产物是铁素体与渗碳体两相交替重叠的层片状组织,即珠光体型组织。等温温度越低,过冷奥氏体越不稳定,孕育期缩短。另外,由于过冷度的增大,过冷奥氏体转变速度增大,铁素体和渗碳体的形核率大于长大速度,所以组织越来越细,层状越来越薄、越短。为区别起见,将这些层间距不同的珠光体型组织分别称为珠光体(P)、索氏体(S)和托氏体(T),其金相组织如图 5-8～图 5-10 所示。

图 5-8　珠光体组织

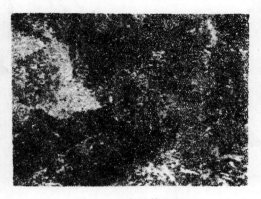

图 5-9　索氏体组织

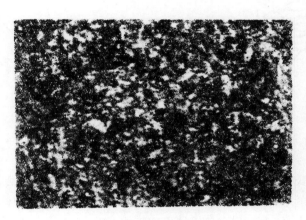

图 5-10　托氏体组织

　　(2)贝氏体型转变。贝氏体组织是过冷奥氏体在 550℃～M_s 之间等温形成的,由于转变温度较低,碳原子扩散受到一定的抑制,所以在这个温度范围的转变,称为半扩散型转变(又称中温转变)。随着过冷度的增加,过冷奥氏体的稳定性得到加强,孕育期延长,转变速度降低。贝氏体组织是由含碳过饱和的铁素体和弥散分布的渗碳体组成的,但等温温度不同,组织形态特征有很大的区别,其力学性能也有很大的差异。所以,贝氏体组织又分为上贝氏体和下贝氏体两种。其金相组织如图 5-11 和图 5-12 所示。上贝氏体组织形态呈羽毛状,强度较低,塑性和韧性差,实际生产中很少应用。下贝氏体组织形态呈黑色针状,强度、硬度高,塑性和韧性也较好,具有良好的综合力学性能,这种组织在生产上应用较多。贝氏体的相组成物示意图如图 5-13 和图 5-14 所示。

　　(3)马氏体型转变。过冷奥氏体在 M_s～M_f 温度范围转变时,由于温度低,碳原子扩散完全受到抑制,属于非扩散型的转变(又称低温转变)。基体相变遵循同素异晶转变,即从 $\gamma - Fe$ 到 $\alpha - Fe$ 的晶格改组,但碳仍然全部保留在 $\alpha - Fe$ 中。这种碳溶于 $\alpha - Fe$ 中的过饱和固溶体,称为马氏体组织,用符号 M 表示。

图 5-11　上贝氏体组织

图 5-12　下贝氏体组织

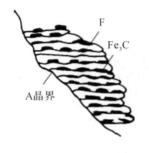

图 5-13　上贝氏体的相组成物

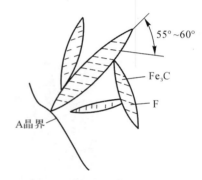

图 5-14　下贝氏体的相组成物

过冷奥氏体向马氏体的转变从 M_s 线开始,到 M_f 线终止,在连续冷却过程中一批一批地形成。由于马氏体的密度小,形成马氏体时必然伴随着体积膨胀。马氏体对尚未转变的过冷奥氏体将产生多向压应力,使少量残余奥氏体保留下来,因此,马氏体转变是一个不完全相变过程。残余奥氏体用符号 A' 表示,马氏体和残余奥氏体都是不稳定的组织,在一定的温度条件下,马氏体将分解,残余奥氏体将发生转变。

马氏体组织形态有多种类型,但常见的有板条状马氏体和针片状马氏体两种,如图 5-15 和图 5-16 所示。

图 5-15　板条状马氏体组织

图 5-16　针片状马氏体组织

板条状马氏体由一束束平行的长条状晶体组成,其单个晶体呈板条状。钢中碳的含量 $w_C \leqslant 0.2\%$ 时,形成的马氏体全部为板条状马氏体。板条状马氏体有良好的塑性、韧性和一定的强度、硬度,具有良好的综合力学性能。

片状马氏体的立体形态是双凸透镜状,在金相显微镜下所观察到的是马氏体截面,故呈片状形态。钢中碳的含量 $w_C \geqslant 1.0\%$ 时,形成的马氏体全部为片状马氏体。片状马氏体的硬度很高,但塑性和韧性较差,呈脆性。

钢中碳的质量分数在 $0.2\% \sim 1.0\%$ 之间,是板条状、片状混合马氏体,其力学性能随含碳量的变化而变化。例如,马氏体的硬度主要取决于含碳量,如图 5-17 所示。

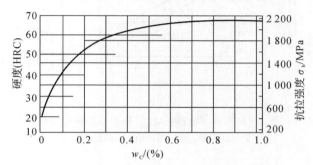

图 5-17 马氏体硬度与含碳量的关系

共析钢过冷奥氏体转变产物的组织及其硬度参见表 5-2。

表 5-2 共析钢过冷奥氏体转变产物的组织及其硬度

组织名称	符 号	转变温度/℃	组织形态	硬度/(HRC)
珠光体	P	$A_1 \sim 650$	粗层状	<25
索氏体	S	$650 \sim 600$	细层状	$25 \sim 35$
托氏体	T	$600 \sim 550$	极细针状	$35 \sim 40$
上贝氏体	$B_上$	$550 \sim 350$	羽毛状	$40 \sim 45$
下贝氏体	$B_下$	$350 \sim M_s$	黑色针状	$45 \sim 55$
马氏体	M	$M_s \sim M_f$	板条状	$45 \sim 50$
			针片状	>65

3.亚共析钢和过共析钢等温转变曲线

亚共析钢和过共析钢等温转变曲线如图 5-18 所示。与共析钢等温转变曲线相比,亚共析钢和过共析钢的过冷奥氏体在转变为珠光体之前,要分别先析出铁素体和渗碳体,所以,其等温转变曲线多了一条先析出相的开始转变线。同时,由于含碳量的影响,亚共析钢和过共析钢过冷奥氏体的稳定性要比共析钢的差,转变孕育期较短,因此,亚共析钢和过共析钢的 C 曲线位置距温度轴也相对近些。

5.2.2 奥氏体的连续冷却转变

等温转变曲线反映过冷奥氏体在等温条件下的转变规律,可以用来指导等温热处理工艺。

但在实际生产中,很多热处理工艺采用的是连续冷却方法,例如,将钢加热保温奥氏体化后,随炉冷却、在空气中冷却、在油中冷却和在水中冷却等。所以,也需要利用冷却转变曲线来了解过冷奥氏体在连续冷却条件下的转变规律。同样地,连续冷却转变曲线也是通过实验测定绘制的。共析钢连续冷却转变曲线如图 5-19 所示。

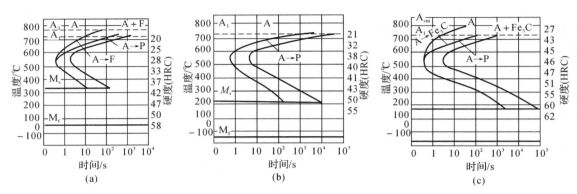

图 5-18　亚共析钢、共析钢及过共析钢等温转变曲线的比较

(a)亚共析钢;　(b)共析钢;　(c)过共析钢

1.共析钢连续冷却转变曲线分析

在共析钢连续转变曲线中,由 P_s,P_f 和 P_k 线组成珠光体型组织转变区。其中 P_s,P_f 线分别为珠光体转变开始线和转变终了线,P_k 线为珠光体转变中止线。M_s 和 M_f 线组成马氏体转变区。

在两区之间并没有出现贝氏体转变区,其主要原因是,由于转变温度低,原子不易扩散,过冷奥氏体比较稳定,转变孕育期较长。连续冷却时,过冷奥氏体通过该区域的时间很短,贝氏体组织来不及形成,过冷奥氏体已进入马氏体转变区,发生马氏体转变,因此,没有出现贝氏体转变区。

在图 5-19 中,v_1,v_2,v_3,v_4,v_k,v'_k 分别是在不同冷却条件下的冷却速度曲线。v_k 又称为马氏体临界冷却速度,是过冷奥氏体向单一马氏体组织转变时的最低冷却速度。v'_k 是获得珠光体型组织时的临界冷却速度,当实际连续冷却速度 $v_冷 \leqslant v'_k$ 时,过冷奥氏体才能全部转变成珠光体型组织。实际连续冷却速度 $v_冷$ 在 $v_k \sim v'_k$ 之间时,获得混合组织,一般为托氏体、马氏体和残余奥氏体。

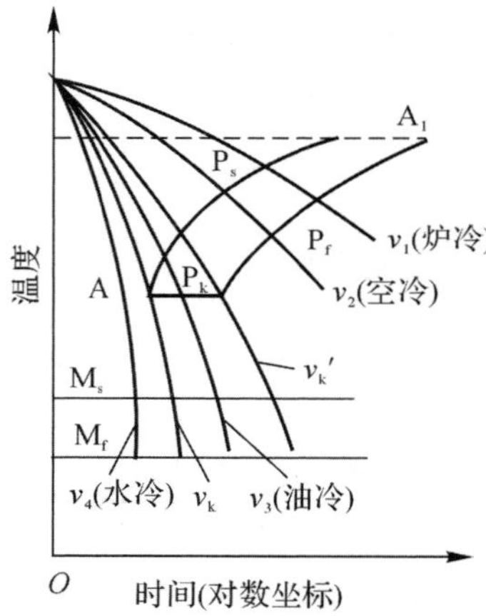

图 5-19　共析钢连续冷却转变曲线

2.过冷奥氏体连续冷却转变产物的组织及其性能

由于过冷奥氏体连续冷却转变是动态的,不易测定绘制较准确的冷却转变曲线,所以,通常应用等温冷却转变曲线定性地分析过冷奥氏体连续冷却时转变产物的组织及其性能。以共析钢为例,将连续冷却转变曲线绘制在等温转变曲线图上,如图 5-20 所示。根据它们在曲线

中的位置,就可大致估计过冷奥氏体的转变产物,见表 5-3。

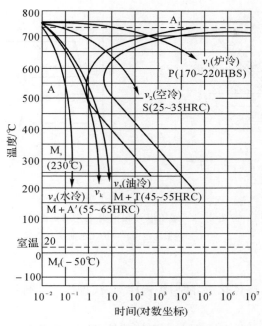

图 5-20　共析钢连续冷却转变曲线

表 5-3　共析钢过冷奥氏体连续冷却转变产物的组织和硬度

冷却速度	冷却方法	转变产物	符　号	硬度
v_1	随炉冷却	珠光体	P	170~220HBS
v_2	空气冷却	索氏体	S	25~35HRC
v_3	油中冷却	托氏体+马氏体+残余奥氏体	T+M+A′	45~55HRC
v_4	水中冷却	马氏体+残余奥氏体	M+A′	55~65HRC

5.3　钢的退火与正火

退火与正火是应用非常广泛的热处理工艺。它主要用于钢的预先热处理,多安排在铸造或锻造之后、切削(粗)加工之前,用以消除前一工序所带来的组织缺陷和内应力,为随后的切削加工及热处理做好组织和性能上的准备。

对于一些普通铸件、焊接件以及某些不重要的热加工工件,退火和正火也可作为最终热处理工序。

5.3.1　退火

退火是将钢加热到适当温度,保持一定时间,然后缓慢冷却以获得接近于平衡状态组织的热处理工艺。退火工艺的种类很多,常用退火工艺的加热温度范围和工艺曲线如图 5-21 所示。

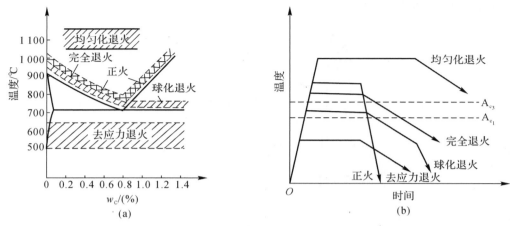

图 5-21 常用退火和正火工艺示意图
(a)加热温度范围； (b)工艺曲线

1. 完全退火

将钢加热保温完全奥氏体化后，随后缓慢冷却，获得接近平衡状态组织的热处理工艺称为完全退火。

完全退火主要用于中碳钢和中碳合金钢的铸件、锻件、焊件和轧制件等。其目的是细化晶粒、均匀组织、消除内应力、降低硬度和改善钢的切削加工性能。而低碳钢和过共析钢不宜采用完全退火。低碳钢完全退火后硬度偏低，不利于切削加工。过共析钢加热保温完全奥氏体化后缓慢冷却时，有网状二次渗碳体析出，使钢的强度、塑性和韧性显著降低。

完全退火的加热温度是 A_{c_3} 以上 30～50℃，保温时间与钢的成分、加热介质、工件厚度、装炉量和装炉方式等因素有关，合理的保温时间不仅要使工件心部达到加热温度，而且要保证全部得到均匀化的奥氏体，达到完全重新结晶。保温后的冷却一般是随炉缓慢冷却，生产中，为了提高生产率，退火冷却至 600℃ 左右可出炉空冷。

2. 球化退火

球化退火是使钢中碳化物球化，获得球状珠光体的一种热处理，主要用于共析钢和过共析钢。其目的是降低硬度、均匀组织、改善切削加工性能，并为淬火作组织准备。

球化退火的加热温度为 A_{c_1} 以上 20～30℃，保温时间不能太长，一般以 2～4 h 为宜。冷却方式有两种，一是随炉缓冷至 600℃ 左右出炉空冷。另一种是先迅速冷到 A_{r_1} 以下 20℃ 等温足够时间（称为等温球化退火），而后随炉缓冷至 600℃ 左右出炉空冷。

如前所述，过共析钢的平衡组织是片状珠光体＋网状二次渗碳体，这种组织不仅硬而脆，难以进行切削加工，而且在以后的淬火过程中容易产生变形和开裂。与此相比，球状珠光体硬度低、塑性好，有利于切削加工，并且在淬火时，易获得细小组织，工件产生变形和开裂的倾向也小。

球化退火之所以能获得球状珠光体，是由于过共析钢加热到稍高于 A_{c_1} 时，还没有完全奥氏体化，在组织中有一部分未溶入奥氏体的二次渗碳体，这些渗碳体在保温过程中会自发球化。在随后的缓冷（或在 A_{r_1} 以下 20℃ 等温）时，新析出的渗碳体就以已经球化的渗碳体为晶核，也以球状形式出现。因此，经球化退火后，过共析钢组织中的渗碳体（二次渗碳体和共析渗碳体)呈球状均匀分布在铁素体基体上,获得球状珠光体组织。

应该注意的是,过共析钢的原始组织若存在严重的网状二次渗碳体,球化退火后也难以得到球化的组织。因此,在球化退火前必须先进行一次正火,以消除网状组织,而后再进行球化退火,才能取得良好的效果。

3. 均匀化退火

均匀化退火是将金属铸锭、铸件或钢坯在略低于固相线的温度下长期加热,消除或减少化学成分偏析以及显微组织(枝晶)的不均匀性,以达到均匀化目的的热处理工艺,也称为扩散退火。

由于温度愈高,原子愈易扩散,所以均匀化退火的加热温度较高,一般在钢的熔点以下 $100\sim200℃$,保温时间一般为 $10\sim20$ h;而缓慢冷却是炉冷至 $500\sim350℃$ 后出炉空冷。这种退火工艺同时也会造成钢的晶粒粗大,影响性能,所以必须再进行一次完全退火或正火,以细化晶粒,改善组织。

均匀化退火是专门用于消除或改善铸锭、铸件或锻坯等化学成分偏析和组织不均匀的一种退火操作,但因其温度高、时间长、热能消耗大,故是一种成本较高的热处理工艺,只有必要时才采用,一般只用于合金钢铸锭和大型铸件。此外,亚共析钢中的带状组织也可以通过均匀化退火或锻后均匀化退火消除。

4. 去应力退火

为了消除钢在锻压、铸造以及焊接过程中引起的残余内应力的热处理工艺称为去应力退火。通过这种热处理工艺,还可降低工件硬度、提高尺寸稳定性,防止开裂。

去应力退火的加热温度较低,一般在 $500\sim650℃$ 之间。一些大的焊接构件,难以在加热炉内进行去应力退火,常常采用火焰或工频感应加热局部退火,其退火加热温度一般略高于炉内加热温度。

去应力退火的保温时间也要根据工件的厚度、装炉方式以及装炉量来决定。在实际生产中,可大致按工件的有效厚度计算,钢的保温时间为 3 min/mm,铸铁的保温时间为 6 min/mm。

去应力退火的冷却应尽量缓慢,以免产生新的应力。

5.3.2　钢的正火

将钢加热到 A_{c_3} 或 $A_{c_{cm}}$ 以上某一温度(一般低碳钢的加热温度为 A_{c_3} 以上 $100\sim150℃$,中碳钢加热温度为 A_{c_3} 以上 $50\sim100℃$,高碳钢加热温度为 $A_{c_{cm}}$ 以上 $30\sim50℃$),保温一定时间后,在静止空气中冷却的热处理工艺称为正火。与退火相比,正火冷却速度较快,转变温度较低。所以,正火后获得的组织较细,钢的强度和硬度也较高。

正火保温时间和完全退火相同,也应根据有关因素和具体情况来确定。

正火处理在生产中得到广泛的应用,主要有以下几方面:

(1)改善钢的切削加工性能。碳质量分数低于 0.25% 的碳素钢和低合金钢,退火后硬度较低,不利于切削加工。采用正火处理,可获得细片状的珠光体组织,使其硬度得到提高,从而改善钢的切削加工性。

(2)消除组织结构缺陷。中碳钢和中碳合金钢铸件、锻件、轧制件和焊接件等在热加工后出现缺陷组织和晶粒粗大等,通过正火处理可以消除这些缺陷组织,同时达到细化晶粒、均匀组织和消除内应力的目的。

（3）消除过共析钢的网状碳化物。以加强球化退火处理的效果，如前所述。

（4）作为淬火返修前的预先热处理。当工件因淬火不当，需要进行重新淬火时，必须先进行一次正火，消除内应力和细化组织，以防止重新淬火时产生大的变形或开裂。

（5）降低热处理工艺成本。对于受力不大、力学性能要求不高的普通结构零件，采用正火处理，达到一定的综合力学性能，可以代替生产周期较长、成本较高的调质处理，作为零件的最终热处理。

5.4　钢 的 淬 火

淬火是将钢加热到 A_{c_3} 或 A_{c_1} 以上某一温度，保温一定时间，然后以适当的冷却方法获得马氏体或下贝氏体组织的热处理工艺。

淬火的目的，主要是为了获得马氏体组织。淬火和不同温度的回火相配合，使钢获得不同的马氏体分解产物，从而实现不同的力学性能。

5.4.1　淬火工艺

淬火工艺规范主要包括加热规范和冷却规范，前者主要是确定加热温度和加热时间，后者则主要是选择冷却介质和确定冷却方式。

1. 加热温度

淬火加热温度的选择应以得到均匀细小的奥氏体晶粒为原则，以便淬火后获得细小的马氏体组织。碳钢的淬火加热温度可根据其化学成分利用 $Fe-Fe_3C$ 相图来确定。亚共析钢为 A_{c_3} 以上 30～50℃，共析钢、过共析钢为 A_{c_1} 以上 30～50℃，如图 5-22 所示。

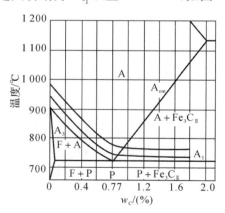

图 5-22　碳钢的淬火加热温度范围

合金钢的淬火加热温度可根据其相变点来选择，但考虑到大多数合金元素都有细化晶粒的作用，淬火加热温度可以适当提高。尤其是高合金工具钢，其淬火加热温度应接近 A_{c_m} 点，这是因为合金碳化物难溶入奥氏体中，为了保证奥氏体具有尽可能高的合金浓度，所以淬火加热温度较高。

应该指出，淬火加热温度的选择，除了与钢的临界点有关外，还与工件的形状和尺寸、淬火冷却介质及淬火方法等有关,故在实际生产中必须全面考虑各种因素的影响,结合具体情况和实际试验来确定淬火加热温度。

2.加热时间

加热时间应包括升温时间、工件透烧时间和组织转变时间。它与钢的化学成分、原始组织、工件形状和尺寸、加热介质、装炉方式和炉温等因素有关,因此要确切计算加热时间比较复杂。生产中较常用的是以工件的有效厚度、加热系数来简便计算加热时间。

3.淬火冷却介质

淬火是为了获得马氏体,工件在淬火介质中的冷却速度必须大于临界冷却速度,但又要减少变形和防止开裂。因此,正确选择冷却介质是关系到淬火质量的关键环节。

(1)理想淬火冷却速度。由碳钢的等温冷却转变曲线图可知,要获得马氏体组织,并不需要在整个冷却过程中都进行快速冷却。关键是在过冷奥氏体最不稳定的 C 曲线鼻尖处(550℃左右)应当快速冷却,在其他温度区间应当缓慢冷却以尽量减小淬火应力。因此,理想的淬火冷却速度曲线应当如图 5-23 所示。

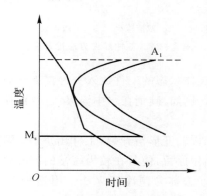

图 5-23 钢的理想淬火冷却速度曲线

到目前为止,还没有找到一种完全满足理想的淬火冷却速度曲线的冷却介质。

(2)常用淬火冷却介质。目前生产中应用较广泛的冷却介质有水、油及盐或碱的水溶液等。各种介质的冷却特性如表 5-4 所示。

表 5-4 常用淬火冷却介质及其冷却特性

淬火冷却介质	最大冷却速度		平均冷却速度/(℃·s^{-1})	
	所在温度/℃	冷却速度/(℃·s^{-1})	650～550℃	320～200℃
水(20℃)	340	775	135	450
水(60℃)	220	275	80	185
10%NaCl 水溶液(20℃)	580	2000	1800	1000
10%NaOH 水溶液(20℃)	560	2830	2750	775
机油(20℃)	430	230	60	65
机油(80℃)	430	230	70	55

4.淬火方法

实际生产中淬火介质不能完全满足淬火质量的要求,因此,在热处理工艺方面还必须采取正确的淬火冷却方式,进行正确的淬火操作。目前常见的淬火方法有单液淬火、双液淬火、分级淬火和等温淬火。各种淬火方法的冷却曲线如图 5－24 所示。

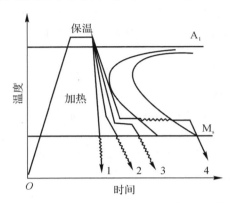

1—单液淬火； 2—双液淬火； 3—分级淬火； 4—等温淬火

图 5－24　各种淬火方法冷却曲线

(1)单液淬火。它是将奥氏体状态的工件放入一种淬火介质中,并一直冷却到室温的淬火方法,如图 5－24 曲线 1 所示。例如,碳钢在水中淬火,合金钢在油中淬火,较大尺寸的碳钢在盐水或碱水中进行淬火等。

为了减少单液淬火引起工件的变形与开裂,工件出炉后,不是立即将其放入冷却介质中,而是先在空气中或预冷炉中稍作停留,使其在较为缓慢的冷却速度下冷至 700℃ 左右,再放入冷却介质中快速冷却。这种方法称为预冷淬火法。用这种方法可以减小工件变形或开裂倾向。

单液淬火的优点是操作简便。但它只适用于小尺寸且形状简单的工件,对尺寸较大的工件采用这种方法则容易产生较大的变形甚至开裂。

(2)双液淬火。它是先将奥氏体状态的工件放入冷却能力强的淬火介质中快速冷却至接近 M_s 点温度时,再立即转入冷却能力较弱的淬火介质中冷却,直到完成马氏体转变的淬火方法,如图 5－24 曲线 2 所示。例如,碳钢工件先水后油、合金钢工件先水后空气等。这种方法减慢了马氏体转变时的冷却速度,所以能减小产生变形和裂纹的倾向。它主要用于形状较复杂的碳钢工件和形状简单、截面较大的合金钢工件。但双液淬火法仍未很好地改变工件表面与心部存在温差这一缺点,而且操作上也难以掌握。

(3)分级淬火。它是将奥氏体状态的工件首先放入略高于钢的 M_s 点的盐浴或碱浴炉中保温,当工件内外整体温度均匀后,再从浴炉中取出空冷至室温,完成马氏体转变的淬火方法,如图 5－24 曲线 3 所示。这种方法淬火应力小,有效地减小或防止了工件淬火变形和开裂。同时还克服了双液淬火操作困难的缺点。但由于工件在盐浴或碱浴中淬火的冷却速度不够大,大截面零件难以达到其马氏体临界冷却速度。所以,分级淬火只适用于尺寸较小的工件,如刀具、量具和要求变形很小的精密零件。

(4)等温淬火。它是将奥氏体化后的工件放入 M_s 点以上某温度(下贝氏体转变温度范围)盐浴中等温,保温足够时间,使其转变成下贝氏体组织,然后在空气中冷却的淬火方法,如

图 5－24 曲线 4 所示。采用这种淬火方法,能显著地减少变形或开裂,所得到的下贝氏体组织具有较高的硬度和韧性,常用于形状复杂、强度、硬度和韧性要求较高的小型零件,如各种模具、成型刀具和弹簧等。

5.4.2　钢的淬透性

钢淬火的主要目的是获得马氏体组织,但钢件在某种介质中淬火能否得到全部马氏体则取决于钢的淬透性。

1.淬透性的概念

钢件在淬火冷却时,其截面上各点的冷却速度是不同的,表面冷却最快,越往中心冷却越慢,如图 5－25(a)所示。只有冷却速度大于马氏体临界冷却速度的那部分将转变成马氏体组织。如果中心部分低于临界冷却速度,则心部将转变为非马氏体组织,即钢件没有被淬透,如图 5－25(b)所示。通常把淬成马氏体的那一层深度称为淬透层深度。

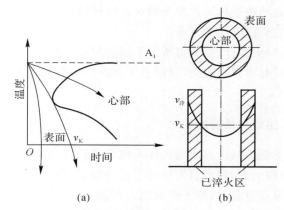

图 5－25　钢件淬火截面冷却速度、马氏体组织分布示意图

(a)冷却速度示意图;　(b)马氏体组织分布示意图

2.影响淬透性的因素

凡使过冷奥氏体稳定性增加的因素,或者说凡使 C 曲线位置右移、减小临界冷却速度的因素,都使钢的淬透性提高;反之,则使钢的淬透性降低。

钢的化学成分是影响淬透性的主要因素。溶入奥氏体的合金元素,除 Co 和 Al 以外,都能提高钢的淬透性。其次还有淬火加热温度和保温时间。加热温度越高,保温时间越长,奥氏体晶粒就越粗大,成分越均匀,残余渗碳体或碳化物的溶解也越多,奥氏体也就越稳定,从而提高了钢的淬透性。

在这里必须指出,钢的淬透性与具体淬火条件下具体工件的淬透层深度是有区别的。

3.影响淬透层深度的因素

钢的淬透层深度是在具体条件下,钢件淬火后得到的淬硬层深度,它除了与钢的淬透性有关外,还与工件的形状、尺寸以及淬火介质的冷却能力有关。同一钢材,淬火介质相同,工件截面越大,则淬透层的深度越小;同一钢材,工件截面尺寸相同,淬火介质的冷却能力越强,则淬透层的深度越大。

4. 淬透性的实用意义

工件在整体淬火条件下,从表面至中心是否淬透,对其热处理后的力学性能有很大的影响。例如,用淬透性不同的钢制成直径相同的轴,进行淬火＋高温回火热处理后,其中淬透性好的整个截面都能淬透,而另一根由于其淬透性差,未能淬透。这两根轴热处理工艺相同,但其力学性能有很大的差异。因此,淬透性是钢的重要热处理工艺性能,也是合理选用钢材和正确制定热处理工艺的重要依据之一。

5.5 钢 的 回 火

钢经淬火后的组织一般由马氏体和残余奥氏体组成。中碳钢和高碳钢的淬火组织虽然具有很高的强度和硬度,但脆性很大,并存在较大的淬火应力,随时间的延长,易产生变形甚至开裂。因此,工件淬火后,一般都不能直接使用,而将其再加热到 A_1 以下的某一温度,保温一定时间,然后冷却至室温,这种热处理工艺称为回火。经过回火的工件才能再使用。

归纳起来回火的目的有以下两个方面:

(1)通过采用不同的回火温度,以获得所需要的组织和性能。

(2)稳定组织,消除或减小淬火应力,以防止工件在以后的加工和使用过程中产生变形和开裂。

5.5.1 钢在回火时组织和性能的变化

钢经淬火后的组织主要是马氏体或马氏体＋残余奥氏体,它们在室温下都处于亚稳定状态,马氏体处于含碳过饱和状态,残余奥氏体处于过冷状态,它们都有着向铁素体＋渗碳体的稳定状态转变的倾向。但在室温下,原子扩散能力很低,这种组织转变很困难。而回火时,随着回火温度升高和回火时间的延长,原子的活动能力逐渐得到提高,相应地要发生组织转变,一般分为四个阶段,即马氏体的分解、残余奥氏体的转变、碳化物类型的转变和渗碳体的聚集长大等。各个阶段组织转变情况不同,转变后的产物也不同。与此同时,其力学性能表现也不同。一般地,随着回火温度的提高,钢的强度和硬度下降,而塑性和韧性提高,如图 5－26 所示。

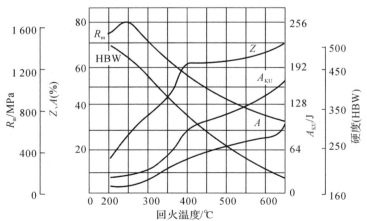

图 5－26 40 钢力学性能与回火温度的关系

决定淬火钢回火后组织和性能的主要因素是回火温度。根据工件的性能要求不同,钢的回火温度范围常采用以下三类:

(1)低温回火。低温回火的温度范围为 150～250℃,到这个温度时,淬火马氏体分解成由极细的过渡碳化物和含碳过饱和的铁素体组成的组织,称之为回火马氏体;残余奥氏体也发生了转变,得到的组织是弥散分布的过渡碳化物和含碳过饱和的铁素体组成的机械混合物,称为下贝氏体或回火马氏体。与淬火马氏体相比,回火马氏体既保持了钢的高硬度(58～64HRC)、高强度和良好耐磨性,又适当提高了韧性。因此,低温回火主要用于高碳钢和高碳合金钢制造的刃具、量具、冷作模具、滚动轴承以及渗碳件和表面淬火工件。

(2)中温回火。中温回火的温度范围为 350～500℃,到这个温度时,马氏体中过饱和碳以渗碳体的形式完全析出,得到的组织是由铁素体和分布在铁素体基体内的极细小的渗碳体组成的机械混合物,称之为回火托氏体。其硬度一般为 35～50HRC,具有很高的弹性极限、屈服点和较好的韧性。中温回火主要用于弹性零件及热锻模具等。

(3)高温回火。高温回火的温度范围为 500～650℃,到这个温度时,渗碳体聚集长大而粗化,得到在铁素体基体上分布着粗粒状渗碳体的机械混合物,称之为回火索氏体。其硬度一般为 220～330HBS,具有强度、塑性和韧性都较好的综合力学性能。

工件淬火后进行高温回火的复合热处理工艺称为调质。调质处理广泛应用于各种重要的结构零件如轴、齿轮、连杆和螺栓等。

5.5.2 回火脆性

淬火钢在回火时,其韧性的变化总趋势是随着回火温度的升高而上升。但是,在 300℃左右回火时,钢的韧性不仅没有上升,反而下降,如图 5-27 所示。这种现象称为低温回火脆性,也称为第一类回火脆性。低温回火脆性一旦产生就无法消除。因此,生产中一般不在此温度范围内进行回火。

含有铬、锰、铬-镍等元素的合金钢不仅会出现低温回火脆性,而且在较高温度范围内(550℃～650℃)回火时,如果是缓慢冷却(炉冷或空冷),其韧性也会显著下降。这种现象称为高温回火脆性,也称为第二类回火脆性。它可以通过再次用较高温度回火后快速冷却来消除。

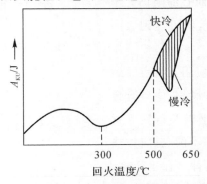

图 5-27 钢的韧性(冲击吸收功)与回火温度的关系

5.6 钢的表面热处理

为改变工件表面的组织和性能,仅对其表层进行的热处理工艺称为表面热处理。齿轮、凸轮以及各种轴类等零件通常在交变应力下工作时,还承受摩擦和冲击,其表面要比心部承受更高的应力。因此,要求零件表面具有高的强度、硬度和耐磨性,而心部又要具有一定的强度、足够的塑性和韧性。采用表面热处理工艺可以满足这种"表硬里韧"的性能要求。常用的表面热处理有表面淬火和化学热处理两种。

5.6.1 表面淬火

表面淬火是将工件快速加热到淬火温度,然后迅速冷却,仅使表层得到淬火组织的热处理工艺。钢件表面淬火后,还需进行低温回火,使钢件表层获得回火马氏体组织,具有高的强度和硬度,而中心部分仍保持原有组织和性能,从而满足其使用要求。钢件在表面淬火前的预备热处理,一般为调质处理。

表面淬火方法较多,按加热热源分,常用的方法有感应加热表面淬火和火焰加热表面淬火两种方法。

1. 感应加热表面淬火

(1)感应加热表面淬火的基本原理。如图 5-28 所示,将钢件放入铜管制作的感应器(线圈)中,感应器通入一定频率的交流电,在其周围产生频率相同的交变磁场,于是在工件中产生频率相同、方向相反的感应电流,此电流在工件内自成回路,故称此电流为涡流。涡流在工件截面上分布是不均匀的,表面密度大,而越向中心密度越小,并且随电流频率的增加、电流密度分布特点越明显,此现象称为集肤效应。由于涡流的集肤效应和热效应,可使工件表层被迅速加热到淬火温度,而心部则仍处于相变温度以下,随即喷水快冷,就可达到表面淬火的目的。

(2)感应加热表面淬火的应用及特点。感应加热表面淬火主要适用于中碳钢、中碳合金钢、高碳工具钢、低合金工具钢以及铸铁等材料制作的工件。根据电流频率不同,感应加热分为高频、中频和工频加热三种。在生产中,可根据工件尺寸大小和所要求的淬硬深度来选择,如表 5-5 所示。

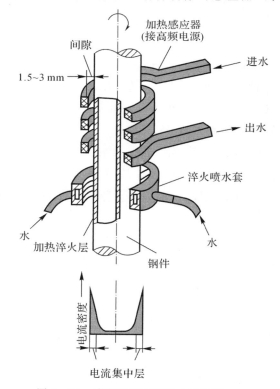

图 5-28 感应加热表面淬火示意图

表 5 - 5　感应加热的分类及应用

分　类	频率范围/kHz	淬硬层深度/mm	应用范围
高频加热	200～300	0.5～2	中小型轴类、销、套及小模数齿轮等零件
中频加热	2.5～8	2～10	大模数齿轮、尺寸较大的轴类等零件
工频加热	50(Hz)	10～15	大直径轧辊、火车车轮等大型零件

与普通淬火相比,感应加热表面淬火有如下特点:

1)由于感应加热速度非常快,加热温度稍高,无保温时间,因此,奥氏体形核多,不易长大,淬火后表层可获得极细的马氏体组织。表面硬度比普通淬火高 2～3HRC,且脆性较低;也因加热时间短,工件氧化脱碳少,淬火变形小。

2)因马氏体体积增大,所以在工件表层形成较大的残余压应力,将使工件的疲劳强度提高约 20%～30%。

3)淬硬层深度易控制,生产率高,容易实现机械化和自动化。

但感应加热表面淬火设备比较昂贵;对形状复杂的工件而言,感应器制造困难;不适于单件小批量生产。

2. 火焰加热表面淬火

火焰加热表面淬火是利用氧-乙炔(或其他气体)的火焰,对工件快速加热,随即快速冷却的热处理工艺,操作方法如图 5 - 29 所示。

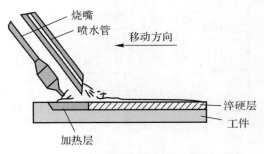

图 5 - 29　火焰加热表面淬火示意图

火焰加热淬火的淬硬层深度一般为 2～6 mm。这种方法操作简便,不需特殊设备,成本较低。但加热温度及淬硬层深度不易控制,也不均匀,因此,淬火质量不稳定,甚至会产生过热、过烧现象,只适于单件、小批量生产或大型工件的表面淬火。

5.6.2　化学热处理

将工件放置在特定的介质中加热到一定温度,保温一定时间,使某种元素的原子渗入钢的表层中,使表层化学成分发生变化,从而改变工件表面组织及性能的热处理工艺,称为化学热处理。

根据渗入元素不同,常用的化学热处理方法有渗碳、渗氮和碳氮共渗等。

化学热处理一般由分解、吸收和扩散三个基本过程组成,即在一定条件下从介质中分解出要渗入元素的活性原子。活性原子被工件表面所吸收。被吸收的活性原子由工件表面逐渐向里扩散,形成一定深度的渗层。渗入的活性原子溶入铁的晶格则形成固溶体,或与钢中某元素形成化合物。

1. 钢的渗碳

渗碳是将工件放在含有活性碳原子的介质中加热到一定温度,保持适当时间,使其表层含碳量增高的化学热处理工艺。它主要应用于要求表面硬度高、耐磨性好,而心部具有一定的强度和良好的韧性的零件。渗碳钢一般为低碳钢或低碳合金钢(含碳量为 $w_C = 0.10 \sim 0.25\%$)。

渗碳所用的介质称为渗碳剂。根据渗碳剂的状态不同,渗碳可分为气体渗碳、固体渗碳和液体渗碳。因液体渗碳剂的盐浴中含剧毒的氰化物对环境和操作者存在危害,所以生产中应用最多的是前面两种。

(1)气体渗碳。气体渗碳时,将工件放入密封的渗碳炉炉膛中,如图 5-30 所示。将炉温加热到 $900 \sim 950 \, \text{℃}$,并向炉内滴入煤油、甲醇或丙酮等渗碳剂。渗碳剂在高温下分解,产生的活性碳原子渗入工件并向内扩散形成渗碳层,渗碳层深度与渗碳时间、温度有关,可按 $0.10 \sim 0.15 \, \text{mm/h}$ 估算,或用试棒实测确定。

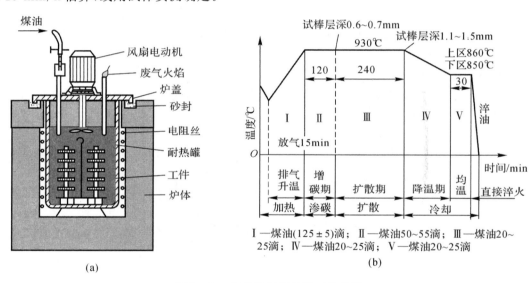

图 5-30 气体渗碳设备及工艺曲线

(a)气体渗碳炉; (b)气体渗碳工艺曲线

气体渗碳过程容易控制,质量稳定,生产率高,适于大批量生产,便于实现机械化与自动化。但设备成本高,不适宜单件小批量生产。

(2)固体渗碳。将工件放在填满粒状渗碳剂的密封箱中进行渗碳的热处理工艺称为固体渗碳。渗碳剂由木炭和碳酸盐($BaCO_3$ 或 Na_2CO_3)组成。固体渗碳法生产率低,渗碳过程不易控制。但设备简单,成本低。

(3)渗碳后的组织。低碳钢工件经渗碳后,由表层到心部的含碳量逐渐降低,大约由 $w_C = 1.1\%$ 逐渐降到原材料的含碳量。因此工件经渗碳后缓冷,其组织由表层到心部也不同,依次为过共析层、共析层、亚共析层,心部为原始组织。

(4)渗碳后的热处理。工件经渗碳后必须进行淬火和低温回火,才能显著提高其表面强度和硬度。根据渗碳钢的特点及对组织性能的要求,通常采用直接淬火法或一次淬火法。渗碳工件经热处理后,其表层组织为回火马氏体及碳化物。硬度可达 58~64HRC。心部组织取决于淬透性和工件截面尺寸,一般低碳钢为珠光体＋铁素体,硬度为 110~150HBS;低碳合金钢为低碳马氏体或低碳马氏体＋铁素体,硬度为 25~35HRC。因此,工件经热处理后表面具有高的硬度和耐磨性,而心部具有良好的韧性。

2.钢的渗氮

在一定温度下使活性氮原子渗入工件表层的化学热处理工艺,称为渗氮。经渗氮后不仅能提高钢的表面硬度、耐磨性和疲劳强度,还可使钢件表面具有良好的耐蚀性。

为了使零件表面具有高硬度,而心部具有足够的强度,常选用合金结构钢进行渗氮,其表层硬度可达 1 000~1 200HV（69~74HRC）。常用牌号有 20Cr,38Cr,20CrMnTi,35CrAl,38CrMoAl,40CrMoA,50CrVA,18Cr2Ni4WA,38CrWVAlA 等。

与渗碳相比,渗氮后工件无需热处理便具有高的硬度和耐磨性,且变形小。但其生产率低、成本高,只适用于精密的耐磨零件,如精密镗床的镗杆及精密磨床主轴等,也常用于模具,以提高其使用寿命。

3.钢的碳氮共渗

在一定温度下同时将活性炭、氮原子渗入工件表层,并以渗碳为主的化学热处理工艺称为碳氮共渗。常用的方法是气体碳氮共渗。

气体碳氮共渗钢大多数是低碳钢、中碳钢以及合金结构钢。碳氮共渗后应进行淬火和低温回火。与渗碳相比,它具有温度低、变形小、硬度高、耐磨性好、抗蚀性好和生产率高等优点。

上述几种表面热处理工艺的对比,如表 5-6 所示。在实际生产中可根据零件的技术要求、结构尺寸以及经济性等因素,选择合适的表面热处理工艺。

表 5-6　几种表面热处理工艺的对比

热处理方法	表面淬火	渗　碳	渗　氮	碳氮共渗
主要工艺过程	表面加热淬火、低温回火	渗碳、淬火、低温回火	渗氮	碳氮共渗、淬火、低温回火（或不进行）
生产周期	较短	长,约 3~9 h	很长,约 30~50 h	短
硬化层深度/mm	0.5~7	0.5~2	0.3~0.6	0.2~0.5
硬度（HRC）	58~63	58~63	1 000~1 200 HV	58~67
耐磨性	较好	良好	最好	良好
疲劳强度	良好	较好	最好	良好
耐蚀性	一般	一般	最好	较好
热处理后变形情况	较小	较大	最小	较小

5.7　其他热处理方法简介

上述热处理方法还存在一些缺点,如工件在热处理过程中易产生氮化、脱碳和变形等缺陷,还不能满足某些技术条件更高、更严的零件的要求。科学技术的发展,特别是计算机技术和新热源逐步应用于热处理工艺,大幅地改善和发展了热处理技术,使大幅度提高热处理质量和生产效率成为可能。

1. 形变热处理

形变热处理是将塑性变形与热处理结合起来,以提高工件力学性能的复合工艺。其基本原理是利用金属的塑性变形和相变,细化晶粒,提高位错密度,增大晶格畸变程度,使化合物充分弥散,可获得比单一强化方法更好的综合强化效果。形变热处理根据形变温度不同,可分为低温形变热处理和高温形变热处理。

(1)低温形变热处理。低温形变热处理是将工件奥氏体化保温后,快冷至 500～600℃进行塑性变形,随后淬火、回火的工艺。由于变形温度低,强化效果好,但变形量不能过大,所以这种工艺只适用于合金钢制造的高强度的小型零件。

(2)高温形变热处理。高温形变热处理是将钢加热到稳定的奥氏体区内,在该温度下进行塑性变形,随即淬火、回火的工艺。与普通热处理相比,这种工艺能显著改善工件的力学性能,尤其是在提高工件的韧性和疲劳强度方面效果显著。

形变热处理除应用于钢外,还可应用于耐热合金和时效强化型非铁基金属,如铝合金、镁合金等。

2. 真空热处理

真空热处理是指在低于一个大气压的环境(真空炉)中进行加热的热处理,包括真空退火、真空淬火、真空回火和真空化学热处理。

工件在真空炉中加热速度很慢,截面温差很小,不易氧化。在 1.33～0.013 3 Pa 真空度下加热,可使工件表面无氧化、不脱碳,热处理变形小,提高了疲劳强度、耐磨性和韧性,改善了生产劳动条件。但真空设备结构复杂,价格较高,一般只用于工模具、精密零件的热处理。

3. 可控气氛热处理

工件在普通热处理过程中,将不可避免出现氧化与脱碳。如果工件热处理时,往炉中通入或形成某种气氛以调节炉气成分,就能有效防止氧化、脱碳,提高表面质量。这种在炉气成分可以控制的炉内对工件进行加热或冷却的热处理工艺,称为可控气氛热处理。可控气氛有渗碳性、还原性和中性气氛三种。而根据气氛产生方式又分为滴注式、吸热式和放热式三种。

4. 激光热处理和电子束表面淬火

用激光作为热源的热处理,称激光热处理。激光热处理利用高能量密度(1 000～100 000 W/cm²)的激光束,对工件表面照射,使其在极短时间(约 0.01～1 s)被加热到相变温度以上,停止照射后,热量迅速向周围未被加热的部分传递,而加热处则迅速冷却,达到自冷淬火的目的。

电子束表面淬火是利用电子枪发射成束电子,轰击工件表面,使之极快加热,以达到自冷淬火的热处理工艺。

激光热处理和电子束表面淬火与其他表面热处理工艺相比,加热速度极快,加热影响区域小,不需淬火介质,变形极小,表面光洁,对任何复杂工件均可局部淬火,而不影响相邻部位的组织和表面质量。目前它们主要用于精密零件和重要零件的局部表面淬火,也用于对微孔、沟槽、盲孔等部位进行淬火。

第6章 钢铁材料

由于钢铁材料以自然界中储藏量较多、冶炼较易、价格较低的铁元素为基础,因而成本较低。加之其力学性能和工艺性能优良,一直是应用最广、用量最大的工程材料之一。

目前,尽管钢铁的应用领域已被有色金属、陶瓷、工程塑料及复合材料等所取代,但随着新工艺、新技术不断涌现,未来的钢铁将向高性能化、复合化、多功能化和智能化的方向拓展。可以预见,至少在21世纪,钢铁在现代社会工程材料消费中的主导地位仍将延续下去。钢铁仍将是21世纪乃至更长时间内的主要工程材料。

因此,了解钢铁材料的生产、分类、成分、性能、牌号及其用途,对钢铁材料的合理选择、使用以及加工是非常重要的。

6.1 钢铁的生产

钢铁生产是在原材料生产厂即钢铁厂进行的。基本过程是:首先从铁矿石中炼出生铁,该生铁分为两类,一类用作铸铁件生产的原料,称为铸造生铁;另一类作为主要原料熔炼成钢,称为炼钢生铁。冶炼出来的钢除一部分直接用来浇注铸钢件外,绝大部分是先浇注成钢锭,再经过轧制或锻压成各种钢材或锻件,供进一步加工使用。如图6-1所示为钢铁生产过程示意图。

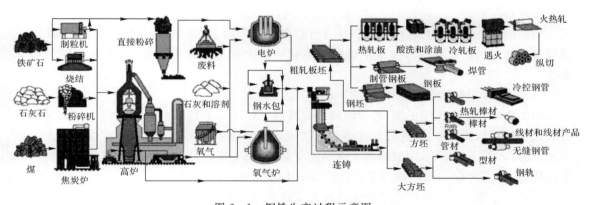

图6-1 钢铁生产过程示意图

6.1.1 钢铁的冶炼

1.炼铁

铁是钢铁材料的主要组成元素。在自然界里,铁主要以Fe_2O_3和Fe_3O_4的形式存在于铁矿石中。所以,炼铁的实质就是将铁矿石中的氧化铁还原为铁并且将其他物质分离的物理化学过程。

炼铁的主要原材料是铁矿石、焦炭和石灰石。炼铁时，各种原材料必须按一定比例混合冶炼。

（1）炼铁的基本过程。炼铁的主要设备是高炉。高炉炼铁的基本过程如图6-2所示。

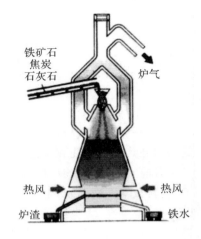

图6-2 高炉炼铁

炼铁时，将混合原料从加料口装入，同时，经热风炉预热后的空气从进风口吹入炉中，使焦炭燃烧产生高温和大量的CO气体。焦炭和CO不断把铁从铁矿石中还原出来。由于高炉内存在大量的碳，从铁矿石中还原出来的铁与碳接触便发生渗碳作用，变成含碳较高而熔点较低的生铁，在炉内的高温下最终都熔化成铁水，从出铁口流出。由于焦炭中还含有硫等杂质，铁矿石内又夹带有硅、锰、磷、硫等成分，在高炉冶炼的条件下，这些元素也会渗入铁中，这样，生铁除了铁、碳两种主要成分外，还含有硅、锰、磷、硫等杂质。

炼铁时，焦炭燃烧形成的灰粉及矿石中的其他物质与铁混合在一起，通过加入石灰石，使之与灰粉、其他物质构成造渣反应，形成熔点较低、密度较小的熔渣浮在铁液上面。可从稍高于出铁口的出渣口排出熔渣。

（2）高炉炼铁产品。如前所述，高炉冶炼出的铁不是纯铁，而是含有碳、硅、锰、磷、硫等元素的物质，称为生铁。按含硅量不同，生铁分为炼钢生铁和铸造生铁。铸造生铁的含硅量较高（$w_{Si} = 1.25\% \sim 3.2\%$），主要用作铸铁件生产的原料。炼钢生铁的含硅量较低（$w_{Si} < 1.25\%$），主要用作炼钢原料。

高炉炼铁的副产品主要有炉渣和高炉煤气。炉渣可用作制造水泥等建筑材料的原材料；高炉煤气经净化后，可作为气体燃料使用，如加热热风炉及民用管道煤气等。

2.炼钢

与钢的成分相比，生铁含碳量高，且含有较多硅、锰、磷、硫等杂质，力学性能差，其加工和应用都受到限制。炼钢过程实质上就是将生铁中多余成分除去的过程，使之达到钢的成分要求。

（1）炼钢的基本过程。

1）氧化过程。生铁中的碳、硅、锰、磷等在高温条件下与氧的亲和力比铁强。炼钢时加入的氧化剂（氧气、铁矿石）将优先与这些元素产生化学反应。生成的CO气体在逸出时使熔池产生沸腾，造成强烈搅拌，因而加速了化学反应的进行；生成的硅、锰、磷等的氧化物及混入铁中的硫，将与溶剂CaO等构成一系列造渣反应生成炉渣。

2）脱氧过程。由于要向生铁液中供入大量的氧以去除杂质，因而当杂质氧化至所需程度时，钢液中却溶入了过多的氧。因此，在炼钢后期必须进行脱氧，才能获得符合要求的成品钢。

钢液在浇注前用锰铁、硅铁和铝进行充分的脱氧，以至钢液在凝固时不析出CO，得到成分比较均匀、组织比较致密的钢锭，这种钢称为镇静钢（Z）。

如果在冶炼末期对钢液仅进行轻度脱氧，而使相当数量的氧留在钢液中，则钢液注入锭模后，钢中的氧与碳会发生化学反应，生成大量的CO从钢液中逸出，引起浇注时钢液沸腾，这种钢叫沸腾钢（F）。沸腾钢的成分偏析大，组织不致密，力学性能较差，所以对力学性能要求较高的零件，应选用镇静钢。

脱氧程度介于镇静钢与沸腾钢之间的,称为半镇静钢(b)。

脱氧程度比镇静钢更彻底的钢称为特殊镇静钢(TZ),质量最好,适用于特别重要的结构工程。

(2)炼钢方法。目前应用的炼钢方法有转炉炼钢法、电弧炉炼钢法和平炉炼钢法等,常用的是前两种。

1)转炉炼钢法。图 6-3(a)所示为氧气顶吹转炉。氧气顶吹转炉炼钢法是目前应用最广的炼钢法。冶炼时直接利用吹氧管将氧气从炉顶吹入温度约为 1 200～1 300℃生铁液中,以纯氧作为氧化剂,使其中的碳、硅、锰、磷等元素迅速氧化,并靠这些元素氧化时所放出的大量热量进行冶炼。

氧气顶吹转炉炼钢法生产率高,不需要外加热源,成本低,钢的质量也较好,所以应用很广。

2)电弧炉炼钢法。图 6-3(b)所示为电弧炉。冶炼时利用电流通过电极和金属炉料间产生的电弧放出大量的热量,炉料温度可高达 2 000℃。同时冶炼过程可以调节,化学成分容易控制。但电弧炉耗电量大,炼钢成本高,所以电弧炉主要用于冶炼优质合金钢。

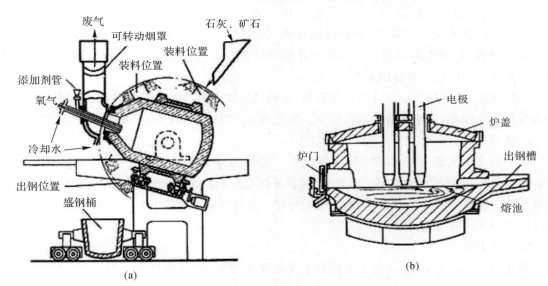

图 6-3　转炉、电弧炉炼钢示意图
(a)转炉；　(b)电弧炉

钢在冶炼后,除少数直接铸成铸钢件外,绝大部分都要铸成钢锭。铸造钢锭是炼钢生产的最后一个环节。

6.1.2　钢材的生产

冶炼成的钢锭,除一部分用于大型锻件外,大部分要通过轧制、挤压、拉拔等压力加工方法制成型材、板材、管材和线材等,如图 6-1 所示。

对钢锭进行压力加工不仅可以获得一定形状的工件,而且能改善钢锭的组织和性能。

6.2 杂质元素和合金元素在钢中的作用

钢在其冶炼生产过程中，由于所用的原料以及冶炼工艺方法的影响，难免有少量其他元素，如硅、锰、硫、磷以及气体元素氢、氧、氮等存在，这些并非有意加入的元素，一般作为杂质看待，称之为杂质元素。一般情况下除硅、锰外，它们对钢的性能是有害的。

为使金属具有某些特性，在基体金属中有意加入或保留一些金属或非金属元素，称之为合金元素，钢中常用的合金元素有铬、锰、硅、镍、钼、钨、钒、钴、钛、铝、铜、硼、氮、稀土等。硫、磷在特定条件下也可认为是合金元素，如易切削钢中的硫、磷。

合金元素在钢中的作用，主要表现为合金元素与铁、碳之间的相互作用以及对铁碳相图和热处理相变过程的影响。

6.2.1 杂质元素对钢性能的影响

1.硅的作用

硅主要是由脱氧剂（如硅铁）带入的。硅在镇静钢（用铝、硅铁和锰铁脱氧）中含量为 $w_{Si}=0.10\% \sim 0.40\%$。沸腾钢（只用锰铁脱氧）中 $w_{Si} \leqslant 0.07\%$。硅能溶于铁素体使之强化，从而使钢的强度、硬度得到提高。硅还可使钢的弹性极限明显提高，这对弹簧钢是非常有利的。因此硅在钢中也是有益的元素。

但应该注意，用作冷冲压件的非合金钢，常因硅对铁素体的强化，致使钢的弹性极限升高，冲压时易发生回弹，使变形精度难以控制。因此冷冲压件常采用含硅量低的沸腾钢制造。

2.锰的作用

锰主要是由脱氧剂（如锰铁）带入钢中的。锰作为常有元素存在时，其质量分数一般为 $w_{Mn}=0.25\% \sim 0.8\%$。锰能溶于铁素体，使铁素体强化，也能溶于渗碳体，提高其硬度。锰还能增加并细化珠光体，从而提高钢的强度和硬度。锰可与硫形成 MnS，以消除硫的有害作用，因此锰在钢中是有益的元素。

3.磷的影响

磷是钢中的有害元素，在常温下能溶于铁素体，使钢的强度、硬度明显提高，但使塑性和韧性显著降低。磷还有明显提高韧脆转变温度的作用。因此，对其含量必须严格控制。

4.硫的影响

硫也是钢中的有害元素，硫不溶于铁素体，在钢中以化合物 FeS（熔点 1 190 ℃）形式存在。FeS 又可与 Fe 形成低熔点（985℃左右）的共晶体分布在晶界上。钢加热到 1 000～1 200℃进行锻压或轧制时，由于分布在晶界上的共晶体已经熔化，使钢沿晶界开裂。这种现象称为热脆。

锰与硫的亲和力较铁强，可优先与 S 作用形成 MnS，避免了 FeS 的形成（MnS 的熔点为1 620℃），从而避免了热脆。但 MnS 是一种非金属夹杂物，对钢的耐冲击性、疲劳强度有不利影响，故对 S 的含量要严加限制。

磷、硫虽是有害元素，但也有有益的方面，如硫、磷可提高钢的切削加工性能。这是因为磷、硫增加钢的脆性,使切屑容易断裂,从而能提高切削效率、延长刀具寿命。硫、磷还能改善工件表面粗糙度。

5.气体元素的影响

钢在冶炼或加工时还会吸收或溶解一部分气体,这些气体元素如氢、氮、氧在钢中含量虽不多,但它们有时会给钢材带来非常有害的影响。

氢在钢中含量甚微,但对钢的危害极大。微量的氢即可引起"氢脆",在钢中产生微裂纹(即"白点"或"发裂"缺陷),使零件在工作时出现灾难性的突然脆断。氢脆一般出现在合金钢的大型锻、轧件中(如电站汽轮机主轴、钢轨、电镀刺刀等氢脆断裂),且钢的强度越高,产生氢脆的倾向越大。实际生产中,常通过锻后保温缓冷措施或预防白点退火工艺来降低钢件的氢脆倾向。

氮固溶于铁素体将引起"应变时效",即冷塑性变形的低碳钢在室温放置或加热一定时间后强度增加而塑性、韧性降低的现象。应变时效对锅炉、化工容器及深冲压零件极为不利,会增加零件脆性断裂的可能性。若钢含有与 N 亲和力大的 Al,V,Ti,Nb 等元素而与之形成细小弥散分布的氮化物,就能降低 N 的应变时效作用,并可细化晶粒,提高钢的强韧性。此时 N 又变成了有益元素。

氧少部分溶于铁素体中,大部分以各种氧化物夹杂的形式存在。氧化物夹杂使钢的塑性与韧性,尤其是疲劳性能降低,故应对钢液进行严格脱氧。

6.非金属夹杂物的影响

在炼钢过程中,少量炉渣、耐火材料及冶炼中反应产物可能进入钢液,形成非金属夹杂物,例如氧化物、硫化物、硅酸盐、氮化物等。它们都会降低钢的力学性能,特别是降低塑性、韧性及疲劳强度。非金属夹杂物也促使钢在热加工时,形成纤维组织与带状组织,使材料具有各向异性。严重时,横向塑性仅为纵向的一半,并使冲击韧度大为降低。因此,对重要用途的钢(如滚动轴承钢、弹簧钢等)要检查非金属夹杂物的数量、形状、大小与分布情况,并应按相应的等级标准进行评级检查。采用真空冶炼,电渣重熔等特种冶炼技术,可有效减少非金属夹杂的数量。

6.2.2　合金元素在钢中的作用

1.合金元素在钢中的存在形式

合金元素对钢的性能的影响,与其在钢中的存在形式有密切的关系。若合金元素在钢中的存在形式不同,其对钢的性能的影响也将不同,合金元素在钢中的存在形式主要有三种,即固溶态、化合态和游离态。

(1)固溶体。合金元素溶入钢中的铁素体、奥氏体和马氏体中,以固溶体的形式存在。其直接的作用是固溶强化。图 6-4 说明了钢中常见合金元素对铁素体硬度和韧性的影响。由图 6-4 可见,P,Si,Mn 的固溶强化效果最显著,但当其含量超过一定量后,铁素体的韧性将急剧下降,故应限制这些合金元素含量。而 Ni 在增加钢的强度、硬度的同时,不但不降低韧性,反而会提高韧性,因此 Ni 在钢中是个重要的韧化元素。

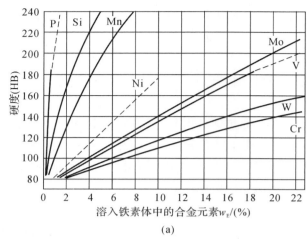
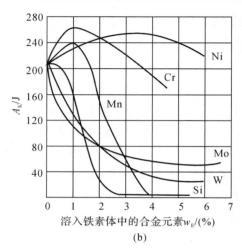

(a) (b)

图 6-4 合金元素对铁素体硬度和韧性的影响

(a)对硬度影响；　(b)对韧性影响

应该强调指出的是：合金元素溶入奥氏体中提高钢的淬透性、溶入马氏体中提高回火稳定性等间接作用对钢的性能影响程度，往往大于其固溶强化的直接作用，理解此点对掌握合金钢的选用尤为重要。

(2)金属化合物。合金元素与钢中的碳、其他合金元素及常存杂质元素之间可以形成各种金属化合物，其中以和碳形成的碳化物最为重要。碳化物的主要形式有合金渗碳体[如(Fe,Mn)$_3$C 等]、特殊碳化物(如 VC,TiC,WC,MoC,Cr$_7$C$_3$,Cr$_{23}$C$_6$ 等)。通常可将合金元素分为两大类：碳化物形成元素与非碳化物形成元素。碳化物形成元素与碳的亲和力从强到弱的顺序依次为：Ti,Zr,Nb,V,W,Mo,Cr,Mn,Fe。碳化物形成元素比 Fe 具有更强的亲碳能力，在钢中将优先与碳原子结合形成碳化物。它们都是过渡族元素，在周期表上均位于 Fe 的左侧。一般认为 Ti,Zr,Nb,V 是强碳化物形成元素；W,Mo,Cr 是中强碳化物形成元素；Mn,Fe 是弱碳化物形成元素。非碳化物形成元素主要包括 Ni,Si,Cu,Al 等。它们与碳一般不生成碳化物，而是固溶于固溶体中，或生成其他化合物(如 AlN)，一般位于周期表中 Fe 的右侧。

碳化物一般具有硬而脆的特点，合金元素的亲碳能力越强，所形成的碳化物就越稳定，并具有高硬度、高熔点和高分解温度。碳化物稳定性由弱到强的顺序是：Fe$_3$C,M$_{23}$C$_6$,M$_6$C,MC(M 代表碳化物形成元素)。

在某些高合金钢中，金属元素之间还可能形成金属间化合物，如 FeSi,FeCr,Fe$_2$W,Ni$_3$Al,Ni$_2$Ti 等，它们在钢中的作用类似于碳化物。而合金元素与钢中常存杂质元素(O,N,S,P 等)所形成的化合物，如 Al$_2$O$_3$,SiO$_2$,TiO$_2$ 等，属于非金属夹杂物，它们在大多数情况下是有害的，尤其是会降低钢的韧性与疲劳性能，故须对夹杂物严格控制。

(3)游离态。钢中有些元素如 Pb,Cu 等既难溶于铁，也不易生成化合物，而是以游离状态存在。在某些条件下钢中的碳也可能以游离状态(石墨)存在。通常情况下，游离态元素将对钢的性能产生不利影响，故应尽量避免此种存在形式。

2.合金元素对 Fe-Fe$_3$C 相图的影响

(1)合金元素对奥氏体相区的影响。

1)镍、锰等合金元素使奥氏体相区扩大，使 A$_1$ 线、A$_3$ 线下降[见图 6-5(a)]。若其含量足够高,可使奥氏体相区扩大至常温,即可在室温下保持稳定的单相奥氏体组织。利用合金元素扩大奥氏体相区的作用可生产出奥氏体钢。

2)铬、钼、钨、钒等元素使奥氏体相区缩小,使 A_1 线、A_3 线上升[见图 6 - 5(b)]。当钢中该类元素含量很高时,奥氏体区消失,钢在高温或室温都能获得稳定的铁素体组织,这种钢称为铁素体钢。

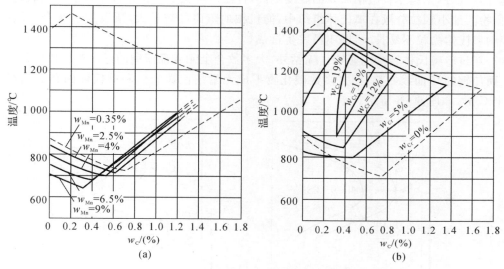

图 6 - 5　合金元素对 Fe - Fe₃C 相图 A 区的影响

(a)Mn 的影响;　(b)Cr 的影响

(2)合金元素对 S、E 点的影响。如图 6 - 6 和 6 - 7 所示,大多数合金元素都使 Fe - Fe₃C 相图的 S 点和 E 点向左移,即使钢的共析含碳量和奥氏体对碳的最大固溶度降低。若合金元素含量足够高,可以在 $w_C = 0.4\%$ 的钢中产生过共析组织,在 $w_C = 1.0\%$ 的钢中产生莱氏体。例如,在高速钢($w_C = 0.7\% \sim 0.8\%$)的铸态组织中就有莱氏体,称这种钢为莱氏体钢。

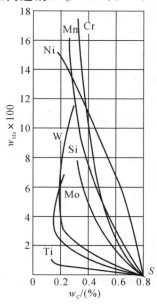

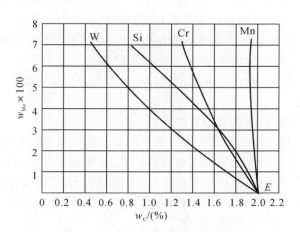

图 6 - 6　合金元素对 S 点的影响　　　　图 6 - 7　合金元素对 E 点的影响

3. 合金元素对钢热处理的影响

(1)对奥氏体化及奥氏体晶粒长大的影响。合金钢的奥氏体形成过程基本上与非合金钢相同,但由于碳化物形成元素都阻碍碳原子的扩散,因而都减缓奥氏体的形成。

合金元素形成的碳化物比渗碳体更稳定、更难溶于奥氏体,溶解后也不易扩散均匀,因此合金钢的奥氏体化比非合金钢需要的温度更高,保温时间更长。由于高熔点的合金碳化物、特殊碳化物的细小颗粒分散在奥氏体组织中,能机械地阻碍晶粒长大,所以加热时合金钢(锰钢除外)的奥氏体晶粒不易长大,即不易发生过热。

(2)对过冷奥氏体转变的影响。除钴外,大多数合金元素都使钢的过冷奥氏体的稳定性提高,从而使钢的 C 曲线右移,而且多数碳化物形成元素还使珠光体和贝氏体的转变曲线分离为两个 C 形,如图 6-8 所示。

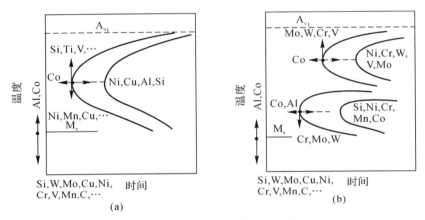

图 6-8　合金元素对过冷奥氏体转变的影响示意图
(a)非碳化物形成元素的影响; (b)碳化物形成元素的影响

1)提高钢的淬透性。由于合金钢的 C 曲线向右移,临界冷却速度降低,从而使钢的淬透性提高。这一方面有利于大截面零件的淬透,另一方面淬火时可采用较缓和的冷却介质,有利于降低淬火应力,减少变形、开裂。C 曲线右移会使钢的退火变得困难,故合金钢往往采用等温退火得到软化。另外,若钢中提高淬透性元素的含量多,则其过冷奥氏体非常稳定,C 曲线右移较多,甚至在空气中冷却也能形成马氏体组织,这类钢称为马氏体钢或空淬钢。

需要注意的是合金元素只有溶于奥氏体中才能使 C 曲线右移,如果合金元素未溶入奥氏体中而是存在于未溶化合物中(如碳化物、氮化物等),则会为奥氏体分解时新相形核提供现成的基底,使分解速度加快,从而降低淬透性。

2)降低 M_s 点。除钴、铝以外,大多数合金元素都使 M_s 点下降(见图 6-8),并增加残余奥氏体量。

(3)对回火转变的影响。

1)提高钢的耐回火性。由于淬火时溶入马氏体的合金元素阻碍原子扩散,阻碍马氏体的分解,所以合金钢回火到相同的硬度,需要比非合金钢更高的加热温度,这说明合金元素提高了钢的耐回火性(回火稳定性)。所谓耐回火性,是指淬火钢在回火时抵抗强度、硬度下降的能力。耐回火性好是合金钢的一大优点,可使合金钢在保持较高硬度的同时较充分地消除内应力,从而提高钢的塑、韧性。

2)产生二次硬化作用。在高合金钢中，W，Mo，V 等强碳化物形成元素在 500~600℃ 回火时，会形成细小弥散的特殊碳化物，使钢回火后硬度升高；同时淬火后残余的奥氏体在回火冷却过程中会转变为马氏体，也使钢回火后硬度提高。这两种现象称为"二次硬化"。图 6-9 所示为含 Mo 的合金钢回火后的二次硬化现象。

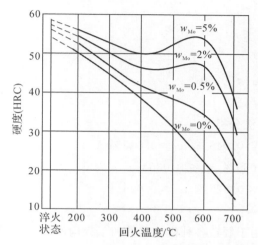

图 6-9　$w_C = 0.3\%$ Mo 钢的回火温度与硬度关系曲线

高的耐回火性和二次硬化使合金钢在高温下（500~600℃）仍能保持高硬度（≥60HRC），这种特性称为热硬性（也称红硬性）。热硬性对高速切削刀具及热变形模具等非常重要。

3)避免回火时产生第二类回火脆性。合金元素对淬火钢回火后力学性能的不利方面主要是促进第二类回火脆性的发生。第一类回火脆性无论在碳钢还是在合金钢中都会出现，但是合金元素可以使发生这种回火脆性的温度范围向高温推移，其中以 Si，Cr 两种元素的影响最为明显。在 500~650℃ 回火后产生的第二类回火脆性，主要在含铬、镍、锰、硅的调质钢中出现。产生第二类回火脆性的原因，一般认为与杂质或某些合金元素向晶界偏聚有关。实践证明，多数合金结构钢都有产生第二类回火脆性的倾向，只是程度不同而已。目前减轻或消除第二类回火脆性的方法有：提高钢的纯度，减少杂质元素的含量；小截面工件在回火后采用快冷（油冷或水冷）；大截面工件则采用含有钨（$w_W \approx 1.0\%$）或钼（$w_{Mo} \approx 0.5\%$）的合金钢，即使回火后缓冷也不易产生回火脆性。

6.3　钢的分类与牌号

对品种数量极多的钢进行科学的分类与准确、合理的表示，不仅关系到钢产品的生产加工、使用和管理等工作，对学习和掌握正确选用钢材也有重要意义。

6.3.1　钢的分类

我国关于钢分类的国家标准 GB/T 13304.1—2008《钢分类》是参照 ISO4948/1,4948/2 制定的。钢的分类分为"按化学成分分类""按主要质量等级、主要性能及使用特性分类"两部分。

1．按化学成分分类

根据各种合金元素规定含量界限值，将钢分为非合金钢、低合金钢、合金钢三大类。

2．按含碳量、主要质量等级、主要性能及使用特性分类

（1）非合金钢的主要分类。非合金钢的分类方法很多，通常按碳的含量、主要质量等级以及用途进行分类。

1）按钢中的含碳量分类。

（a）低碳钢 $w_C < 0.25\%$。

（b）中碳钢 $0.25\% \leqslant w_C \leqslant 0.60\%$。

（c）高碳钢 $w_C > 0.60\%$。

2）按钢的主要质量等级分类。

（a）普通质量碳钢 $w_S \geqslant 0.045\%$、$w_P \geqslant 0.045\%$。

（b）优质碳钢 $w_S \leqslant 0.035\%$、$w_P \leqslant 0.035\%$。

（c）特殊质量碳钢 $w_S \leqslant 0.025\%$、$w_P \leqslant 0.025\%$。

3）按用途分类。

（a）碳素结构钢主要用于制造各种机械零件和工程构件，一般为低、中碳钢。

（b）碳素工具钢主要用于制造各种刃具、量具和模具，一般为高碳钢。

（c）碳素铸钢主要用于制造形状复杂的铸钢件。

（2）低合金钢的分类。低合金钢按主要质量等级分类，可分为普通质量低合金钢、优质低合金钢、特殊质量低合金钢。

1）普通质量低合金钢是指对生产过程中控制质量无特殊规定的、一般用途的低合金钢。这类钢合金含量较低，不规定钢材热处理条件（钢厂根据工艺需要进行的退火、正火消除应力及软化处理除外）。

2）优质低合金钢与优质非合金钢类似，在生产过程中需要按规定控制质量。

3）特殊质量低合金钢是指在生产过程中需要严格控制质量和性能的低合金钢，特别是要求控制硫、磷等含量和提高纯洁度，并应满足一些特殊质量要求［如 $w_S (w_P) \leqslant 0.020\%$，限制非金属夹杂物含量等］的低合金钢。

（3）合金钢的分类。合金钢的种类很多，通常根据其用途、合金元素含量、冶金质量等进行分类。

1）按质量等级分类，可分为优质合金钢、特殊质量合金钢两大类。

（a）优质合金钢是指在生产过程中需要特别控制质量和性能，但其生产控制和质量要求不如特殊质量合金钢严格的合金钢。主要包括一般工程结构用合金钢、合金钢筋钢、不规定磁导率的电工用硅（铝）钢、铁道用合金钢、硅锰弹簧钢、高锰铸钢以及地质、石油钻探用合金钢（调质处理的钢除外）。

（b）特殊质量合金钢是指在生产过程中需要特别严格控制质量和性能的合金钢。除优质合金钢以外的其他合金钢都为特殊质量合金钢。主要包括压力容器用合金钢、合金结构钢、合金弹簧钢、轴承钢、合金工具钢、高速工具钢、不锈钢、耐热钢、永磁钢、无磁奥氏体钢、电热合金钢以及地质、石油钻探用钢。

2）按基本性能及用途分类，可分为工程结构用合金钢、机械结构用合金钢、合金工具钢、特殊性能钢等。其中，工程结构用合金钢包括一般工程结构用合金钢、合金钢筋钢、压力容器用合金钢、高锰耐磨钢等，机械结构用合金钢包括调质合金结构钢、冷塑性成型合金结构钢、合金弹簧钢等。表 6-1 简要归纳了 GB/T 13304.2—2008 标准中钢分类的关系。

表 6-1　钢分类表

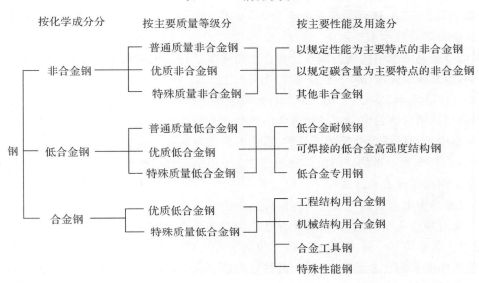

6.3.2　工业用钢的牌号表示方法

钢的牌号也称钢号，是对每一种具体钢产品所取的名称。

1．非合金钢的牌号表示方法

（1）碳素结构钢的编号。碳素结构钢的牌号由代表钢材屈服点的汉语拼音首字母、屈服点数值、质量等级符号、脱氧方法符号等四部分按顺序组成。其中，质量等级用字母 A，B，C，D，E 分别表示。A 级 S，P 含量最高，质量等级最低；E 级 S，P 含量最低，质量等级最高。脱氧方法分别用汉语拼音字母 F（沸腾钢）、b（半镇静钢）、Z（镇静钢）、TZ（特殊镇静钢）表示，在钢号中“Z”和“TZ”可以省略。

例如，Q235AF 表示 $\sigma_s \geq 235$ MPa、质量等级为 A 级的碳素结构钢（属沸腾钢）。

（2）优质碳素结构钢的编号。优质碳素结构钢的牌号用两位数表示，这两位数字表示钢中平均碳的质量分数的万分数。若钢中含锰量较高，则在两位数字后面加锰元素的符号“Mn”。若为沸腾钢，则在两位数后面加符号“F”。

例如，45 表示平均碳质量分数为 0.45％的优质碳素结构钢；65Mn 表示平均碳质量分数为 0.65％，含锰量较高（$w_{Mn}=0.9\% \sim 1.2\%$）的碳素结构钢；08F 表示平均碳质量分数为 0.08％的优质碳素结构钢，属沸腾钢。

（3）碳素工具钢的编号。碳素工具钢的牌号是在“碳”的汉语拼音字首“T”的后面加两位数字表示，这两位数字表示钢中平均碳质量分数的千分数，如果是高级优质碳素工具钢，则在数字后面再标注 A。

例如,T8 钢表示平均碳的质量分数为 0.8% 的碳素工具钢,T10A 表示平均碳的质量分数为 1.0% 的高级优质碳素工具钢。

(4)碳素铸钢的编号。工程用碳素铸钢的牌号用"铸钢"两字的汉语拼音字首"ZG"加两组数字表示,第一组数字表示最小屈服点,第二组数字表示最小抗拉强度值。若牌号末尾标注"H",则表示是焊接结构用碳素铸钢。

例如 ZG310-570 表示最小屈服点为 310 MPa,最小抗拉强度为 570 MPa 的碳素铸钢。

2.低合金钢的牌号表示方法

(1)低合金高强度结构钢的编号。低合金高强度结构钢的牌号与碳素结构钢的牌号表示方法相同,但其屈服强度(σ_s)一般在 300 MPa 以上。

例如,Q345 表示 $\sigma_s \geqslant 345$ MPa 的低合金高强度结构钢。

(2)易切削结构钢的编号。易切削结构钢的牌号以"易"的汉语拼音字首"Y"开头,后面的数字表示钢中平均碳质量分数的万分数,后面的字母表示加入的主要元素的符号。

例如,Y12Pb 表示平均碳的质量分数为 0.12%、加入的主要元素为 Pb 的易切削结构钢。

3.合金钢的牌号表示方法

(1)机械结构用合金钢与工程结构用合金钢的编号。

1)调质处理合金结构钢、表面硬化合金结构钢和合金弹簧钢的编号。这三类钢的牌号由"二位数字+元素符号+数字"构成。前二位数字表示钢中碳的平均质量分数的万分数,元素符号表明钢中所含的合金元素,紧随元素符号的数字表明含该元素的平均质量分数(百分数)。若为高级优质钢,则在牌号后标注"A"。

例如,40Mn2 表示 $w_C = 0.40\%$,$w_{Mn} = 2\%$ 的调质处理合金结构钢;50CrVA 表示 $w_C = 0.50\%$,$w_{Cr} < 1.5\%$,$w_V < 1.5\%$ 的高级优质合金弹簧钢。

2)高锰耐磨钢的编号。高锰耐磨钢的牌号以"铸钢"两字的汉语拼音字首"ZG"开头,其后为合金元素符号"Mn"加两组数字,前一组数字表示钢中锰的平均质量分数(百分数),最后的数字表示钢的序号。

例如,ZGMn13-1 表示 $w_{Mn} = 13\%$、序号为 1 的高锰耐磨钢。

(2)轴承钢的编号。

轴承钢的牌号以"滚"字的汉语拼音字首"G"开头,其后为合金元素符号"Cr"加数字,该数字表示钢中铬的平均质量分数(千分数)。若钢中还含有其他合金元素,其表示方法与前述合金弹簧钢相同。

例如,GCr15 表示 $w_{Cr} = 1.5\%$ 的轴承钢;GCr15SiMn 表示 $w_{Cr} = 1.5\%$,$w_{Si} < 1.5\%$,$w_{Mn} < 1.5\%$ 的轴承钢。

(3)合金工具钢的编号。

合金工具钢主要包括量具刃具用钢、冷作模具钢和热作模具钢。对于合金工具钢,当平均 $w_C < 1.0\%$ 时,牌号以一位数字开头,表示其碳的平均质量分数(千分数);当平均 $w_C \geqslant 1.0\%$ 时,牌号中不标明含碳量;合金元素的表示方法与合金弹簧钢相同。

例如,9Mn2V 表示 $w_C = 0.9\%$,$w_{Mn} = 2\%$,$w_V < 1.5\%$ 的合金刃具钢;Cr12MoV 表示 $w_C \geqslant 1.0\%$,$w_{Cr} = 12\%$,$w_{Mo} < 1.5\%$,$w_V < 1.5\%$ 的冷作模具钢。

(4)高速工具钢的编号。

高速工具钢的牌号表示方法与合金工具钢相似,所不同的是高速工具钢不论含碳量多少,牌号中均不标出。

例如,W18Cr4V 表示 $w_W = 18\%$,$w_{Cr} = 4\%$,$w_V < 1.5\%$ 的高速工具钢。

(5)不锈钢和耐热钢的编号。

不锈钢和耐热钢的牌号中一般首先用一位数字表示碳的平均质量分数(千分数);当平均含碳量 $w_C \leqslant 0.08\%$ 时用"0"表示,当平均含碳量 $w_C \leqslant 0.03\%$ 时用"00"表示。

例如,3Cr13 表示 $w_C = 0.3\%$,$w_{Cr} = 13\%$ 的不锈钢;00Cr18Ni10N 表示 $w_C \leqslant 0.03\%$,$w_{Cr} = 18\%$,$w_{Ni} = 10\%$,$w_N < 1.5\%$ 的不锈钢;0Cr13Al 表示 $w_C \leqslant 0.08\%$,$w_{Cr} = 13\%$,$w_{Al} < 1.5\%$ 的耐热钢。

6.4 结 构 钢

结构钢按其用途可分为工程结构钢和机械结构钢两大类。

6.4.1 工程结构钢

工程结构钢是指用于制作各种大型金属结构件(如桥梁、船舶、车辆、锅炉和压力容器)所用的钢材。

通常工程构件的生产方法有冷变形与焊接两大类。所以,对工程结构钢必须要求有良好的冷变形性和焊接性。另外为使构件在大气或海水中能长期稳定可靠工作,应要求工程结构钢具有一定的耐大气及耐海水腐蚀的能力。

目前绝大多数工程结构钢都采用低碳钢,w_C 一般在 0.2% 以下,加入微量的 V,Ti,Nb,Zr,Cu,Re 等元素。工程结构钢通常是在热轧空冷(正火)状态下供货,或者有时在正火、回火状态下使用,用户一般不再进行热处理。

1. 碳素工程结构钢

碳素工程结构钢,分为普通质量碳素工程结构钢和优质碳素工程结构钢。其产量约占钢总产量的 70%~80%。

(1)普通质量碳素工程结构钢。由于普通质量碳素结构钢易于冶炼,价格低廉,性能也基本满足了一般构件的要求,所以工程上用量很大。表 6-2 给出了这类钢的牌号、化学成分、力学性能及应用举例。

Q195,Q215 强度低,塑性好,可用来制造薄板、焊接钢管、铁丝、铁钉及铆钉等。

Q235A,Q235B,Q235C,Q235D 强度较低,塑性较好,可用来制造钢筋、钢管、小轴、外壳及焊接件等。

Q255A,Q255B,Q275 强度较高,塑性较低,可用来制造拉杆、连杆、轴、键及销钉等要求较高强度的零件。

(2)优质碳素工程结构钢。与普通质量碳素工程结构钢相比,这类钢必须同时保证化学成分和力学性能,其硫、磷含量较低,夹杂物也较少,综合力学性能优于普通质量碳素钢,通常以热轧材、冷轧(拉)材或锻材供应。

表 6-2 普通质量碳素工程结构钢牌号、化学成分、力学性能与应用

牌　号	等　级	化学成分/(%)			脱氧方法	力学性能			应用举例
		w_C	w_S	w_P		σ_s/MPa	σ_b/MPa	δ_5/MPa	
Q195	—	0.06～0.12	≤0.050	≤0.045	F,b,Z	195	315～390	≥33	承受载荷不大的金属结构件、铆钉、垫圈、地脚螺栓、冲压件及焊接件
Q215	A	0.09～0.15	≤0.050	≤0.045	F,b,Z	215	335～410	≥31	
	B		≤0.045						
Q235	A	0.14～0.22	≤0.050	≤0.045	F,b,Z	235	375～460	≥26	金属结构件、钢板、钢筋、型钢、螺栓、螺母、短轴、心轴,Q235C、D可用做重要焊接结构件
	B	0.12～0.20	≤0.045						
	C	≤0.18	≤0.040	≤0.040	Z				
	D	≤0.17	≤0.035	≤0.035	TZ				
Q225	A	0.18～0.28	≤0.050	≤0.045	Z	255	410～510	≥24	强度较高,用于制造承受中等载荷的零件如键、销、转轴、拉杆、链轮、链环片
	B		≤0.045						
Q275	—	0.28～0.38	≤0.050	≤0.045	Z	275	490～610	≥20	

08F 钢是一种含碳量很低的沸腾钢,强度很低,塑性很好。主要用于制造冷冲压件,如汽车和仪器仪表的外壳、容器、罩子等。

10～25 钢属低碳钢,强度、硬度较低,塑性、韧性好,具有良好的焊接性能。常用作冲压件和焊接件,以及受力不大、韧性要求高的机械零件及渗碳件,如螺栓、螺钉、螺母、小轴、套筒、法兰盘及齿轮等零件。其中 20 钢是常用的渗碳钢。

30～55 钢属中碳钢,一般是在正火状态,或调质状态,或表面淬火状态下使用具有良好的综合力学性能,主要制造受力较大的机械零件,如轴、连杆、齿轮、齿条及活塞杆等零件。

60～70 属高碳钢,经热处理(正火或淬火+中温回火)后,可获得较高强度和高弹性。常用来制造各类弹性零件及要求耐磨性较高的零件,如圈簧、板簧、凸轮、轧辊及钢丝绳等零件。

2.低合金工程结构钢

低合金工程结构钢又称低合金高强度结构钢。

低合金工程结构钢是在碳素工程结构钢的基础上添加少量合金元素(合金元素总量不超过 5%,一般在 3%以下),具有较高强度的构件用钢。由于强度高,用此类钢可提高工程构件使用的可靠性及减轻构件质量、节约钢材。

低合金结构钢牌号、化学成分、力学性能以及新、旧标准[新标准 GB/T 1591—2018、旧标准(GB 1591—88)]对比与用途举例等,见表 6-3～表 6-5。

(1)成分特点。从表 6-2 中可以看出,这类钢:①含碳量均 w_C≤0.2%,以此满足塑性和韧性、焊接性和冷塑性加工性能的要求。②合金元素含量也较低,主加合金元素为锰,Mn 具有明显的固溶强化作用,细化了铁素体和珠光体尺寸,增加了珠光体的相对量并抑制了硫的有害作用,故 Mn 既是强化元素,又是韧化元素;辅加合金元素为 V,Ti,Nb,Al 等强碳(氮)化合物形成元素,所产生的细小化合物质点既可通过弥散强化进一步提高强度,又可细化钢基体晶粒而起到强韧化(尤其是韧化)作用;其他特殊元素如 Cu,P 提高了耐大气腐蚀能力,微量稀土

元素 Re 可起到脱硫、去气、改善夹杂物形态与分布的作用，从而进一步提高钢的力学性能和工艺性能。

表 6-3　低合金结构钢牌号及化学成分

牌　号	质量等级	化学成分 $w/(\%)$							
		C $\leqslant$	Mn	Si $\leqslant$	P $\leqslant$	S $\leqslant$	V	Nb	Ti
Q295	A	0.16	0.80~1.50	0.55	0.045		0.02~0.15		
	B				0.040				
Q355	A	0.20	1.00~1.60	0.55	0.045		0.02~0.15		
	B				0.040				
	C				0.035				
	D	0.18			0.030				
	E				0.025				
Q390	A	0.20	1.00~1.60	0.55	0.045		0.02~0.20	0.015~0.060	0.02~0.20
	B				0.040				
	C				0.035				
	D				0.030				
	E				0.025				
Q420	A	0.20	1.00~1.70	0.55	0.045		0.02~0.20		
	B				0.040				
	C				0.035				
	D				0.030				
	E				0.025				
Q460	C	0.20	1.00~1.70	0.55	0.035		0.02~0.15		
	D				0.030				
	E				0.025				

　　(2)性能要求。低合金结构钢的屈服强度(σ_s)一般在 300 MPa 以上，高于普通碳素结构钢，且要求有足够的塑性、韧性及低温韧性，良好的焊接性和冷、热塑性加工性能。

　　(3)典型钢号与热处理特点。Q355(16Mn)和 Q420(15MnVN)，与普通碳素构件钢 Q235相比屈服强度分别提高到 355 MPa 和 420 MPa。如武汉长江大桥采用 Q235 制造，其主跨跨度为 128 m；南京长江大桥采用 Q345(16Mn)制造，其主跨跨度增加到 160 m；而九江长江大桥采用 Q420(15MnVN)制造，其主跨跨度提高到 216 m。这类钢大多在热轧空冷状态使用，考虑到零件加工特点，有时也可在正火、正火＋高温回火或冷塑性变形状态使用。

表 6-4　低合金结构钢的力学性能

牌号	质量等级	厚度(直径)/mm				σ_b/MPa	δ_5/(%)	冲击吸收功 A_{KV}(纵向)/J(≥)			
		<16	>16~35	>35~50	>50~100			+20℃	0℃	-20℃	-40℃
		σ_s/MPa(≥)									
Q295	A	295	275	255	235	390~570	23				
	B							34			
Q355	A	345	325	295	275	470~630	21				
	B							34			
	C								34		
	D						22			34	
	E										27
Q390	A	390	370	350	330	490~650	19				
	B							34			
	C								34		
	D						20			34	
	E										27
Q420	A	420	400	380	360	520~680	18				
	B							34			
	C								34		
	D						19			34	
	E										27
Q460	C	460	440	420	400	550~720	17		34		
	D									34	
	E										27

表 6-5　新旧低合金钢标准牌号对照及用途举例

新标准	旧标准	用途举例
Q295	09MnV,9MnNb, 09Mn2,12Mn	车辆的冲压件、冷弯型钢、螺旋焊管、拖拉机轮圈、低压锅炉气包、中低压化工容器、输油管道、储油罐、油船等
Q355	12MnV,14MnNb,16Mn, 18Nb,16MnRe	船舶、铁路车辆、桥梁、管道、锅炉、压力容器、石油储罐、起重及矿山机械电站设备厂房钢架等
Q390	15MnTi,16MnNb, 10MnPNbRe,15MnV	中高压锅炉汽包、中高压石油化工容器、大型船舶、桥梁、车辆、起重机及其他较高载荷的焊接结构件等

续 表

新标准	旧标准	用途举例
Q420	15MnVN,14MnVTiRe	大型船舶、桥梁、电站设备、起重机械、机车车辆、中压或高压锅炉及容器及其大型焊接结构件等
Q460		可淬火加回火后用于大型挖掘机、起重运输机械、钻井平台等

6.4.2　机械结构钢

机械结构钢是结构钢的另一大类,是用来制造各种机器零件的,如轴类零件、齿轮、弹簧和轴承等所用的钢种,是机械制造行业中广泛使用且用量最大的钢种。

根据机械结构钢热处理工艺特点和用途,一般可将其分为渗碳钢、调质钢、弹簧钢和滚动轴承钢四大主要类别,其他还有超高强度钢、耐磨钢和易切削钢等。

1. 渗碳钢

渗碳钢通常是指经渗碳淬火、低温回火后使用的钢。它一般为低碳的优质碳素结构钢与合金结构钢。主要用于制造承受摩擦、接触应力和冲击载荷的零件,如齿轮、曲轴等。这类零件要求高硬度、高耐磨性、心部具有较高韧性和适当的强度。

(1)渗碳钢的性能特点。①表层高硬度(≥58HRC)和高耐磨性;②心部良好强韧性;③优良的热处理工艺性能,如较好的淬透性以保证渗碳件的心部性能,在高的渗碳温度(一般为930℃)和长的渗碳时间下奥氏体晶粒长大倾向小,以便于渗碳后直接淬火。

(2)渗碳钢的成分特点。①低碳,一般 $w_C = 0.1\% \sim 0.25\%$,以保证零件心部足够的塑性和韧性,抵抗冲击载荷。②主加合金元素为 Cr,Mn,Ni,B 等,以提高渗碳钢的淬透性,保证零件的心部获得尽量多的低碳马氏体,从而具有足够的心部强度;辅加合金元素为微量的 Mo,W,V,Ti 等强碳化物形成元素,以形成稳定的特殊合金碳化物阻止渗碳时奥氏体晶粒长大。

(3)常用渗碳钢及热处理。常用主要渗碳钢的牌号、推荐热处理工艺、力学性能和用途见表 6-6(其成分详见 GB/T 699—2015,GB/T 3077—2015),按其淬透性(或强度等级)不同,渗碳钢可分为三大类。

1)低淬透性渗碳钢即低强度渗碳钢(强度级别 $\sigma_b < 800$ MPa),这类钢水淬临界直径一般不超过 $20 \sim 35$ mm,典型钢种有 20,20Cr,20Mn2,20MnV 等,只适合于制造对心部性能要求不高的、承受轻载的小尺寸耐磨件,如小齿轮、活塞销、链条等。

2)中淬透性渗碳钢即中强度渗碳钢(强度级别 $\sigma_b = 800 \sim 1\ 200$ MPa),这类钢油淬临界直径约为 $25 \sim 60$ mm,典型钢种为 20CrMnTi,20CrMnMo 等。由于淬透性较高、力学性能和工艺性能良好,故大量用于制造在高速中载、冲击和剧烈摩擦条件下工作的零件,如汽车与拖拉机变速齿轮、离合器轴等。

3)高淬透性渗碳钢即高强度渗碳钢(强度级别 $\sigma_b > 1\ 200$ MPa),这类钢的油淬临界直径在 100 mm 以上,典型钢种 18Cr2Ni4WA,12Cr2Ni4A 主要用于制造大截面的、承受重载及要求高耐磨性与良好韧性的重要零件,如飞机、坦克的曲轴与齿轮。

表 6-6　常用主要渗碳钢牌号、热处理、性能与用途

种类	钢号	热处理工艺				力学性能（不小于）				用途举例
		渗碳	第一次淬火温度/℃	第二次淬火温度/℃	回火温度/℃	σ_s/MPa	σ_b/MPa	δ_5/%	A_K/J	
低淬透性渗碳钢	15		～920（空气）	—		225	375	27	—	形状简单、受力小的小型渗碳件
	20		～900（空气）	—		245	410	25	—	
	20Mn2		850（水、油）	—		590	785	10	47	代替20Cr
	15Cr		880（水、油）	780（水～820油）		490	735	11	55	船舶主机螺钉、活塞销、凸轮及心部韧性高的渗碳件
	20Cr		880（水、油）	780（水～820油）		540	830	10	47	截面小于30 mm的载荷不大的零件，如机床齿轮、齿轮轴、蜗杆、气门顶杆、活塞销等
中淬透性渗碳钢	20MnV	900～950℃	880水、油	—		590	785	10	55	代替20Cr
	20CrMnTi		880油	870油	200（水、空气）	853	1080	10	55	工艺性能优良，广泛应用于截面直径小于30 mm承载高速、中等或重载及受冲击和摩擦的重要渗碳件，如汽车、拖拉机的齿轮、凸轮，是Cr-Ni钢代用品
	20Mn2B		880（油）	—		785	980	10	55	代替20Cr，20CrMnTi
	12CrNi3		860（油）	780（油）		685	930	11	71	大齿轮、轴
	20CrMnMo		850（油）	—		885	1175	10	55	代替含镍较高的渗碳钢作大型拖拉机齿轮、活塞销等大截面渗碳件
	20MnVB		860（油）	—		885	1080	10	55	代替20CrNi，20CrMnTi

续 表

种类	钢 号	热处理工艺				力学性能（不小于）				用途举例
		渗 碳	第一次淬火温度/℃	第二次淬火温度/℃	回火温度/℃	σ_s/MPa	σ_b/MPa	δ_5/%	A_K/J	
高淬透性渗碳钢	12Cr2Ni4	900～950℃	860(油)	780(油)	200(水、空气)	835	1080	10	71	大截面、重载，要求良好强韧性的重要零件，如重型载重车齿轮
	20Cr2Ni4		880(油)	780(油)		1080	1175	10	63	截面更大，载荷更重、性能要求更高的重要零件，如坦克齿轮、高速柴油机、飞机发动机曲轴、齿轮
	18Cr2Ni4WA		950(空气)	850(空气)		835	1175	10	78	截面更大，载荷更重、性能要求更高的重要零件，如坦克齿轮、高速柴油机、飞机发动机曲轴、齿轮

渗碳钢的热处理规范一般是渗碳后进行直接淬火、一次淬火或二次淬火，而后低温回火。渗碳时晶粒不易长大的（如 20CrMnTi）钢，经常采用直接淬火。一次淬火主要用于渗碳时晶粒易长大的钢（如 20 钢）或渗碳后仍需切削加工的零件。二次淬火主要用于性能要求高的零件。由于二次淬火时，零件变形大，生产周期长，已很少应用。

下面以应用广泛的 20CrMnTi 钢为例，分析其热处理工艺规范。20CrMnTi 钢齿轮的加工工艺路线为：下料→锻造→正火→加工齿形→渗碳→预冷淬火→低温回火→磨齿。正火作为预备热处理，其目的是改善锻造组织、调整硬度（170～210HBS）便于机加工，正火后的组织为索氏体＋铁素体。最终热处理为渗碳后预冷到 875℃ 直接淬火＋低温回火，预冷的目的在于减少淬火变形，同时在预冷过程中，渗层中可以析出二次渗碳体，在淬火后减少了残留奥氏体量。最终热处理后其组织由表面往心部依次为回火马氏体＋颗粒状碳化物＋残留奥氏体→回火马氏体＋残余奥氏体→……。而心部的组织分为两种情况：在淬透时为低碳马氏体＋铁素体，未淬透时为索氏体＋铁素体。20CrMnTi 钢经上述处理后可获得高耐磨性渗层，心部有较高的强度和良好的韧性，适宜制造承受高速中载并且抗冲击和耐磨损的零件，如汽车、拖拉机的后桥和变速箱齿轮、离合器轴、锥齿轮和一些重要的轴类零件。

2.调质钢

调质钢通常是指经调质处理（即淬火＋高温回火）后使用的钢，一般为中碳优质碳素结构钢与中碳合金结构钢，主要用于承受较大变动载荷与冲击载荷或各种复合应力的零件。

(1)调质钢性能特点。调质处理得到回火索氏体组织,这类钢具有良好的强度、硬度、塑性和韧性,即具有较高的综合力学性能。

(2)调质钢成分特点。

1)调质钢的含碳量一般在 $w_C=0.25\%\sim0.5\%$(多为 0.4% 左右),以保证调质处理后优良的强度和韧性的配合。含碳量过低,钢的强度较低;含碳量过高,又损害钢的塑性和韧性。

2)主加元素为 Mn,Si,Cr,Ni,B 等,其主要作用是提高调质钢的淬透性,如 40 钢的水淬临界直径仅为 10~15 mm,而 40CrNiMo 钢的油淬临界直径则超过了 70 mm;次要作用是溶入固溶体(铁素体)起固溶强化作用。辅加元素为 Mo,W,V 等强碳化物形成元素,其中 Mo,W 的主要作用是抑制含 Cr,Ni,Mn,Si 等合金调质钢的高温回火脆性,次要作用是进一步改善淬透性;V 的主要作用是形成碳化物阻碍奥氏体晶粒长大,起细晶强韧化和弥散强化作用。几乎所有的合金元素均提高了调质钢的回火稳定性,使合金调质钢经同样回火后具有较高的硬度。

(3)常用调质钢及热处理特点。调质钢按淬透性可分为三类:低淬透性调质钢,油淬临界直径为 20~40 mm;中淬透性调质钢,油淬临界直径为 40~60 mm;高淬透性调质钢,油淬临界直径>100 mm。表 6-7 为部分常用调质钢的牌号、推荐热处理工艺、性能和用途。

调质钢的热处理主要有以下几个方面。

1)预先热处理。调质钢预先热处理的主要目的是保证零件的切削加工性能,依据其碳含量和合金元素的种类、数量不同,可进行正火处理(碳及合金元素含量较低,如 40,45 钢)、退火处理(碳及合金元素含量较高,如 42CrMo)甚至正火+高温回火处理(淬透性高的调质钢,如40CrNiMo)。

2)最终热处理。即淬火+高温回火,淬火介质和淬火方法根据钢的淬透性和零件的形状尺寸选择确定。回火温度的选择取决于调质零件的硬度要求,由于零件硬度可间接反映强度与韧性,故技术文件上一般仅规定硬度数值,只有很重要的零件才规定其他力学性能指标。

现以 40Cr 钢为例分析其热处理工艺规范。40Cr 作为拖拉机上的连杆、螺栓材料,其工艺路线为:下料→锻造→退火→机加工(粗加工)→调质→机加工(精加工)→装配。在工艺路线中,预先热处理采用退火(或正火),其目的是:改善锻造组织,消除缺陷,细化晶粒;调整硬度、便于切削加工;为淬火做好组织准备。调质工艺采用 830℃加热、油淬,得到马氏体组织,然后在 525℃回火。为防止第二类回火脆性,在回火的冷却过程中采用水冷,最终使用状态下的组织为回火索氏体。

3. 弹簧钢

弹簧钢是指用来制造各种弹簧和弹性元件的钢。

在各种机械设备中,弹簧的主要作用是通过弹性变形储存能量(即弹性变形功),从而传递力(或能)和机构运动或缓和机械的振动与冲击,如汽车、火车上的各种板弹簧和螺旋弹簧、仪表弹簧等。弹簧通常是在变动载荷下工作。

(1)性能要求。①高的弹性极限 σ_e 和屈强比 σ_s/σ_b 以保证优良的弹性性能;②高的疲劳极限,疲劳是弹簧的最主要破坏形式之一,疲劳性能除与钢的成分结构有关以外,还主要受钢的冶金质量(如非金属夹杂物)和弹簧表面质量(如脱碳)的影响;③足够的塑性和韧性以防止冲击断裂;④其他性能,如良好的热处理和塑性加工性能,特殊条件下工件的耐热性或耐蚀性要求等。

表 6－7　常用调质钢的牌号、热处理工艺、性能和用途

种类	钢　号	热处理		性能					用途举例
		淬火温度 /℃	回火温度 /℃	σ_s /MPa	σ_b /MPa	δ_5 /%	ψ /%	A_K /J	
低淬透性调质钢	45	840(水)	600(空气)	335	600	16	40	39	形状简单、尺寸较小、中等韧性零件,如普通机床的主轴、曲轴、齿轮
	40Mn	840(水)	600(水、油)	335	590	15			比 45 钢韧性要求稍高的调质件
	40Cr	850(油)	520(水、油)	785	980	9			重要调质件,如轴类、连杆螺栓、齿轮
	45Mn2	840(油)	550(水、油)	735	885		45	47	代替直径小于 50 mm 的 40Cr 作重要调质件
	40MnB	850(油)	500(水、油)	785	980	10			可代替 40Cr 及部分代替 40CrNi
	40MnVB	850(油)	520(水、油)	785	980				
	35SiMn	900(水)	570(水、油)	735	885	15			除低温韧性稍差外,可全面代替 40Cr 和部分代替 40CrNi
中淬透性调质钢	40CrNi	820(油)	520(水、油)	785		10		55	作较大截面和重要的曲轴、主轴连杆
	40CrMn	840(油)	550(水、油)	835	980	9	45	47	代 40CrNi 作受冲击载荷不大零件
	35CrMo	850(油)	550(水、油)	835		12		63	代 40CrNi 作大截面重要零件
	30CrMnSi	880(油)	520(水、油)	885	1 080	10		39	高强度钢,作高速重载荷轴、齿轮
	38CrMoAlA	940 (水、油)	640(水、油)	835	980	14	50	71	高级氮化钢,作精密磨床主轴重要丝杠、镗杆、蜗杆、高压阀门
高淬透性调质钢	37CrNi3	820(油)	500(水、油)	980	1 130	10	50	47	高强韧性的大型重要零件
	25Cr2Ni4WA	850(油)	500(水)	930	1 080	11	45	71	受冲击载荷的高强度大型重要零件也可作高级渗碳钢
	40CrNiMoA		600(水、油)	835	980	12	55	78	高强韧性大型重要零件,如飞机起落架、航空发动机轴
	40CrMnMo		600(水、油)	785	980	10	45	63	部分代替 40CrNiMoA

(2)成分特点。①一般碳素弹簧钢，$w_C = 0.60\% \sim 0.9\%$，合金弹簧钢 $w_C = 0.45\% \sim 0.70\%$，经淬火＋中温回火后得到具有高弹性极限的回火屈氏体组织，以较好地保证弹簧的性能要求。近年来，又开发应用了综合性能优良的低碳马氏体弹簧钢，在淬火低温回火后（组织为板条马氏体）使用。②合金元素，普通用途的合金弹簧钢一般是低合金钢，主加元素为 Si，Mn，Cr 等，其主要作用是提高淬透性、固溶强化基体并提高回火稳定性；辅加元素为 Mo，W，V 等强碳化物形成元素，主要作用有防止 Si 引起的脱碳缺陷、Mn 引起的过热缺陷并提高回火稳定性及耐热性等。特殊用途的弹簧因有耐高低温、耐蚀、抗磁等方面的特殊性能要求，必须选用特殊弹性材料，包括高合金钢和弹性合金。高合金弹簧钢包括不锈钢、耐热钢、高速钢等，其中不锈钢应用最多、最广。

(3)常用弹簧钢。我国常用弹簧钢的牌号、性能特点和主要用途见表 6-8，其化学成分、热处理工艺和力学性能可参照国家标准 GB/T 1222—2016。

表 6-8　常用主要弹簧钢的牌号、性能特点与用途

种　类		钢　号	性能特点	主要用途
碳素弹簧钢	普通 Mn 量	65	硬度、强度、屈强比高，但淬透性差，耐热性不好，承受动载和疲劳载荷的能力低	价格低廉，多应用于工作温度不高的小型弹簧（<12 mm）或不重要的较大弹簧
		70		
		85		
	较高 Mn 量	65Mn	淬透性、综合力学性能优于碳钢，但对过热比较敏感	价格较低，用量很大，制造各种小截面（<15 mm）的扁簧、发条减震器与离合器簧片，刹车轴等
合金弹簧钢	Si-Mn 系	55Si2Mn	强度高、弹性好，抗回火稳定性佳；但易脱碳和石墨化。含 B 钢淬透性明显提高	主要的弹簧钢类，用途很广，可制造各种中等截面（<25 mm）的重要弹簧，如汽车、拖拉机板簧，螺旋弹簧等
		60Si2Mn		
		55Si2MnB		
		55SiMnVB		
	Cr 系	50CrVA	淬透性优良，回火稳定性高，脱碳与石墨化倾向低；综合力学性能佳，有一定的耐蚀性，含 V，Mo，W 等元素的弹簧具有一定的耐高温性；由于均为高级优质钢，故疲劳性能进一步改善	用于制造载荷大的重型、大型尺寸（50～60 mm）的重要弹簧，如发动机阀门弹簧、破碎机弹簧；耐热弹簧，如锅炉安全阀弹簧、喷油嘴弹簧、气缸胀圈等
		60CrMnA		
		60CrMnBA		
		60CrMnMoA		
		60Si2CrA		
		60Si2CrVA		

1)碳素弹簧钢（即非合金弹簧钢）。碳素弹簧钢价格便宜但淬透性较差，适用于截面尺寸较小的非重要弹簧，其中以 65，65Mn 最常用。

2)合金弹簧钢。根据主加合金元素种类不同可分为两大类：Si-Mn 系（即非 Cr 系）弹簧钢和 Cr 系弹簧钢。前者淬透性较碳钢高，价格不很昂贵，故应用最广，主要用于直径尺寸不大于 25 mm 的各类弹簧，60Si2Mn 是其典型代表；后者的淬透性较好，综合力学性能高，热处理时不易脱碳，但价格相对较高，一般用于截面尺寸较大的重要弹簧，50CrVA 是其典型代表。

(4)弹簧钢热处理。弹簧钢的热处理与弹簧的加工成型方法有关,一般可分为热成型弹簧和冷成型弹簧两大类。

1)热成型弹簧。对截面尺寸>10 mm 的各种大型和形状复杂的弹簧均采用热成型(热轧、热卷),如汽车、拖拉机、火车的板簧和螺旋弹簧。其简明加工路线为:扁钢或圆钢下料→加热压弯或卷绕→淬火中温回火→表面喷丸处理,使用状态组织为回火托氏体。喷丸可强化表面并提高弹簧表面质量,显著改善疲劳性能。

2)冷成型弹簧。截面尺寸<10 mm 的各种小型弹簧可采用冷卷成型,如仪表中的螺旋弹簧、发条及弹簧片等。这类弹簧在成型前先进行冷拉(冷轧)、淬火中温回火或铅浴等温淬火后冷拉(轧)强化,然后再进行冷卷,冷卷后不再淬火。由于冷卷时产生了较大的内应力和脆性,故在其后应进行低温去应力退火(一般 200~400℃)。

4. 滚动轴承钢

滚动轴承钢是用于制造各种滚动轴承的滚动体(滚珠、滚柱)和内外套圈的专用钢种。

(1)性能要求。由于滚动轴承要承受高达 3 000~5 000 MPa 的交变接触应力和较大的摩擦力,并受到大气、水及润滑剂的侵蚀,其主要损坏形式有接触疲劳(麻点剥落)、磨损和腐蚀等。对滚动轴承钢提出的主要性能要求有:①高的接触疲劳极限和弹性极限;②高的硬度和耐磨性;③适当的韧性和耐蚀性。

(2)成分特点。滚动轴承钢约 90% 是高碳低铬钢,其成分特点为:① 高碳,一般 $w_C=0.95\%~1.15\%$,用以保证轴承钢的高硬度和高耐磨性。②合金元素:一般合金元素含量较低,其基本元素是铬,且 $w_{Cr}=0.40\%~1.65\%$,铬的主要作用是增加钢的淬透性,并形成合金渗碳体 $(Fe,Cr)_3C$ 提高接触疲劳极限和耐磨性。用于制造大型轴承时,还需加入 Si,Mn,Mo 等元素以进一步提高淬透性和强度;对无铬轴承钢还应加入 V,形成 VC 以保证耐磨性并细化基体晶粒。③钢的纯净度及组织均匀性高,轴承的失效统计表明,由原材料质量问题而引起的失效约占 65%,故轴承钢的杂质含量规定很低($w_S<0.020\%$,$w_P<0.027\%$),夹杂物级别应低,成分和组织均匀性(尤其是碳化物均匀性)应高,这样才能保证轴承钢的高接触疲劳极限和足够的韧性。

除了上述传统的铬轴承钢外,生产中还发展了一些特殊目的和用途的滚动轴承钢,如为节省铬资源的无铬轴承钢、抗冲击载荷的渗碳轴承钢、耐蚀用途的不锈钢轴承钢、耐高温用途的高温轴承钢,其成分特点见相应钢种的国家标准。

(3)常用轴承钢与热处理特点。国际标准 ISO683/Part 将已纳入的滚动轴承钢分为四大类,即高碳铬轴承钢(即全淬透性轴承钢)、渗碳轴承钢、不锈轴承钢和高温轴承钢。我国常用主要轴承钢的类别、牌号主要特点和性能见表 6-9,其具体成分与热处理工艺详见相应的国家标准。

高碳铬轴承钢(如 GCr15)是最常用的轴承钢,其预先热处理是球化退火,其目的是改善切削加工性并为淬火作组织准备;②最终热处理为淬火低温回火,它是决定轴承钢性能的关键,目的是得到高硬度(62~66HRC)和高耐磨性。对于精密轴承,为了较彻底地消除残余奥氏体与内应力、稳定组织、提高轴承的尺寸精度,还可在淬火后进行一次冷处理(-80~-60℃),在磨削加工后进行低温时效处理等。

表 6 - 9　常用轴承钢的牌号、特点及用途

类　别	钢　号	主要特点	用途举例
高碳铬轴承钢	GCr6	淬透性差,合金元素少而钢价格低,工艺简单	一般工作条件下的小尺寸(<20 mm)的各类滚动体
	GCr9		
	GCr9SiMn	淬透性有所提高,耐磨性和回火稳定性有所改善	一般工作条件下的中等尺寸的各类滚动体和套圈
	GCr15		
	GCr15SiMn	淬透性有所提高,耐磨性和回火稳定性有所改善	一般工作条件下的中等尺寸的各类滚动体和套圈
渗碳轴承钢	20CrNiMoA	钢的纯洁度和组织均匀性高,渗碳后表面硬度 58～62HRC,心部硬度 25～40HRC,工艺性能好	承受冲击载荷的中小型滚子轴承,如发动机主轴承
	16Cr2Ni4MoA		
	12Cr2Ni3Mo5A		承受高冲击的和高温下的轴承,如发动机的高温轴承
	20Cr2Mn2MoA		承受大冲击的特大型轴承,也用于承受大冲击、安全性高的中小型轴承
	20Cr2Ni3MoA		
不锈轴承钢	9Cr18	高的耐蚀性,高的硬度、耐磨性、弹性和接触疲劳性能	制造耐水、水蒸气和硝酸腐蚀的轴承及微型轴承
	9Cr18Mo		
	0Cr18Ni9	极优良的耐蚀性、耐低温性,冷塑性成型性和切削加工性好	车制保持架,高耐蚀性要求的防锈轴承,经渗氮处理后可制作高温、高速、高耐蚀、耐磨的低负荷轴承
	1Cr18Ni9Ti		
	0Cr17Ni7Al		
高温轴承钢	Cr14Mo4V	高温强度、硬度、耐磨性和疲劳性能好,抗氧化性较好,但抗冲击性较差	制造耐高温轴承,如发动机主轴承,对结构复杂、冲击负荷大的高温轴承,应采用 12Cr2Ni3Mo5 渗碳钢制造
	W18Cr4V		
	W6Mo5Cr4V2		
	GCrSiWV		

　　由于 GCr15 等轴承钢的性能也符合量具、冷作模具等的要求,故也常用来制作精密量具、冷冲模等。

　　5.其他结构钢

　　(1)超高强度钢。超高强度钢一般是指 $\sigma_b > 1\,500$ MPa 或 $\sigma_s > 1\,400$ MPa 的合金结构钢。它是一种较新的结构材料。随着航天航空技术的飞速发展,对结构轻量化的要求愈加突出,这要求材料要有高的比强度和比刚度。超高强度钢是在合金结构钢的基础上,通过严格控制材料冶金质量、化学成分和热处理工艺而发展起来的,以强度为首要要求辅以适当韧性的钢种,主要用于制造飞机起落架、机翼大梁、火箭及发动机壳体与武器的炮箭、枪筒、防弹板等。

　　超高强度钢通常按化学成分和强韧化机制分为低合金超高强度钢、二次硬化型超高强度钢、马氏体时效钢和超高强度不锈钢等四类。

　　低合金超高强度钢是在合金调质钢基础上加入一定量的某些合金元素而成。其含碳量

$w_C < 0.45\%$，以保证足够的塑性和韧性。合金元素总量在 5% 左右，其主要作用是提高淬透性、耐回火性及韧性。如 30CrMnSiNi2A 钢，热处理后 $\sigma_b = 1\,700 \sim 1\,800$ MPa，是航空工业中应用量最广的一种低合金超高强度钢。二次硬化型钢大多含有强碳化物形成元素，其总量约为 5% ～ 10%。其典型钢种是 Cr-Mo-V 型中合金超高强度钢，这类钢经过高温淬火和三次高温回火（580～600℃）获得高强度、高抗氧化性和抗热疲劳性，其牌号有 4Cr5MoSiN（平均含碳量为千分数）等。

（2）易切削钢。易切削钢是具有优良切削加工性能的专用钢种，它是在钢中加入了某一种或几种元素利用其本身或与其他元素形成一种对切削加工有利的夹杂物的作用，从而使切削抗力下降，切屑易断、易排，零件表面粗糙度改善且刀具寿命提高。目前使用最广泛的元素是 S，P，Pb，Ca 等。这些元素一方面改善了钢的切削加工性能，但另一方面又不同程度地损害了钢的力学性能（主要是强度和韧性）、压力加工与焊接性能。这意味着易切削钢一般不用作重要零件。

易切削钢主要适用于在高效自动机床上进行大批量生产的非重要零件，如标准件和紧固件（螺栓、螺母）、自行车零件等。国家标准 GB/T 8731—2008 中共列有 9 个钢号的碳素易切削钢，如 Y15，Y15Pb，Y20，Y45Ca，Y40Mn 等。随着合金易切削钢的研制与应用，汽车工业上的齿轮、轴类零件及模具也开始使用这类钢材。如用加 Pb 的钢和 20CrMo 钢制造齿轮，可节省加工时间和加工费用达 30% 以上，显示了采用合金易切削钢的优越性。

（3）铸钢。一些形状复杂，在加工时难于用锻轧方法成型，在性能上又不允许用力学性能较差的铸铁制造，即可采用铸钢铸造成型。目前铸钢在重型机械制造、运输机械、国防工业等部门应用广泛，如轧钢机机架，某些载荷较大的大齿轮等。理论上，凡用于锻件和轧材的钢号均可用于铸钢件，但考虑到铸钢对铸造性能、焊接性能和切削加工性能良好的要求，铸钢的碳含量一般为 0.15% ～ 0.60%。为了提高铸钢的性能，也可对其进行热处理（主要是退火、正火，小型铸钢件还可进行淬火、回火处理）。生产上的铸钢主要有碳素铸钢和低合金铸钢两大类。

1）碳素铸钢。碳素铸钢按用途分为一般工程用碳素铸钢和焊接结构用碳素铸钢，前者在国家标准 GB/T 11352—2009 列有 5 个钢号；后者的焊接性良好，在国家标准 GB/T 7659—2010 中列有 3 个钢号。表 6-10 列举了碳素铸钢的牌号、力学性能和用途举例。

表 6-10 碳素铸钢的牌号、性能与用途

种类与牌号	力学性能（≥）					用途举例
	σ_s/MPa	σ_b/MPa	δ_5/(%)	ψ/(%)	A_K/J	
一般工程用碳素铸钢 ZG200-400	200	400	25	40	30	良好的塑性、韧性、焊接性能，用于受力不大、要求高韧性的零件
ZG230-450	230	450	22	32	25	一定的强度和较好的韧性、焊接性能，用于受力不大、要求高韧性的零件

续　表

种类与牌号	力学性能（≥）					用途举例
	σ_S/MPa	σ_b/MPa	δ_5/(%)	ψ/(%)	A_K/J	
ZG270-500	270	500	18	25	22	较高的强韧性，用于受力较大且有一定韧性要求的零件，如连杆、曲轴
ZG310-570	310	570	15	21	15	较高的强度和较低的韧性，用于载荷较高的零件，如大齿轮制动轮
ZG340-640	340	640	10	18	10	高的强度、硬度和耐磨性，用于齿轮、棘轮、联轴器、叉头等
焊接结构用碳素铸钢 ZG200-400H	200	400	25	40	30	由于含碳量偏下限，故焊接性能优良，其用途基本同于 ZG200-400，ZG230-450 和 ZG270-500
ZG230-450H	230	450	22	35	25	
ZG270-485H	270	485	20	35	00	

　　2）低合金铸钢。低合金铸钢是在碳素铸钢的基础上，适当提高 Mn，Si 含量，以发挥其合金化的作用，另外还可添加低含量的 Cr，Mo 等合金元素，常用牌号有 ZG40Cr，ZG40Mn，ZG35SiMn，ZG35CrMo 和 ZG35CrMnSi 等。低合金铸钢的综合力学性能明显优于碳素铸钢，大多用于承受较重载荷、冲击和摩擦的机械零部件，如各种高强度齿轮、水压机工作缸、高速列车车钩等。为充分发挥合金元素的作用以提高低合金铸钢的性能，通常应对其进行热处理，如退火、正火、调质和各种表面热处理。

　　（4）冷冲压钢。用来制造各种在冷态下成型的冲压零件用钢称冷冲压钢。在钢材中，有 60%～70% 是板材，而其中大部分是经过冲压制成成品。汽车的车身、底盘、油箱、散热器片，锅炉的汽包、容器的壳体、电机、电器的铁芯硅钢片等都是冲压加工的。仪器仪表、家用电器、自行车、办公机械、生活器皿等产品中，也有大量冲压件。这类钢既要求塑性高，成型性好，又要求冲制的零件具有平滑光洁的表面。

　　冷冲压钢的 $w_C < 0.2\%～0.3\%$。对冲压变形量大、轮廓形状复杂的零件，则多采用 $w_C < 0.05\%～0.08\%$ 的钢。锰的作用与碳相似，故其含量也不宜过高；磷和硫损害钢的成型性，要求其质量分数 $<0.035\%$。硅使钢的塑性降低，故其含量愈低愈好。通常深冲压钢板不使用硅铁脱氧，而常用含硅量极低的沸腾钢。

　　冷冲压件有两类：一类是形状复杂但受力不大的，如汽车驾驶室覆盖件和一些机器外壳等，只要求钢板有良好的冲压性能和表面质量，多采用冷轧深冲低碳钢板（厚度<4 mm）；另一类不但形状较复杂，而且受力较大的，如汽车车架，要求钢板既有良好的冲压性，又有足够的强度，多选用冲压性能好的热轧低合金结构钢（或碳素钢）厚板（习惯上叫中板）。

6.5　工　具　钢

　　工具钢是用来制造各类工具的钢种。按工具的使用性质和主要用途可分为刃具用钢、模具用钢和量具用钢。但这种分类的界限并不严格，因为某些工具钢既可做刃具、又可做模具和量具。在实际应用中,只要某种钢能满足某种工具的使用要求,即可用于制造这种工具。通常用于刃具钢的材料有碳素工具钢、合金工具钢和硬质合金等。模具用钢一般按模具的工作条件或加工材料的性质分为冷作模具钢、热作模具钢和塑料模具钢。量具并无专用钢种,一般可根据量具的种类和精度要求在有关钢种中选择使用。

6.5.1　刃具钢

刃具是用来进行切削加工的工具,包括各种机用和手用的车刀、铣刀、刨刀、钻头、丝锥和板牙等。刃具在切削过程中,刀刃与工件及切屑之间强烈摩擦将导致严重的磨损和切削热(这可使刀具刃部温度升至 500～600℃);刃口局部区域极大的切削力及刀具使用过程中的过大的冲击与振动,将可能导致刀具崩刃或折断。

1. 刃具钢的性能要求

具体要求有:①高的硬度(60～66HRC)和高的耐磨性;②高的热硬性,即钢在高温下(如500～600℃)保持高硬度(60HRC 左右)的能力,这是高速切削加工刀具必备的性能;③高的抗弯强度和足够的韧性。

2. 刃具钢的成分与组织特点

为了满足上述性能要求,刃具用钢必须有较高含碳量(不论碳素钢或合金钢),因为高的含碳量是刃具获取高硬度、高耐磨性的基本保证。在合金刃具钢中,加入的合金元素或可提高淬透性和回火稳定性;或可进一步提高钢的硬度和耐磨性(主要是耐磨性),细化晶粒;或可提高韧性并使某些刃具钢产生热硬性。刃具钢使用状态的组织通常是回火马氏体基体上分布着细小均匀的粒状碳化物。

3. 常用刃具钢与热处理特点

(1)碳素工具钢。表 6-11 列出了碳素工具钢的牌号、成分与用途。碳素工具钢的 w_C 一般为 0.65%～1.35%,随着碳含量的增加(从 T7 到 T13),钢的硬度无明显变化,但耐磨性增加,韧性下降。

碳素工具钢的预先热处理一般为球化退火,其目的是降低硬度(<217HBS)以便于切削加工,并为淬火作组织准备。但若锻造组织不良(如出现网状碳化物缺陷),则应在球化退火之前先进行正火处理,以消除网状碳化物。其最终热处理为淬火+低温回火(回火温度一般为180～200℃),正常组织为隐晶回火马氏体+细粒状渗碳体及少量残余奥氏体。

碳素工具钢的优点是:成本低、冷热加工工艺性能好,在手用工具和机用低速切削工具上有较广泛的应用。但碳素工具钢的淬透性低、组织稳定性差且热硬性差、综合力学性能也欠佳,故一般只用于尺寸不大、形状简单、要求不高的低速切削工具。

(2)低合金工具钢。为了弥补碳素工具钢的性能不足,在其基础上添加各种合金元素 Si,Mn,Cr,W,Mo,V 等,就形成了低合金工具钢。低合金工具钢的合金元素总量一般在 5%(质量分数)以下,其主要作用是提高钢的淬透性和回火稳定性、进一步改善刀具的硬度和耐磨性。其中强碳化物形成元素(如 W,V 等)所形成的碳化物除对耐磨性有提高作用外,还可细化基体晶粒、改善刀具的强韧性。适用于刃具的高碳低合金工具钢种类很多,根据国家标准 GB/T 1299—2014,表 6-12 列出了部分常用的低合金工具钢的牌号、热处理工艺、性能和用途。其中最典型的钢号有 9SiCr,CrWMn 等。

表 6-11 碳素工具钢的牌号、成分、性能与用途

牌　号	化学成分 $w/(\%)$			硬　度			用途举例
				退火状态	试样淬火		
	w_C	w_{Mn}	w_{Si}	硬度（HBS）不大于	淬火温度/(℃)和冷却剂	硬度（HRC）不小于	
T7 T7A	0.65～0.74			187	800～820 水		淬火、回火后，常用于制造能承受振动、冲击，并且在硬度适中情况下有较好韧性的工具，如凿子、冲头、木工工具、大锤等
T8 T8A	0.75～0.84				780～800 水		淬火、回火后，常用于制造要求有较高硬度和耐磨性的工具，如冲头、木工工具、剪切金属用剪刀等
T9 T9A	0.85～0.94			192			用于制造一定硬度和韧性的工具，如冲模、冲头、凿岩石用凿子等
T10 T10A	0.95～1.04	≤0.40	≤0.35	197		62	用于制造耐磨性要求较高，不受剧烈振动，具有一定韧性及具有锋利刃口的各种工具，如刨刀、车刀、钻头、丝锥、手锯锯条、拉丝模冷冲模等
T11 T11A	1.05～1.14			207	760～780 水		用途与 T10 钢基本相同，一般习惯上采用 T10 钢
T12 T12A	1.15～1.24			207			用于制造不受冲击、要求高硬度的各种工具，如丝锥、锉刀、刮刀、铰刀、板牙、量具等
T13 T13A	1.25～1.35			217			适用于制造不受振动、要求极高硬度的各种工具，如剃刀、刮刀刻字刀具等

　　低合金工具钢的热处理特点基本上与碳素工具钢相同，只是由于合金元素的影响，其工艺参数（如加热温度、保温时间、冷却方式等）有所变化。

　　低合金工具钢的淬透性和综合力学性能优于碳素工具钢，故可用于制造尺寸较大、形状较复杂、受力较大的各种刀具。但由于其加入的合金元素主要是增加淬透性元素，而强碳化物形成元素（W，Mo，V 等）含量较低或没有，故热硬性仍较差，刀具刃部的工作温度一般不超过250℃，否则硬度和耐磨性迅速下降，甚至丧失切削能力，因此这类钢仍然属于低速切削刃具钢。

表 6‑12　部分常用低合金工具钢的牌号、热处理工艺、性能和用途

牌号	化学成分 $w/(\%)$				热处理				用　途
	w_{C}	w_{Mn}	w_{Si}	w_{Cr}	淬火温度 /℃	淬火硬度（HRC）	回火温度 /℃	回火后硬度（HRC）	
9SiCr	0.85～0.95	0.30～0.60	1.20～1.60	0.95～1.25	830～850 油	62～64	150～200	61～63	板牙、丝锥、钻头、冷冲模
CrWMn	0.90～1.05	0.80～1.10	≤0.04	0.90～1.20	800～830 油	62～63	160～200	61～62	板牙、拉刀、量规、形状复杂的高精度冲模
9Mn2V	0.85～0.95	1.70～2.00			760～780 水	＞62	130～170	60～62	小冲模、气压模、样板、丝锥
CrW5	1.25～1.50	≤0.04		0.40～0.70	800～850 水	65～66	160～180	64～65	铣刀、刨刀
Cr06	1.30～1.45			0.50～0.70	800～810 水	63～65	160～180	62～64	锉刀、刮刀、刻刀刀片
Cr	0.95～1.10			0.75～1.05	830～860 油	62～64	150～170	61～63	铰刀、样板、测量工具、插刀
Cr2	0.95～1.10			1.30～1.65	830～850 油	62～65	150～170	60～62	车刀、铰刀、插刀

(3)高速工具钢。为了适应高速切削而发展起来的具有优良热硬性的工具钢就是高速工具钢,它是金属切削刀具的主要用材,也可用作模具材料。

1)性能特点。高速钢与其他工具钢相比,其最突出的主要性能特点是高的热硬性,它可使刀具在高速切削时(刃部温度上升到 600℃),其硬度仍然维持在 55～60HRC 以上。高速钢还具有高硬度和高耐磨性,从而使切削时刀刃保持锋利(故也称"锋钢");高速钢的淬透性优良,甚至在空气中冷却也可得到马氏体(故又称"风钢")。因此高速钢广泛应用于制造要求高硬度、高耐磨性、尺寸大、形状复杂、负荷重、工作温度高的各种高速切削刀具。

2)高速钢的分类。习惯上将高速钢分为两大类,一类是通用型高速钢,它以钨系 W18Cr4V(常以 18‑4‑1 表示),和钨‑钼系 W6Mo5Cr4V2(常以 6‑5‑4‑2 表示)为代表,还包括其成分稍做调整的高钒型 W6Mo5Cr4V3(6‑5‑4‑3)和尚未纳入标准的新型高速钢 W9Mo3Cr4V。目前 W6Mo5Cr4V2 应用最广泛,而 W18Cr4V 逐渐减少。另一类是高性能高速钢,其中包括高碳高钒型(CW6Mo5Cr4V3)、超硬型(如含 Co 的 W6Mo5Cr4V2Co5、含 Al 的 W6Mo5Cr4V2Al)。在国家标准 GB/T 9943—2008 中列出的高速钢共有 14 个钢号,按其成分特点不同,可简单将高速钢分为钨系、钨钼系和超硬系三类。钨系高速钢(W18Cr4V)发展最早,但脆性较大;钨钼系高速钢(W6Mo5Cr4V2 为主)韧性较好,但易过热并脱碳倾向较大,热

加工时应予注意;超硬高速钢的硬度、耐磨性、热硬性最好,适用于加工难切削材料,但其脆性最大,不宜制作薄刃刀具。表 6－13 为我国部分常用高速钢的牌号、成分、热处理和主要性能。

3)成分特点与合金元素的作用。高速钢中 w_C 为 $0.70\%\sim1.5\%$,其主要作用是强化基体并形成各种碳化物来保证钢的硬度、耐磨性和热硬性;w_{Cr} 在 4.0% 左右,其主要作用是提高淬透性和回火稳定性,增加钢的抗氧化、耐蚀性和耐磨性,并有微弱的二次硬化作用;W,Mo 的作用主要是产生二次硬化而保证钢的热硬性(故称热硬性元素),此外也有提高淬透性和热稳定性、进一步改善钢的硬度和耐磨性的作用。由于 W 量过多会使钢的脆性加大,故采用 Mo 来部分代替 W[一般 $w_w＝1\%$ 约合 $w_{Mo}＝(1.6\%\sim2.0\%)$]以改善钢的韧性。W,Mo 系高速钢(W6Mo5Cr4V2)现已成为主要的常用高速钢。V 的作用是形成细小、稳定的 VC 来细化晶粒(否则高速钢高温加热时晶粒极易长大,韧性急剧下降而产生脆性断裂,得到一种沿晶界断裂的"萘状断口"),同时也有增加热硬性、进一步提高硬度和耐磨性的作用;Co,Al 是超硬高速钢的非碳化物形成元素,对它们的作用及机理的研究还不太全面,但 Co,Al 能进一步提高钢的热硬性和耐磨性、降低韧性已是肯定的。

表 6－13　部分常用高速钢的牌号、成分、热处理和主要性能

种类	牌　号	化学成分 $w/(\%)$					热处理		硬　度		热硬性[①]（HRC）
		C	Cr	W	Mo	V	淬火温度/℃	回火温度/℃	退火后（HBS）	淬火回火后（HRC）≥	
钨系	W18Cr4V（18-4-1）	0.70～0.80		1.75～19.00	≤0.30	1.00～1.40	1 270～1 285	550～570		63	61.5～62
钨钼系	CW6Mo5Cr4V2	0.95～1.05	3.80～4.40	5.50～6.75	4.50～5.50	1.75～2.20	1190～1210	540～560	≤255	65	—
	W6Mo5Cr4V2（6-5-4-2）	0.80～0.90		5.50～6.75		1.75～2.20	1210～1230			64	60～61
	W6Mo5CrV3（6-5-4-3）	0.95～1.05		1.75～19.00		1.80～3.30	1200～1240			64	64
超硬系	W18Cr4V2Co8	0.95～1.05		1.75～19.00		1.80～2.40	1270～1290		≤258	65	64
	W6Mo5Cr4VAl	0.95～1.05		5.50～6.75		1.75～2.20	1220～1250		≤269	65	65

注:①热硬性是将淬火回火试样在 600℃加热 4 次,在每次 1 h 的条件下测定的。

6.5.2　量具用钢

1.工作条件与性能要求

量具是度量工件形状尺寸的工具,如卡尺、块规、塞规及千分尺等。由于量具使用过程中

常受到工件的摩擦与碰撞,且本身须具备极高的尺寸精度和稳定性,故量具钢还应具备以下性能:

(1)高硬度(一般 58~64HRC)和高耐磨性。

(2)高的尺寸稳定性(这就要求组织稳定性高)。

(3)一定的韧性(防撞击与折断)和特殊环境下的耐蚀性。

2.常用量具钢

量具并无专用钢种,根据量具的种类及精度要求,可选不同的钢种来制造。

(1)低合金工具钢。低合金工具钢是量具最常用的钢种,典型钢号有 CrWMn 和 GCr15。CrWMn 是一种微变形钢,而 GCr15 的尺寸稳定性及抛光性能优良。此类钢常用于制造精度要求高、形状较复杂的量具。

(2)其他钢种选择主要有以下三类:

1)碳素工具钢(T10A,T12A 等)。碳素工具钢的淬透性小、淬火变形大,故只适合于制造精度低、形状简单、尺寸较小的量具。

2)表面硬化钢。表面硬化钢经处理后可获得表面高硬度和高耐磨性,心部高韧性,适合于制造使用过程中易受冲击、折断的量具。包括渗碳钢(如 20Cr)渗碳、调质钢(如 55 钢)表面淬火及专用氮化钢(38CrMoAlA)渗氮等,其中 38CrMoAlA 钢渗氮后具有极高的表面硬度和耐磨性、尺寸稳定性和一定的耐蚀性,适合于制造高质量的量具。

3)不锈钢。不锈钢 4Cr13 或 9Cr18 具有极佳的耐蚀性和较高的耐磨性,适合于制造在腐蚀条件下工作的量具。

(3)热处理特点。量具钢的热处理基本上可依照其相应钢种的热处理规范进行。但由于量具对尺寸稳定性要求很高,这就要求量具在处理过程中应尽量减小变形,在使用过程中组织稳定(组织稳定方可保证尺寸稳定),为此热处理应采取一些附加措施。

1)淬火加热时进行预热,以减小变形,这对形状复杂的量具更为重要。

2)在保证力学性能的前提条件下降低淬火温度,尽量不采用等温淬火或分级淬火工艺,以减少残余奥氏体的生成。

3)对尺寸稳定性要求高的量具应在淬火后立即进行冷处理(以减小残余奥氏体量)、延长回火时间,并在回火或磨削之后进行长时间的低温时效处理。

6.5.3　模具用钢

1.冷作模具钢

冷作模具是指在 300℃以下工作使金属成形的模具,包括冷冲模、冷镦模和冷挤压模等。因此,冷作模具钢的主要使用性能要求是高硬度、高耐磨性以及足够的强度和韧性。

(1)成分特点。大部分冷作模具钢的含碳量较高,碳的质量分数大于 1%,以保证高硬度、高耐磨性的要求。主要加入的合金元素有 Cr,Mo,W,V 等,目的是提高钢的强度、硬度淬透性和耐回火性。

(2)热处理特点。冷作模具钢的最终热处理一般为淬火+低温回火,回火后组织为回火马氏体、碳化物和残余奥氏体,硬度为 $60\sim64HRC$。

例如,用 Cr12MoV 制造 $\phi60\ mm\times100\ mm$ 冷冲模的工艺路线如下:

下料→锻造→球化退火→机加工→淬火＋低温回火→机加工→检验。

(3)常用冷作模具钢的牌号、成分、热处理、力学性能及用途见表 6－14。

表 6－14 常用冷作模具钢的牌号、成分、热处理、力学性能及用途

牌　号	化学成分 $w/(\%)$						淬火温度 /℃	硬度 (HRC)≥	用途举例
	C	Mn	Cr	W	Mo	V			
Cr12	2.00~ 2.30		11.50~ 13.00				950~ 1 000(油)	60	冷冲模、冲头、钻套、量规、螺纹滚丝模、拉丝模等
Cr12MoV	1.45~ 1.70	≤0.40	11.00~ 12.50		0.40~ 0.60	0.15~ 0.30		58	截面较大、形状复杂、工作条件繁重的各种冷作模具等
9Mn2V	0.85~ 0.95	1.70~ 2.00				0.10~ 0.25	780~ 810(油)	62	要求变形小、耐磨性高的量规块规、磨床主轴等
CrWMn	0.90~ 1.05	0.80~ 1.10	0.90~ 1.20	1.20~ 1.60			800~ 830(油)		淬火变形很小、长而形状复杂的切削刀具及形状复杂、高精度的冷冲模

2.热作模具钢

热作模具是指在高温下使金属成形的模具,如热锻模、热挤压模、压铸模等。这类模具工作时型腔表面温度可达 600℃以上。因此,热作模具钢的主要使用性能:足够的高温强度和冲击韧性,一定的硬度和耐磨性,以及良好的耐热疲劳性和淬透性。

(1)成分特点。为保证足够的强度、韧性和一定的硬度,热作模具钢含碳量控制 $0.30\%\sim0.60\%$ 范围,属中碳钢。钢中常加入的合金元素有 Cr,Ni,Mn,Mo,W,V 等,目的是提高钢的强度、硬度、耐回火性、淬透性和耐热疲劳性能。

(2)热处理特点。热作模具钢的锻造毛坯应进行退火,以改善钢的切削加工性能。最终热处理是淬火＋回火。一般地,大型模具的模面硬度要比小型模具的低,因此,回火温度应根据硬度要求来确定,通常为中温回火。回火后获得均匀的回火索氏体或回火托氏体,硬度在40HRC 左右,并具有较高的韧性和强度。

(3)常用热作模具钢。常用热作模具钢的牌号、成分、热处理及用途见表 6－15。

3.塑料模具钢

塑料模具钢是指制造塑料模具用的钢种,种类较多,常用的塑料模具钢见表 6－16。

表 6 – 15　常用热作模具钢的牌号、成分、热处理及用途

牌　号	化学成分 $w/(\%)$					淬火温度/℃	用途举例
	C	Cr	W	Mo	V		
5CrMnMo	0.50～0.60	0.60～0.90		0.15～0.30		820～850(油)	制作中小型热锻模(边长≤300～400 mm)
5CrNiMo		0.50～0.80				830～850(油)	制作形状复杂、冲击载荷大的各种大、中型热锻模·边长>400 mm)
3Cr2W8V	0.32～0.40	2.20～2.70	7.50～9.00		0.60～1.00	1 075～1 125(油)	制作压铸模,平锻机上的凸模和凹模、镶块,铜合金挤压模等
4Cr5W2VSi	0.32～0.42	4.50～5.50	1.60～2.40			1 030～1 050(油)	可用于高速锤用模具与冲头,热挤压用模具及芯棒,有色金属压铸模等
5Cr4W5Mo2V	0.4～0.50	3.40～4.40	4.50～5.30	1.50～2.10	0.70～1.10	1 100～1 150(油)	制作中、小型精锻模,或代替 3Cr2W8V 钢制作热挤压模具

表 6 – 16　常用塑料模具用钢

模具类型	推荐用钢
中小型模具,精度不高、受力不大、生产规模小的模具	45,40C,T10,10,20,20Cr
受较大摩擦、较大动载荷、生产批量大的模具	20Cr,12CrNi3,20Cr2Ni4,20CrMnTi
大型复杂的注射成型模或挤压成型模	4Cr5MoSiV,4Cr5MoSiV1,4Cr3Mo5SiV,5CrNiMnMoVSiCa
热固性成型模,高耐磨高强度的模具	9MnV,CrWMn,GCr15,Cr12,Cr12MoV,7CrSiMnMoV
耐腐蚀、高精度模具	2Cr13,4Cr13,9Cr18,Cr18MoV,Cr18Mo,3Cr2Mo,Cr14Mo4V,8Cr2MnWMoV,3Cr17Mo
无磁模具	7Mn15Cr2Al3V2WMo

6.6　特殊性能钢

特殊性能钢指具有某些特殊的物理、化学、力学性能,因而能在特殊的环境、工作条件下使用的钢。工程中常用的特殊性能钢有不锈钢、耐热钢、耐磨钢等。

6.6.1　不锈钢

不锈钢是指在空气、水、盐的水溶液、酸以及其他腐蚀介质中具有高度化学稳定性的一系列钢种。在空气或弱腐蚀介质中耐腐蚀的钢被称为"不锈钢",在各种腐蚀性较强的介质中耐腐蚀的钢种被称为"耐酸钢"。通常,把不锈钢与耐酸钢统称为不锈钢。耐腐蚀性是不锈钢的最主要性能指标。

1. 金属腐蚀的一般概念

腐蚀通常可分为化学腐蚀和电化学腐蚀两种类型。化学腐蚀过程中不产生电流,钢在高温下的氧化属于典型的化学腐蚀。电化学腐蚀是金属与电解质溶液接触时所发生的腐蚀,腐蚀过程中有电流产生,钢在室温下的锈蚀主要属于电化学腐蚀。

当将两种互相接触的金属放入电解质溶液时,由于两种金属的电极电位不同,彼此之间就形成一个微电池,并有电流产生。电极电位低的金属为阳极,电极电位高的金属为阴极,阳极的金属将不断被溶解,而阴极金属就不被腐蚀。对于同一种合金,由于组成合金的相或组织不同,也会形成微电池,造成电化学腐蚀。例如钢组织中的珠光体是由铁素体和渗碳体两相组成的,在电解质溶液中就会形成微电池。其中铁素体的电极电位低,作为阳极而被腐蚀,而渗碳体的电极电位高,作为阴极而不发生腐蚀。在观察碳钢的珠光体显微组织时,把抛光的试样磨面放在硝酸酒精溶液中侵蚀,就是利用了电化学腐蚀的原理,铁素体被腐蚀后,原抛光的表面变得凸凹不平,这才使得在显微镜下能观察到珠光体的组织。

为提高金属的耐电化学腐蚀能力,通常采取以下措施。

(1)形成均匀的单相组织,这样金属在电解质溶液中只有一个极,使微电池不能形成。如在钢中加入大于24%(质量分数)的Ni,会使钢在常温下获得单相的奥氏体组织。

(2)加入合金元素提高金属基体的电极电位,例如在铁素体中溶入11.7%(质量分数)的Cr时,可使铁素体的电极电位明显上一个台阶,即由-0.56V提高到0.2V,从而使金属的耐腐蚀性能明显提高。

(3)加入合金元素,在金属表面形成一层致密的氧化膜(又称钝化膜)。把金属与介质分隔开,从而防止进一步的腐蚀。

2. 不锈钢的分类与常用不锈钢

不锈钢按其正火组织不同可分为马氏体型、铁素体型、奥氏体型、双相型及沉淀硬化型等五类,其中以奥氏体型不锈钢应用最广泛,它约占不锈钢总产量的70%左右。表6-17为常用主要不锈钢的类型、牌号、主要化学成分、力学性能及应用举例,详见GB/T 1220—2007。

(1)马氏体不锈钢。这类钢的碳含量范围较宽,碳的质量分数为0.1%~1.0%,铬的质量分数为12%~18%。由于合金元素单一,故此类钢只在氧化性介质中(如大气、海水、氧化性酸)耐蚀,而在非氧化性介质中(如盐酸、碱溶液等)耐蚀性很低。这类钢的耐蚀性随铬含量的降低和碳含量的增加而受到损害,但钢的强度、硬度和耐磨性则随碳的增加而改善。实际应用时,应根据具体零件对耐蚀性和力学性能的不同要求,来选择不同Cr,C含量的不锈钢。

常见的马氏体不锈钢有低、中碳的Cr13钢(如1Cr13,2Cr13,3Cr13,4Cr13)和高碳的Cr18型(如9Cr18,9Cr18MoV等)。此类钢的淬透性良好,空冷或油冷便可得到马氏体(故称马氏体不锈钢)。锻造后须经退火处理来改善其切削加工性。冲压后也需退火,以消除加工硬化,便于进一步加工。工程上,一般将1Cr13,2Cr13进行调质处理,得到回火索氏体组织,作为结构钢使用(如汽轮机叶片、水压机阀等);对 3Cr13,4Cr13 及 9Cr18 进行淬火+低温回火处理,获得回火马氏体,用以制造高硬度、高耐磨性和高耐蚀性结合的零件或工具(如医疗器械、量具、塑料模具及滚动轴承等)。马氏体不锈钢与其他类型不锈钢相比,具有价格最低、力学性能较好的优点,但其耐蚀性较低,塑性加工与焊接性能较差。

表 6-17　常用主要不锈钢的类型、牌号、成分、性能及应用举例

类别	牌号	化学成分 $w/(\%)$			力学性能					用途举例
		C	Cr	Ni	σ_b/MPa	σ_s/MPa	δ_5/(%)	ψ/(%)	硬度(HRC)	
马氏体型	1Cr13	0.08~1.15	12~14		≥600	≥420	≥20	≥60		制作能抗弱腐蚀性介质、能承受冲击载荷的零件,如汽轮机叶片、水压机阀、结构架、螺栓、螺母等
	2Cr13	0.16~0.24			≥660	≥450	≥16	≥55		
	3Cr13	0.25~0.34							48	制作具有较高硬度和耐磨性的医疗工具、量具滚珠轴承等
	4Cr13	0.35~0.45							50	
	9Cr18	0.90~1.00	17~19					≥50	55	不锈切片,机械刃具,剪切刃具,手术刀片,高耐磨、耐蚀件
铁素体型	1Cr17	≤0.08	16~18		≥400	≥250	≥20	≥60		制作硝酸工厂设备,如吸收塔、热交换器、酸槽、输送管道,以及食品工厂设备等
奥氏体型	0Cr18Ni9	≤0.12	17~19	8~12	≥500	≥180	≥40	≥50		具有良好的耐蚀及耐晶间腐蚀性能,为化学工业用的良好耐蚀材料
	1Cr18Ni9	≤0.14			≥560	≥200	≥45	≥55		制作耐硝酸、冷磷酸、有机酸及盐、碱溶液腐蚀的设备零件
	1Cr18Ni9Ti	≤0.12		8~11	≥560	≥200	≥40			耐酸容器及设备衬里,抗磁仪表,医疗器械,具有较好的耐晶间腐蚀性

(2)铁素体不锈钢。这类钢的碳含量较低($w_C < 0.15\%$)、铬含量较高($w_{Cr} = 12\% \sim 30\%$),因而其耐蚀性优于马氏体不锈钢。这类钢是单相铁素体组织,从室温到高温(1 000℃左右)其组织也无显著变化。这一方面可进一步改善耐蚀性,另一方面说明它不可进行热处理强化,故强度与硬度低于马氏体不锈钢,而塑性加工、切削加工和焊接性较优。这类钢主要用于力学性能要求不高而对耐蚀性和抗氧化性有较高要求的零件,如耐硝酸、磷酸结构和抗氧化结构零件。常见的铁素体不锈钢有 0Cr13,1Cr17,1Cr28 等。为了进一步提高其耐蚀性,也可加入 Mo,Ti,Cu 等其他合金元素(如 1Cr17Mo2Ti)。铁素体不锈钢一般是在退火或正火状态使用。铁素体不锈钢的成本虽略高于马氏体不锈钢,但因其不含贵金属元素 Ni,故其价格远低于奥氏体不锈钢,经济性较佳,其应用仅次于奥氏体不锈钢。

(3)奥氏体不锈钢。这类钢原是在 Cr18Ni8(简称 18-8)基础上发展起来的,具有低碳(绝大多数钢 $w_C < 0.12\%$)、高铬($w_{Cr} > 17\% \sim 25\%$)和较高镍($w_{Ni} = 8\% \sim 29\%$)的成分特点。较高的 Ni 含量使其在室温下为单相奥氏体组织,这不仅可进一步改善钢的耐蚀性,而且奥氏体不锈钢还具有优良的低温韧性、高的加工硬化能力、耐热性和无磁性等特点,其冷塑性加工性和焊接性能较好,但切削加工性较差。

奥氏体不锈钢的品种很多,其中以 Cr18Ni8 普通型奥氏体不锈钢用量最大。典型牌号为 1Cr18Ni9,1Cr18Ni9Ti 及 0Cr18Ni9 等。因 Mn,N 与 Ni 同为奥氏体形成元素,为了节约 Ni 资源,国内外研制了许多节镍型和无镍型奥氏体不锈钢,如无 Ni 型的 Cr-Mn 不锈钢 1Cr17Mn9,Cr-Mn-N 不锈钢 0Cr17Mn13Mo2N 和节 Ni 型的 Cr-Mn-Ni-N 不锈钢 1Cr18Mn10Ni5Mo3N 等。

奥氏体不锈钢的主要缺点是:①强度低;②晶间腐蚀倾向大。奥氏体不锈钢的晶间腐蚀是指在 450~850℃范围内加热时,因晶界上析出了 $Cr_{23}C_6$ 碳化物,造成了晶界附近区域贫铬($w_{Cr} < 12\%$),使该处电极电位降低,当受到腐蚀介质作用时,便沿晶界贫铬区产生腐蚀的现象。容易造成脆性断裂,危害极大。

防止晶间腐蚀的主要措施有:一是降低钢中的碳含量(如 $w_C < 0.06\%$),使之不形成铬的碳化物;二是加入适量的强碳化物形成元素 Ti 和 Nb,在稳定化处理时优先生成 TiC 和 NbC,而不形成 $Cr_{23}C_6$ 等铬的碳化物,即不产生贫铬区(此举对防止铁素体不锈钢的晶间腐蚀同样有效)。此外,在焊接、热处理等热加工冷却过程中,应注意以较快的速度通过 850~450℃温度区间,以抑制 $Cr_{23}C_6$ 的析出。

6.6.2 耐热钢

耐热钢是指在高温条件下有一定强度和抗氧化、耐腐蚀能力即热化学稳定性和热强性的特殊钢。它广泛用于制造工业加热炉、热工动力机械(如内燃机)、石油及化工机械与设备等高温条件工作的零件。

1. 耐热钢的性能要求

(1)高的热化学稳定性指钢在高温下对各类介质的化学腐蚀抗力,其中最基本且最重要的是抗氧化性。所谓抗氧化性则是指材料表面在高温下迅速氧化后能形成连续而致密的牢固的氧化膜,以保护其内部金属不再继续被氧化的能力。

(2)高的热强性(高温强度)指钢在高温下抵抗塑性变形和断裂的能力。高温零件长时间承受载荷时,一般而言强度将大大下降。与室温力学性能相比,高温力学性能还要受温度和时间的影响。常用的高温力学性能指标有：①蠕变极限，指材料在高温长期载荷下对缓慢塑性变形（即蠕变）的抗力；②持久强度，即材料在高温长期载荷下对断裂的抗力。

2. 提高抗氧化性与热强性的方法

成分合金化和组织稳定性是保证耐热钢上述两个主要性能的关键。

(1)提高抗氧化性的主要方法。在钢中加入 Cr,Al,Si 等抗氧化性元素，使其在钢表面生成致密、稳定、牢固的 Cr_2O_3,Al_2O_3,SiO_2 氧化膜。从而保护钢件内部不再发生氧化。

(2)提高热强性的主要方法。

1)加入 Mo,W,Cr,Co 等元素，固溶强化基体；

2)加入 Ti,Nb,V,Ni,Al 等元素，形成具有高稳定性的碳化物或金属间化合物，强化材料；

3)加入硼、稀土等元素，以去除晶界上可降低晶界强度的 S,P 等元素，净化并强化晶界。

3. 耐热钢的分类与常用钢号

按使用特性不同，耐热钢分为抗氧化钢和热强钢；按组织不同，耐热钢又可分为铁素体型（包括珠光体型、马氏体型）和奥氏体型等多种类型钢。根据 GB/T 1221—2007,表 6-18 列举了几种常用耐热钢的热处理、室温力学性能及用途。

(1)抗氧化钢。抗氧化钢又称不起皮钢，指高温下有较好抗氧化性并有适当强度的耐热钢，主要用于制作在高温下长期工作且承受载荷不大的零件，如热交换器和炉用构件等。包括下述两类。

1)铁素体型抗氧化钢。这类钢是在铁素体不锈钢的基础上加入了适量的 Si,Al 而发展起来的。其特点是抗氧化性强，但高温强度低、焊接性能差、脆性大。如 1Cr3Si,1Cr6Si2Ti,工作温度 800℃ 以下；Cr13 型，如 1Cr13SiAl,工作温度为 800~1 000℃；Cr18 型，如 1Cr18Si2,工作温度为 1 000℃ 左右；Cr25 型，如 1Cr25Si2,工作温度为 1 050~1 100℃。

2)奥氏体型抗氧化钢。这类钢是在奥氏体不锈钢的基础上加入适量的 Si,Al 等元素而发展起来的。其特点是比铁素体钢的热强性高，工艺性能改善，因而可在高温下承受一定的载荷。典型钢号有 Cr-Ni 型（如 3Cr18Ni25Si2,工作温度超过 1 100℃）、奥氏体抗氧化钢多在铸态下使用（如 ZG3Cr18Ni25Si2）,但也可制作锻件。

(2)热强钢。热强钢指高温下不仅具有较好的抗氧化性（包括其他耐蚀性）,还应有较高的强度（即热强性）的耐热钢。一般情况下，耐热钢多是指热强钢，主要用于制造热工动力机械的转子、叶片、气缸、进气与排气阀等既要求抗氧化性又要求高温强度的零件。

1)珠光体热强钢。此类钢在正火状态下的组织为细片珠光体＋铁素体，广泛用于在600℃ 以下工作的热工动力机械和石油化工设备。其碳含量为 $w_C=0.10\%\sim0.40\%$。典型钢种有低碳和中碳珠光体钢，低碳珠光体钢如 12CrMo,15CrMoV,具有优良的冷热加工性能，主要用于锅炉管线等（故又称锅炉管子用钢）,常在正火状态下使用；中碳珠光体钢如 35CrMo,35CrMoV 等，在调质状态下使用，具有优良的高温综合力学性能，主要用于耐热的紧固件和汽轮机转子（主轴、叶轮等）,故又称紧固件及汽轮机转子用钢。

2)马氏体热强钢。此类钢淬透性良好，空冷即可形成马氏体，常在淬火＋高温回火状态下使用。其中一类为低碳高铬型，它是在 Cr13 型马氏体不锈钢基础上加入 Mo,W,V,Ti,Nb 等合金元素而形成，常用牌号有 1Cr11MoV,1Cr12WMoV 等。因这种钢还有优良的消振性，最适宜制造工作温度在 600℃ 以下的汽轮叶片，故又称叶片钢。另一类为中碳铬硅钢，常用牌号有 4Cr9si2,4Cr10Si2Mo 等,这种钢既有良好的高温抗氧化性和热强性,还有较高的硬度和耐磨性,最适合于制造工作温度在 750℃以下的发动机排气阀,故又称气阀钢。

表 6－18　常用耐热钢的热处理、室温力学性能及用途

类别	牌号	热处理			室温力学性能(不小于)				用途举例
		退火/℃	淬火温度(℃)和冷却剂	回火温度/℃	$\sigma_{0.2}$/MPa	σ_b/MPa	δ_5/(%)	A_K/J	
奥氏体型	1Cr19Ni9		1 050(固溶)		205	515	35		870℃以下反复加热,锅炉过热器、再热器等
	4Cr14Ni14W2Mo		820～850(固溶)		314	706	20		内燃机重载荷排气阀等
	3Cr18Mn12Si2N		1 100～1 150(固溶)		392	686	35		锅炉吊架,耐1 000℃高温,加热炉传送带,料盘炉爪等
铁素体型	0Cr13Al	780～830空气,缓			177	412	20		燃气透平压缩机叶片,退火箱,淬火台架等
	1Cr17	780～850空气,缓			206	451	22		900℃以下耐氧化部件,散热器,炉用部件,油喷嘴等
	1Cr5Mo		900～950 油	600～700空气	392	588	18		锅炉吊架,燃气轮机衬套,泵的零件,阀,活塞杆,高压加氢设备部件
马氏体型	4Cr10Si2Mo		1 010～1 040 油	720～760 油	690	885	10		650℃中高载荷汽车发动机进、排气阀等
	1Cr12Mo		950～1 000空气	650～710空气	550	685	18	≥62	汽轮机叶片、喷嘴块、密封环等
	1Cr13	800～900缓或750 快	950～1 000 油	900～750快冷	343	539	25	≥78	耐氧化、耐腐蚀部件(800℃以下)

3)奥氏体热强钢。此类钢是在奥氏体不锈钢的基础上加入了热强元素 W,Mo,V,Ti,Nb,Al 等,它们强化了奥氏体并能形成稳定的特殊碳化物或金属间化合物,具有比珠光体热强钢和马氏体热强钢更高的热强性和抗氧化性,并还具有高的塑性、韧性及良好可焊性、冷塑性成型性。常用牌号有 1Cr19Ni19,4Cr14Ni14W2Mo 等,主要用于工作温度高达 800℃的各

类紧固件与汽轮机叶片、发动机气阀,使用状态为固溶处理状态或时效处理状态。

6.6.3　耐磨钢

从字面上看,耐磨钢是指用于制造高耐磨性零件的钢种,但实际中,耐磨钢是指在强烈冲击与高应力下,具有良好耐磨性的钢。其中最重要的是高锰耐磨钢。耐磨钢目前尚未形成独立的钢类。

1. 高锰钢

高锰钢的化学成分特点是高碳($w_C = 0.90\% \sim 1.50\%$)、高锰($w_{Mn} = 11\% \sim 14\%$)。其铸态组织为粗大的奥氏体+晶界析出碳化物,此时脆性很大,耐磨性也不高,不能直接使用。经固溶处理(1 060~1 100 ℃高温加热、快速水冷)后,可得到单相奥氏体组织,此时韧性很高(故又称"水韧处理")。高锰钢固溶状态硬度虽然不高(约 200 HBS),但当其受到高的冲击载荷和高应力摩擦时,表面将产生强烈的加工硬化并诱发产生马氏体相变(A→M),从而形成硬(硬度>500 HBW)而耐磨的表面层(深度 10~20 mm),心部仍为高韧性的奥氏体。当表面硬化层磨损后,新裸露出的表面又将发生硬化,故总能维持良好的耐磨性。但在低冲击载荷和低应力下,高锰钢的耐磨性并不比相同硬度的其他钢种高。因此高锰钢主要用于耐磨性要求特别好并在高冲击与高压力条件下工作的零件,如坦克、拖拉机、挖掘机的履带板,破碎机牙板,铁路道岔、防弹钢板、保险箱钢板等。

高锰钢的加工硬化能力极强,故冷变形加工性能和切削加工性能较差;又因其热裂纹倾向较大、导热性差,故焊接性能也不佳。一般而言,大多数高锰钢零件都是铸造成型的。

根据国家标准 GB/T 5680—2010,常用高锰钢牌号为 ZGMn13,共有四种钢号,见表 6 – 19。

表 6 – 19　高锰钢牌号、成分和用途举例

牌　号	化学成分 $w/(\%)$					用途举例
	C	Mn	Si	S	P	
ZGMn13 – 1	1.00~1.50	11.00~14.00	0.30~1.00	≤0.050	≤0.090	用于以耐磨性为主的、低冲击的结构简单铸件,如衬板、齿板、辊套、铲齿等
ZGMn13 – 2	1.00~1.40					
ZGMn13 – 3	0.90~1.30		0.30~0.80		≤0.080	用于以韧性为主的、高冲击的结构复杂铸件,如带板
ZGMn13 – 4	0.90~1.20				≤0.070	

2. 石墨钢

石墨钢是一种高碳低合金铸钢,兼有铸钢和铸铁的综合性能,其组织是由钢基体+二次渗碳体+游离点状石墨组成。其特点是耐磨性好,成本低且易于切削加工,在低应力磨损条件下,耐磨性优于高锰钢。其主要用于小型热轧辊、球磨机衬板等。典型牌号为 ZGSiMnMo 钢。

6.7　铸　铁

由铁碳合金相图可知,含碳量大于 2.11% 的铁碳合金称为铸铁。工业中常用铸铁的成分范围是:$w_C = 2.5\% \sim 4.0\%$,$w_{Si} = 1.0\% \sim 3.0\%$,$w_{Mn} = 0.5\% \sim 1.4\%$,$w_P = 0.01\% \sim 0.5\%$,

$w_S = 0.02\% \sim 0.2\%$。

6.7.1 概述

1. 铸铁的分类

根据碳在铸铁中存在的形式不同，可以将铸铁分为以下几种类型。

(1)白口铸铁。白口铸铁中的碳绝大部分以渗碳体的形式存在(少量的碳溶于铁素体中)，因其断口呈白亮色，故称白口铸铁。它是按 Fe-Fe$_3$C 相图进行结晶而得到的铸铁，其组织中都含有莱氏体组织。由于其性能硬而脆，工业上很少用来做机械零件，主要用于炼钢原料或表面要求高耐磨性的零件，如硬面轮辊，球磨机磨球，犁铧等。

(2)灰口铸铁。灰口铸铁中碳全部或大部分以石墨的形式存在，因其断口呈灰暗色故称灰口铸铁。根据灰口铸铁中石墨形态，可将灰口铸铁分为以下四种。

1)灰铸铁：石墨呈片状。

2)球墨铸铁：石墨呈球状形态。

3)蠕墨铸铁：石墨呈蠕虫状。

4)可锻铸铁：石墨呈团絮状(可锻铸铁只是一种习惯叫法，实际它并不能锻造)。

(3)麻口铸铁。麻口铸铁中碳的组织形态介于白口铸铁与灰口铸铁之间，既有渗碳体，也有石墨，具有较大的硬脆性，工业上很少用做机械零件。

2. 铸铁的石墨化

石墨是碳的一种结晶形式，用符号"G"表示，其强度、塑性和韧性极低，接近于零，硬度仅为 3HBS 左右。

铁碳合金结晶时，碳较容易形成渗碳体。但渗碳体是一种亚稳定相，在一定的条件下(如提高碳、硅含量及降低冷却速度等)，它会分解出稳定相石墨，也可以直接从液相中结晶出石墨，这种铸铁中碳原子析出和形成石墨的过程称为石墨化。在生产中就是通过控制石墨化的程度和改变石墨的形态、分布，来调整和提高铸铁的力学性能和其他性能。

对铸铁中石墨的形成规律，应按 Fe-G 相图来分析。它和 Fe-Fe$_3$C 相图基本相同，为便于比较分析，常将两图画在一起，称为铁碳合金双重相图，如图 6-10 所示。图中实线表示 Fe-Fe$_3$C 相图，部分实线加上虚线表示 Fe-G 相图。

(1)石墨化过程。在铁碳合金双重相图上，根据铸铁从液相冷却下来的结晶情况，可把铸铁的石墨化过程分为三个阶段。

第一阶段　即液相线至共晶线阶段。在此温度区间，从液相中析出石墨，它包括过共晶成分液相中直接结晶出一次石墨和共晶成分的液相直接结晶出奥氏体+共晶石墨。

第二阶段　即共晶线至共析线之间的阶段。在此温度区间，从奥氏体中析出二次石墨。

第三阶段　即共析线阶段。奥氏体转变为铁素体+共析石墨。

除以上各阶段石墨化外，生产中将白口铸铁在高温下进行退火，也能使渗碳体分解获得石墨，这就是生产可锻铸铁的方法。

(2)石墨化程度与铸铁的组织。铸铁的石墨化过程受到许多因素的影响，而石墨化进行的程度决定了铸铁最终得到的组织。如果第一、二、三阶段的石墨化都能充分进行，铸铁最终得到的组织是铁素体+石墨(F+G)。如果第一、二阶段能充分进行，而第三阶段石墨化完全被抑制没有进行，则得到的组织是珠光体+石墨(P+G)。如第二阶段得以充分进行，而第三阶段石墨化是部分进行,最终得到的组织是铁素体＋珠光体＋石墨(F＋P＋G)。

　　(3)影响石墨化的因素。化学成分和冷却速度是影响铸铁石墨化的主要因素。

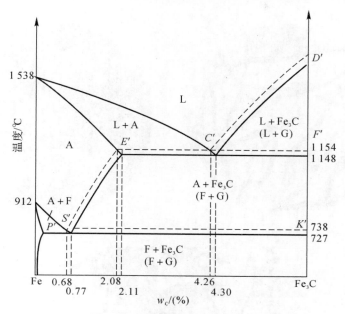

图 6-10　铁碳合金双重相图

　　1)化学成分的影响。碳和硅是强烈促进石墨化的元素,含碳量增加使石墨晶核数量增加,而硅与铁的原子结合力远强于碳与铁原子的结合力,从而增加了碳原子的扩散能力,因而促进石墨化。所以碳、硅含量低时,易形成白口铸铁。但含量过高会得粗大石墨,而降低铸件的力学性能,所以对灰口铸铁中的碳、硅含量应有所控制。

　　磷也是促进石墨化的元素,同时能提高铁液的流动性,但使铸铁的脆性增大,故其含量一般限制在 $w_P \leqslant 0.12\%$。

　　硫是强烈阻碍石墨化的元素,同时还会降低铁液的流动性而易使铸件高温开裂。因此,硫的含量一般控制在 $w_S \leqslant 0.15\%$。

　　2)冷却速度。在一定条件下,铸铁冷却速度越缓慢,则越容易按 Fe-G 相图进行石墨化过程,石墨化的程度也就越高,否则就会基本上按 $Fe-Fe_3C$ 相图来进行结晶转变。

　　铸造生产中,铸铁的冷却速度与铸件的壁厚、浇铸温度、铸型材料的性能以及外界条件等因素有关,其中以铸件壁厚影响较大。铸件的厚壁部分易出现白口铸铁组织,简称白口组织。

6.7.2　灰铸铁

1.灰铸铁的成分、组织和性能特点

　　(1)成分特点。灰铸铁的化学成分范围一般为 $w_C = 2.5\% \sim 3.6\%$,$w_{Si} = 1.0\% \sim 2.5\%$,$w_P \leqslant 0.3\%$,$w_{Mn} = 0.5\% \sim 1.3$,$w_S < 0.15\%$。

　　(2)组织特点。灰铸铁的组织特点是在钢基体上分布着片状石墨,其钢基体可根据石墨化程度分为三种类型,即铁素体基体、珠光体基体及铁素体＋珠光体基体,如图 6-11 所示。由于高温和中温石墨化过程容易实现,实际灰铸铁中得到何种基体组织,主要视低温阶段石墨化程度而定。低温石墨化若能充分进行,得到铁素体基体;若只能部分进行,得到铁素体+珠光体基体;若完全不能进行,得到珠光体基体。

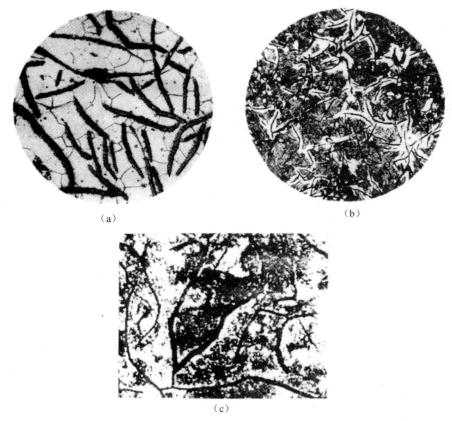

（a）　　　　　　　　　　　　　　　　　　（b）

（c）

图 6-11　灰铸铁的显微组织

(a)铁素体灰铸铁；　(b)铁素体+珠光体灰铸铁；　(c)珠光体灰铸铁

（3）性能特点。灰铸铁的基体与钢相似,且含有较多的硅、锰等元素,因此其基体的力学性能不逊于相应的钢。但石墨的强度、硬度、塑性都极低,且与基体之间结合力极差,石墨在铸铁中就如同裂纹、空洞一样,它不仅破坏了基体的连续性,还引起应力集中,使基体强度、塑性等的发挥程度大大降低,因而灰铸铁在受拉时极易发生破坏。灰铸铁的抗拉强度一般只有 100~400 MPa(远低于相同基体的钢),塑性、韧性几乎为零。但是在受压时,石墨片造成的裂纹是闭合的,因而对抗压强度影响不大。这使得灰铸铁适于制作承受压力的零件,如机座、轴承座等。灰铸铁的硬度与相同基体的钢类似,硬度在 130~270HBS 之间,抗压强度约为抗拉强度的 3 倍。石墨片愈多、愈粗大、分布愈不均匀,则力学性能愈差。

石墨虽然降低了铸铁的力学性能,但石墨也给铸铁带来了一系列的优良特性:

1)降低了铸铁的熔点、改善了流动性,并在凝固时补偿了基体的收缩,使灰铸铁具有良好的铸造性能。

2)干摩擦时,石墨本身可起到润滑作用;有润滑时,石墨脱落后留下孔洞可以储存润滑油,使灰铸铁具有良好的减摩性,如汽车曲轴与轴瓦等摩擦件都可以采用灰口铸铁制造。

3)石墨能吸收震动,因而灰铸铁也具有良好的减震性,灰铸铁的减震能力比钢大十倍,因此常用灰铸铁制作承受震动的机床床身、汽缸体等零件。

4)石墨的润滑和断屑作用使灰铸铁具有良好的切削加工工艺性能,但灰铸铁的焊接性能极差。

5)灰铸铁因有石墨的存在,相当于有很多小缺口,致使外加缺口的有害作用相对减小,缺口敏感性降低。

2.灰铸铁的牌号、用途

灰铸铁的牌号以字母"HT"(灰铁二字汉语拼音的字首)加上一组数字表示,数字表示铸铁的最低抗拉强度。灰铸铁的类别、牌号、性能及用途见表6-20。

表 6-20　灰铸铁的类别、牌号、性能及用途

牌　号	灰铸铁类别	铸件壁厚/mm	力学性能		应用举例
			σ_b/MPa	硬度(HBS)	
HT100	铁素体灰铸铁	所有尺寸	100	143~229	承受低载荷和不重要零件,如盖、外罩、手轮、重锤等
HT150	铁素体＋珠光体灰铸铁	4~8	280	170~241	受中等应力的零件,如底座、齿轮箱、刀架、工作台等
		8~15	200	170~241	
		15~30	150	163~229	
		30~50	120	163~229	
HT200	珠光体灰铸铁	4~8	320	187~255	承受较大应力和要求一定气密性的零件,如冲模具上、下底座,汽缸体,机床床身,油缸等
		8~15	250	170~241	
		15~30	200	170~241	
		30~50	180	170~241	
HT250		8~15	290	187~255	
		15~30	250	170~241	
		30~50	220	170~241	
HT300	孕育铸铁	15~30	300	187~255	承受高应力和要求高气密性的零件,如齿轮、凸轮、床身、高压油缸等
		30~50	270	170~241	
HT350		15~30	350	197~269	
		30~50	320	187~255	

为了改善灰铸铁的组织和力学性能,生产中常采用孕育处理,即在浇注前向铁水中加入少量孕育剂(如硅铁、硅钙合金等),改变铁水的结晶条件,从而得到细小均匀分布的片状石墨和细小的珠光体组织。经孕育处理后的灰铸铁称为孕育铸铁。孕育铸铁的强度有较大的提高,塑性和韧性也有改善,因而孕育铸铁用于制造力学性能要求较高、截面尺寸变化较大的大型铸件。

3.灰铸铁的热处理

由于热处理只能改善铸铁的基体组织,不能改变石墨的形态和大小,因此用热处理方法不能有效提高灰口铸铁的力学性能,只能消除铸件内应力和白口组织、稳定尺寸、提高工件表面硬度和耐磨性等。

(1)消除铸造应力的低温退火。铸件在冷却过程中,因各部位的冷却速度不同,常会产生很大的内应力,从而引起铸件的变形和开裂,甚至丧失尺寸精度。因此低温退火工序常安排在铸件开箱之后或切削加工之前。将铸铁缓慢加热到 $500\sim600℃$,保温后(一般为 48 h),随炉降至 $200℃$ 出炉空冷。这种退火是在共析温度以下进行长时间的加热(主要为消除铸件内应力,退火中无相变发生),故称为"低温退火"或"时效处理"。

(2)消除白口组织的退火。在铸件凝固过程中(特别是用金属模浇铸时)表层的冷却速度较快,常使铸件的表层出现渗碳体而产生白口组织,使切削加工难以进行。为消除白口,降低硬度,改善切削加工性,必须进行在共析温度以上加热的"高温退火",即将铸件加热到 $850\sim950℃$,保温 $2\sim5$ h,使渗碳体分解为石墨,然后随炉冷却到 $400\sim500℃$,出炉空冷。

(3)表面淬火。为了提高某些铸件的表面耐磨性(如机床导轨表面及内燃机缸套内表面),常采用高频表面淬火或接触电阻加热表面淬火等方法,使工作面获得细马氏体基体石墨的组织。

6.7.3　球墨铸铁

球墨铸铁是通过在浇注时向铁水中加入一定量的球化剂(稀土镁合金等)进行球化处理而得到的,球化剂可使石墨呈球状结晶。

1.球墨铸铁的成分、组织和性能特点

(1)成分特点。球墨铸铁的化学成分范围是:$w_C=3.8\%\sim4.0\%$;$w_{Si}=2.0\%\sim2.8\%$;$w_{Mn}=0.6\%\sim0.8\%$;$w_S\leqslant0.04\%$;$w_P<0.1\%$;$w_{Mg}=0.03\%\sim0.05\%$;$w_{Re}=0.03\%\sim0.05\%$。

(2)组织特点。球墨铸铁的组织特征是在钢的基体上分布着球状的石墨。

(3)性能特点。球状石墨对基体组织的割裂作用很小,应力集中程度也大为减轻,故球墨铸铁的基体力学性能利用率高达 70%,而在灰口铸铁中,基体的力学性能利用率仅为 $30\%\sim50\%$,所以球墨铸铁力学性能远高于灰铸铁,并且,球状石墨愈圆、愈细小均匀,其力学性能也愈好。

球墨铸铁在某些方面性能可以与碳钢相媲美。实验表明,中等强度的球墨铸铁(如QT600-02)的强度(σ_b)、屈服点($\sigma_{0.2}$)、耐磨性都优于 45 钢的正火组织,因此常用球墨铸铁代替铸钢。此外,由于球墨铸铁的屈强比($\sigma_{0.2}/\sigma_b$)显著高于钢,故对承受静载荷的零件,用球墨铸铁代替铸钢可以减轻机器重。但是,球墨铸铁的延伸率(δ)、冲击值(A_K)、弹性模量(E)等都比 45 钢低,因而对于承受较大能量冲击载荷的零件,球墨铸铁仍不可能完全替代钢材。球墨铸铁缺点是凝固时的收缩率较大,对铁水的成分要求较严格,对熔炼和铸造工艺的要求较高,不适于用来制作薄壁和小型铸件。此外,其减震性能也较灰口铸铁低。

2.球墨铸铁的牌号和用途

球墨铸铁的牌号以字母"QT"(球铁二字汉语拼音的字首)加上两组数字表示。后面的两组数字分别表示球墨铸铁的最低抗拉强度和伸长率。球墨铸铁通常用来制造受力较复杂、负荷较大和耐磨的重要铸件。常用球墨铸铁的类别、牌号、性能及用途见表 6 - 21。

表 6 - 21　常用球墨铸铁的牌号、力学性能和用途

牌　号	基体组织	力学性能					用途举例
		σ_b/MPa	$\sigma_{0.2}$/MPa	δ/(%)	A_K/J	硬度（HB）	
QT400 - 17	F	400	250	17	48	≤179	泵、阀体、受冲击零件
QT420 - 10		420	270	10	24	≤207	壳、箱体、需韧性零件
QT500 - 05	F＋P	500	350	5		147～241	底座、齿轮、支架等
QT600 - 02	P	600	420	2		229～302	连杆、曲轴、液压缸等
QT700 - 02		700	490			229～302	受较大载荷的成型拉伸模具、曲轮、齿轮、凸轮轴
QT800 - 02		800	560			241～321	
QT1000 - 01	B_F	1200	840	1	24	≥38HRC	高速重负荷零件

3. 球墨铸铁的热处理

因为球墨铸铁的基体利用率高，凡用于钢材的热处理方法几乎均可用于球墨铸铁，采用热处理工艺对改善球铁基体的组织性能有着重要的意义。

球墨铸铁常用的热处理工艺如下：

(1)退火。根据不同情况可以选择两种不同的热处理工艺。

1)作为最终热处理的退火，球铁的白口倾向比较大。而有的零件对强度要求不很高，但希望有较好的塑性和韧性（如轮毂、离合器等），这时可采用退火作为最终热处理使其基体变为铁素体，从而满足要求。

2)作为预先热处理的退火，有的球铁铸件铸后会出现渗碳体和较多的珠光体，使切削加工困难，可以通过退火以改善切削加工性能。有的铸件应力较大，也可通过退火消除应力。

(2)正火。有的铸件（如机油泵的轻载荷齿轮）要求以 P 或 P＋F 为基体，可将正火作为最终热处理。由于正火的冷却速度较大，而铸铁导热性能差，常会在铸件中引起一定内应力，所以原则上正火后应进行去应力退火。

(3)调质。对综合力学性能要求较高，正火已不能满足要求的球铁件（如内燃机曲轴连杆等），可采用调质处理得到回火索氏体＋球形石墨。调质后的强度可达 800～1 000 MPa，而且塑性、韧性比正火状态好。但仅适用于小型铸件，因为尺寸过大时，淬火深度不够，调质效果不明显。

(4)等温淬火。对载荷大，受力复杂，强度韧性要求高的零件（如汽车螺旋伞齿轮、滚动轴承套圈等）宜采用等温淬火。球墨铸铁经等温淬火后强度（σ_b）可达 1 100～1 400 MPa，硬度达 38～50HRC，冲击值 A_K 为 24～64J。等温淬火还具有淬火变形小的优点，对强度韧性要求高、形状复杂的零件尤为适用。

此外,还可根据需要对球铁件进行表面淬火、化学热处理等。

6.7.4 可锻铸铁

1. 可锻铸铁的生产方法

与其他铸铁不同,可锻铸铁的生产过程分为两步:先将铁水浇铸成白口铸铁件,然后对白口铸铁件进行高温、长时间的可锻化退火,使渗碳体分解为团絮状石墨。可锻化退火的方法是将白口铸铁加热至 $900\sim980℃$,在高温下经约 15 h 的长时间保温,使其组织中的渗碳体发生分解而得到奥氏体与团絮状石墨,而后以较快的速度($100℃/h$)冷却至共析温度以下,则奥氏体转变为珠光体得到珠光体基体的可锻铸铁(如图 6 - 12 曲线②所示);若冷至共析温度 $720\sim750℃$ 时再次保温,则奥氏体将沿已形成的团絮状石墨表面再析出二次石墨,得到铁素体基体的可锻铸铁(如图 6 - 12 曲线①所示),称黑心可锻铸铁。

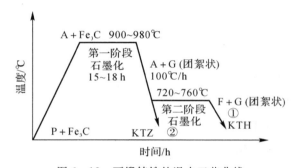

图 6 - 12 可锻铸铁的退火工艺曲线

2. 可锻铸铁的成分、组织和性能特点

(1)化学成分。可锻铸铁的成分特点是低碳、低硅,以保证完全抑制石墨化的过程,获得白口组织。如果铸件不是完全的白口组织,一旦有片状石墨生成,则在随后的退火过程中,由渗碳体分解的石墨将会沿已有的石墨片析出,最终得到粗大的片状石墨组织。为此必须控制铁水的化学成分,使之具有较低的 C,Si 含量。通常可锻铸铁的化学成分为 $w_C = 2.2\% \sim 2.8\%$,$w_{Si} = 1.0\% \sim 1.8\%$,$w_{Mn} = 0.5\% \sim 0.7\%$,$w_P < 0.1\%$,$w_S \leqslant 0.2\%$。

(2)组织特点。可锻铸铁的基体组织可分为铁素体和珠光体两种,石墨的形态呈团絮状。

(3)性能特点。由于可锻铸铁中团絮状的石墨对基体的割裂作用大大降低,因而可锻铸铁是一种高强度铸铁,其塑性和韧性优于灰口铸铁,其断后伸长率可达 12%,冲击值可达 24J;与球墨铸铁相比,具有质量稳定、易于流水线生产、切削性能较好等优点。但可锻铸铁的力学性能比球墨铸铁稍差,而且可锻铸铁生产周期很长、生产率低、能耗大、工艺复杂、成本较高,随着稀土镁球墨铸铁的发展,不少可锻铸铁零件已逐渐被球墨铸铁所代替。可锻铸铁有一个显著的优点,即适合生产形状复杂、壁厚极薄而强韧性要求较高的小铸件(如壁厚为 1.7 mm 的三通管件),这是其他铸铁不能相比的。

3. 可锻铸铁的牌号和用途

可锻铸铁的牌号分别用字母"KTH"(黑心可锻铸铁)或"KTZ"(珠光体可锻铸铁)加上两组数字表示。后面的两组数字分别表示可锻铸铁的最低抗拉强度和延伸率。可锻铸铁主要用来制作一些形状复杂而在工作中承受冲击震动的薄壁小型铸件。常用可锻铸铁的牌号、性能、用途见表 6-22。

表 6-22　可锻铸铁的牌号、性能和用途

种类	牌　号	试样直径 /mm	力学性能				用途举例
			σ_b/MPa	$\sigma_{0.2}$/MPa	δ/(%)	硬度 (HBS)	
			不小于				
黑心可锻铸铁	KTH300-06	12 或 15	300		6	≤150	弯头、三通管件、中低压阀门等
	KTH330-08		330		8		机床扳手、犁刀、犁柱、车轮壳、钢丝绳轧头等
	KTH350-10		350	200	10		汽车、拖拉机前后轮壳、后桥壳、减速器壳，转向节壳，制动器、铁道零件等
	KTH370-12		370		12		
珠光体可锻铸铁	KTZ450-06		450	270	6	150～200	载荷较高的耐磨损零件，如曲轴、凸轮轴连杆、齿轮、活塞环、轴套、万向接头、棘轮、扳手、传动链条、犁刀、矿车轮等
	KTZ550-04		550	340	4	180～250	
	KTZ650-02		650	430	2	210～260	
	KTZ700-02		700	530	2	240～290	

6.7.4　蠕墨铸铁

蠕墨铸铁是在一定成分的铁水中加入适量的蠕化剂，使大部分石墨呈蠕虫状，少量为球状，因此称为蠕墨铸铁。

生产中浇注蠕墨铸铁的铁水化学成分和生产方法与球墨铸铁相似，只是加入的添加剂不同：生产蠕墨铸铁加入的是蠕化剂，如镁钛合金、稀土镁钛合金、稀土镁钙合金等。

蠕墨铸铁的牌号用字母"RuT"（蠕铁二字汉语拼音的前三位）和一组数字（铸铁的最小抗拉强度）表示。例如 RuT400，表示 $\sigma_b \geqslant 400$ MPa 的蠕墨铸铁。各种牌号间的主要区别在于基体组织的不同，蠕墨铸铁基体有铁素体、珠光体、铁素体＋珠光体三种。蠕虫状石墨对基体的割裂作用介于灰铁与球铁之间，故蠕墨铸铁的力学性能也介于相同基体组织的灰铸铁和球墨铸铁之间，其铸造性能、热导性、疲劳强度及减震性与灰铸铁相近。蠕墨铸铁在工业中已被广泛应用，主要用来制造玻璃模具、钢锭模、电动机外壳、机座、机床床身、阀体等铸件。

第7章 轻金属

本章所要讲述的轻金属主要是铝、镁、钛及其合金。铝合金密度小、塑性好、耐腐蚀、易加工、价格低,自第二代飞机以来就是制造飞机的主要结构材料。钛合金比强度高、热强性好,它的发展一开始就和航空工业中的应用联系在一起,目前被越来越多地应用于制造飞机机体和发动机中温度较高的部位。镁合金比铝合金和钛合金的密度更低,曾在航空和火箭上有较多的应用,但由于其耐腐蚀性能较差、熔炼技术复杂、冷变形困难、缺口敏感性大,因而阻碍了其发展。近年来,镁合金性能的改进和防腐方面有较大改善,它在航空航天上的应用有上升趋势。

7.1 铝及铝合金

7.1.1 纯铝

铝为面心立方晶格类型,原子半径 0.143 nm,晶格常数 0.404 nm,无同素异晶转变。纯铝呈银白色,密度小(2.72 g/cm³),熔点低(660℃),导电、导热性能优良,具有良好的塑性($\Psi = 80\%$),可以通过压力加工制成铝箔和各种尺寸规格的半成品。纯铝还具有好的工艺性能,容易铸造和切削。纯铝易与氧形成致密的氧化铝薄膜,从而阻止内部金属的进一步氧化,故在空气中具有良好的耐蚀性。

工业纯铝含铝量(指质量分数)在 $98.0\% \sim 99.0\%$,牌号有 L1,L2,L3,L4,L5,编号越大,纯度越低。铁和硅是其主要杂质,并按牌号数字增加而递增。由于强度低,工业纯铝一般不宜用作结构材料,主要用于制作电线、电缆、器皿及配制合金。

7.1.2 铝合金

通过向铝中加入适量的某些合金元素,并进行冷变形加工或热处理,可大大提高其力学性能。铝合金具有较高的强度,良好的加工性能,可用于制造承受较大载荷的机器零件和构件。目前铝中加入的合金元素主要有 Cu,Mg,Si,Mn,Zn 和 Li 等,由此得到多种不同工程应用的铝合金。

1. 铝合金的分类

根据成分及工艺特点,铝合金分为变形铝合金和铸造铝合金两类。图 7-1 为铝合金分类示意图。

由图 7-1 可知,成分位于 D' 点左边的合金在加热时能形成单相固溶体组织。这种合金塑性高,适于压力加工,故称为变形铝合金,也称形变铝合金或熟铝合金。成分位于 D' 点右边的合金,具有低熔点共晶组织,适于铸造而不适于压力加工,故称为铸造铝合金。

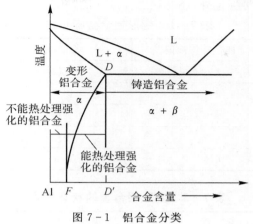

图 7-1　铝合金分类

变形铝合金分为两种，成分位于 F 点左边的合金，固态加热时没有相变，不能通过热处理强化，故称为不能热处理强化的变形铝合金；成分在 F 与 D′点之间的合金，固态加热时具有相变，因而可以用热处理强化，称为能热处理强化的变形铝合金。

能热处理强化的铝合金可以进行固溶处理和时效处理，大体可分为以下三种：

（1）硬铝，以 Al-Cu-Mg 系合金为主，有强烈的时效强化能力，应用广泛。可制作形状较复杂、中等强度的结构件，如飞机上的铆钉、支架、翼梁等。

（2）超硬铝合金，以 Al-Zn-Mg-Cu 系合金为主，是强度最高的铝合金。主要用于航空航天工业中制造受力较大，结构较复杂而要求密度小的结构件，如加强框、桁架、蒙皮等。

（3）锻铝，以 Al-Mg-Si 系合金为主，冷热加工性好，耐腐蚀，低温性能好，适合制作飞机上的锻件等。

不能热处理强化的铝合金是防锈铝合金，它耐蚀性好，具有良好的塑性和焊接性能，强度较低，适宜制作耐腐蚀和受力不大的零部件及装饰材料等，如飞机油箱、油管、防锈蒙皮等。

铸造铝合金常用来制作铸件，因此，其成分应接近共晶点成分，其中合金元素的含量也比变形铝合金多些。铸造铝合金主要有 Al-Si，Al-Cu，Al-Mg 和 Al-Zn 合金，根据成分的不同，具有各自不同的组织和性能。

2. 铝合金的牌号

早期铝合金是使用国标 GB 3190—1982 进行牌号命名，采用汉语拼音加顺序号，即变形铝合金用"L"表示，铸造铝合金用"ZL"表示。根据国标可把变形铝合金分为四类：防锈铝记为"LF"，如 LF3，LF21 等 Al-Mg 系和 Al-Mn 系铝合金；硬铝记为"LY"，如 LY6，LY12 等 Al-Cu-Mg系合金；超硬铝记为"LC"，如 LC6，LC4 等 Al-Zn-Cu-Mg 系合金；锻铝记为"LD"，如 LD5，LD11 等 AI-Mg-Si-Cu 系合金。铸造铝合金可分为：Al-Si 系，记为"ZL1+两位数字顺序号"；Al-Cu 系，记为"ZL2+两位数字顺序号"；Al-Mg 系，记为"ZL3+两位数字顺序号"；Al-Zn 系，记为"ZL4+两位数字顺序号"。

为了与国际接轨，在 GB/T16474—1996 中将变形铝合金牌号的表示方法采用 4 位字符标记。第 1 位数字表示主要合金类型；第 2 位英文字母大写，表示合金的改型（A 为原合金，B，C，D 等为不同次数的改型合金）；第 3，4 位数字表示合金元素或杂质极限含量的控制情况。具体铝合金的标记法见表 7-1。

铝合金的标记除了牌号标记外,还有状态代号标记,见表7-2。

表7-1 变形铝合金标记法

合金系	四位字符标记	合金系	四位字符标记
$w_{Al}>99.00\%$铝	1×××	铝镁硅	6×××
铝铜	2×××	铝锌	7×××
铝锰	3×××	其他	8×××
铝硅	4×××	备用	9×××
铝镁	5×××		

表7-2 变形铝合金的状态代号

代 号	名 称	状态代号	热处理状态
F	自由加工状态	T3	固溶、冷作、自然时效
O	退火状态	T4	固溶、自然时效
H	加工硬化状态	T6	固溶、人工时效
W	固溶热处理状态	T7	固溶、过时效
T	热处理状态	T8	固溶、冷作、人工时效

3. 铝合金的热处理

纯铝的强度很低,室温下仅45～50 MPa,不宜作为结构材料使用。为了提高其强度,工业上通常加入适量的其他元素制成铝合金。对铝合金进行冷变形加工或热处理,可大大提高其强度。下面以Al-Cu系合金为例说明铝合金的热处理。

如图7-2所示,将含$w_{Cu}=4\%$的铝合金加热到α相区的某一温度,经过一段时间保温,获得单一的α固溶体,随后投入水中快冷淬火,使第二相($CuAl_2$)来不及从α固溶体中析出,在室温下形成过饱和的α固溶体,这种处理方法称为固溶处理。其强度为$\sigma_b=250$ MPa(处理前$\sigma_b=200$ MPa)。此时强度比淬火前虽有提高,但不明显。将该合金在室温下放置4～5天后,σ_b升高到400 MPa,比淬火后提高很多。这种淬火后的铝合金随时间延长而发生的强化现象称为铝合金的"时效强化"或"时效硬化"。在室温下进行的时效为自然时效,在加热条件下进行的时效为人工时效。

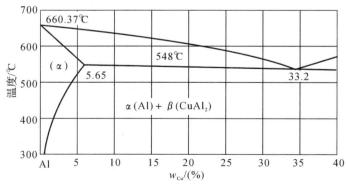

图7-2 Al-Cu合金相图

图 7-3 为含 $w_{Cu}=4\%Cu$ 的 Al-Cu 合金的自然时效曲线。由图可见,在时效开始阶段,强度不大,这段时间称为"孕育期"。"孕育期"的合金塑性好,易于进行铆接、变形等工艺操作。度过"孕育期"后,强化速度显著提高,在 5～15 h 内强化速度最快,经 4～5 天后,强度和硬度就达到最高值。

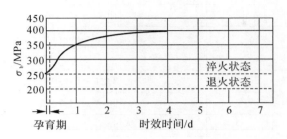

图 7-3 Al-Cu 合金的自然时效曲线图

固溶处理后的铝合金在不同的温度下进行时效时,其效果也不同。由图 7-4 可见,时效温度越高,速度越快,其强化效果越低。如果人工时效的时间过长或温度过高,反而使合金软化,这种现象称为过时效。

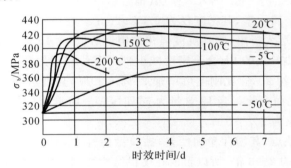

图 7-4 Al-Cu 合金在不同温度下的时效曲线

在-50℃时效,时效过程基本停止,各种性能没有明显变化,所以降低温度是抑制时效的有效方法。生产中,某些需要进一步加工变形的零件如铝合金铆钉等,可在淬火后在低温状态下保存,使其在需要加工变形时仍具有良好的塑性。

4.国内外常用航空铝合金

铝合金是飞机机体的主要结构用材,其发展应用与飞机的发展息息相关。我国自行设计研制的第二代战斗机机体结构用材中铝合金占 80% 以上,第三代战斗机机体结构用材中铝合金仍在 60%～70%,第四代战斗机普遍使用添加了钛、镁或锂的高性能铝合金材料,质量轻,坚固耐用。

目前,变形铝合金在飞机上的应用主要为 2 系 Al-Cu 合金(硬铝)和 7 系 Al-Zn 合金(超硬铝),具体应用见表 7-3。

表 7 - 3　变形铝合金在飞机各部位的典型应用

应用部位	应用的铝合金
机身蒙皮	2024 - T3,7075 - T6,7475 - T6
机身桁条	7075 - T6,7075 - T73,7475 - T76,7150 - T77
机身框架/隔框	2024 - T3,7075 - T6,7050 - T6
机翼上部蒙皮	7075 - T6,7150 - T6,7055 - T77
机翼下部蒙皮	2024 - T3,7475 - T73
机翼下部桁条	2024 - T3,7075 - T6,2024 - T39
机翼下壁板	2024 - T3,7075 - T6,7175 - T73
翼肋和翼梁	2024 - T3,7010 - T76,7150 - T77
尾翼	2024 - T3,7075 - T6,7050 - T76

　　为了尽可能地降低飞机结构件铝合金的用量,Al - Li 系合金是近些年来引起人们广泛关注的一种新型超轻结构材料。所谓铝锂合金是指含锂(Li)元素的铝合金,其中 Li 并不一定作为最主要的添加元素存在于合金当中,如 2 系含 Li 铝合金,其主要添加元素是 Cu 而非 Li。以 Li 为主要添加元素的合金一般归入 8 系(其他合金系)中。

　　Li 是密度最低的金属元素,其密度仅为 0.53 g/cm³。在添加 Li 的铝合金中,在时效处理时能以 δ′(Al_3Li)相的形式析出,起到沉淀强化作用。所以,含 Li 铝合金有密度低、强度高、模量大等优势。如:每添加 1% 的 Li,合金密度减小 3%,弹性模量提高 6%;加 2%~3% 的 Li,密度减小 10%,质量降低约 20%,比刚度可增加 20%~30%,强度可与 LY12 媲美。Li 在铝中的溶解度随着温度变化而变化。当 Li 含量为 3% 时,Al - Li 合金的韧性明显下降,脆性增大。因此,其合金中的 w_{Li} 仅为 2%~3%。

　　Al - Li 合金也有缺点,其塑性和韧性差,缺口敏感性大,材料加工及产品生产困难,价格较贵,大概是硬铝价格的 2~3 倍,所以目前在飞机结构特别是在民用飞机结构中用量还不大。但随着新型合金性能的改进、制造工艺的发展,及在海水中萃取 Li 的技术获得成功(Li 的价格将大幅下降),含 Li 合金在飞机上铝合金中的比例将会得到提高。目前,在空客 A350 飞机上已有 23% 的铝锂合金用量,而 A380 已正式选用铝锂合金制造地板梁,用作机身蒙皮和下翼面的桁条。

　　为了扩大 Al - Li 合金的应用范围,还应解决下列问题:

　　(1)改善现有 Al - Li 合金的力学性能,尤其是脆性大及各向异性问题。

　　(2)发展高强韧性的 Al - Li 合金。

　　(3)降低成本,特别是提高材料的利用率,发展精密成型方法,减少切削。进一步发展多组元合金化道路,在 Al - Li 基础上加入 In,Ge,B 和稀土等合金元素。

7.2　钛及钛合金

　　钛及钛合金具有密度小、质量轻、比强度高、耐高温、耐腐蚀以及低温韧性良好等优点,同时还具有超导、记忆、储氢等特殊性能。因此,被广泛用于航空、化工、导弹、航天及舰艇等领域。

7.2.1　纯钛

纯钛密度小,熔点高,热膨胀系数小,导热性差,但塑性好、强度低,容易加工成型,可制成细丝和薄片。钛在大气和海水中有优良的耐蚀性,在硫酸、盐酸、硝酸、氢氧化钠等介质中都很稳定。钛的抗氧化能力优于大多数奥氏体不锈钢。

钛的熔点为 1 720℃,冷却时在 882.5℃发生同素异晶转变:β－Ti 转变为 α－Ti。882.5℃以上为体心立方晶格,称 β－Ti;882.5℃以下为密排六方晶格,称 α－Ti。

纯钛的牌号有 TA1,TA2,TA3,编号越大,杂质越多,强度、硬度依次增强,但塑性、韧性依次下降。纯钛可制作在 350℃以下工作的、强度要求不高的零件,如飞机蒙皮、构架、隔热板、发动机部件、柴油机活塞、连杆及耐海水等腐蚀介质下工作的管道阀门等。

7.2.2　钛合金

合金元素溶入 α－Ti 中,形成 α 固溶体,溶入 β－Ti 中形成 β 固溶体。Al,C,N,O,B 等能使同素异晶转变温度升高,称为 α 稳定化元素;Fe,Mo,Mg,Cr,Mn,V 等能使同素异晶转变温度下降,称为 β 稳定化元素。Sn,Zr 等对转变温度的影响不明显,称为中性元素。

1. 钛合金的分类及牌号

根据使用状态的组织不同,钛合金可分为 3 类:α 钛合金、β 钛合金和(α＋β)钛合金。牌号分别以 TA,TB,TC 加上编号来表示。如 TA4～TA8 表示 α 钛合金,TB1～TB2 表示 β 钛合金,TC1～TC10 表示(α＋β)钛合金。钛合金的牌号、特性及用途见表 7－4。

表 7－4　三种类型钛合金的特性比较

类　型	典型牌号	特　　性	用　途
α 钛合金	TA7	(1)密度小,室温强度低于其他钛合金,但高温(500℃～600℃)强度高,组织稳定,耐蚀性能及抗氧化性能好; (2)焊接性能优良; (3)由于 α 钛合金的组织全部为 α 固溶体,故不可处理强化,主要依靠固溶强化	在 500℃以下工作的零件,如压气机盘和叶片等
β 钛合金	TB2	(1)较高的强度、优良的冲压性能; (2)淬火和时效后强化效果显著,σ_b 可达 1 300 MPa,是目前高强度钛合金的基本类型; (3)密度较大,耐热性差,抗氧化性能低; (4)贵重元素多,冶炼工艺复杂,焊接较困难	全部是 β 相的钛合金在工业上很少应用,主要用来制造飞机中使用温度不高但要求高强度的零部件,如弹簧、紧固件及厚截面构件
(α＋β)钛合金	TC4	(α＋β)钛合金兼有 α 和 β 钛合金两者的优点: (1)室温强度较高,有较好的综合力学性能; (2)塑性很好,容易锻造、压延和冲压,组织稳定性差,焊接性较差; (3)热加工性较好,可通过淬火和时效进行强化,生产工艺比较简单	可作 400℃以下长期工作的零件,是应用最广泛的钛合金

α钛合金:α钛合金是由α固溶体组成的单相合金。不论在常温还是高温下,均是α相,组织稳定,耐磨性高于纯钛,抗氧化能力强,焊接性能也很好。在500～600℃的温度下,仍保持其强度和抗蠕变性能。但α钛合金室温强度低于β钛合金和(α＋β)钛合金。不能进行淬火强化,热处理只进行退火(变形后的消除应力退火或消除加工硬化的再结晶退火)。退火状态下组织为单相固溶体。

常用牌号是TA5,TA7等,以TA7为主,成分为Ti－5Al－2.5Sn,其使用温度不超过500℃,主要用于制造飞机压气机叶片、导弹的燃料罐、超声速飞机的涡轮机匣及飞船上的高压低温容器等。

β钛合金:β钛合金是由β相固溶体组成的单相合金。β钛合金未经热处理即具有较高的强度、优良的冲压性能,并可通过淬火加时效处理进行强化。在时效状态下,合金的组织为β相基体上弥散分布着细小α相粒子,室温强度可达1 372～1 666 MPa。但热稳定性较差,不宜在高温下使用。

典型牌号是TB2,成分为Ti－5Mo－5V－8Cr－3Al,一般在350℃以下使用,适于制造压气机叶片、轴、轮盘等重载的回转件以及飞机构件等。这类合金冶炼工艺复杂,成本较高,应用受到限制。

(α＋β)钛合金:钛中通常加入β稳定化元素,大多数还加入α稳定化元素,得到(α＋β)型双相钛合金。这类合金兼具α钛合金和β钛合金的优点,具有良好的综合性能,组织稳定性好,强度高,塑性好,有良好的热强性、耐蚀性、低温韧性和高温变形性能,容易锻造、压延和冲压。其可进行淬火和时效使合金强化,热处理后强度约比退火状态提高50％～100％;可在400～500℃的温度下长期工作,其热稳定性次于α钛合金。

3种钛合金中最常用的是α钛合金和(α＋β)钛合金;α钛合金的切削加工性最好,(α＋β)钛合金次之,β钛合金最差。

2. 钛合金的热处理

钛合金的热处理主要有退火及淬火时效。退火的主要目的是提高合金塑性和韧性,消除应力及稳定组织;淬火时效的目的是相变强化合金,提高强度和硬度。

(1)退火。钛合金可进行消除应力退火和再结晶退火。消除应力退火目的是消除工业纯钛和钛合金零件机加工或焊接后的内应力,退火温度一般为450～650℃,保温1～4 h,空冷;再结晶退火目的是消除加工硬化,纯钛一般采用550～690℃,钛合金采用750～800℃,保温1～3 h,空冷。

(2)淬火和时效。α钛合金和含β稳定化元素较少的(α＋β)钛合金,自β相区淬火时,发生无扩散型的马氏体转变β→α′。α′为马氏体,是β稳定化元素在α－Ti中的过饱和固溶体,具有密排六方晶格,硬度较低,塑性好,是一种不平衡组织,加热时效时分解成α相和β相的混合物,强度和硬度有所提高。

β钛合金和含β稳定化元素较多的(α＋β)钛合金淬火时,β相转变成介稳定的β相,加热时效后,介稳定β相析出弥散的α相,使合金的强度和硬度提高。

α 钛合金一般不进行淬火和时效处理,β 钛合金和(α+β)钛合金可进行淬火和时效处理,提高强度和硬度。

钛合金的淬火温度一般选在 α+β 两相区的上部范围,淬火后部分 α 相保留下来,细小的 β 相转变成介稳定 β 相或 α′相或两种均有(决定于 β 稳定化元素的含量),经时效后获得优良的综合机械性能。如果加热到 β 单相区,β 晶粒极易长大,则热处理后的韧性很低。一般淬火温度为 760~950℃,保温 5~60 min,水中冷却。

钛合金的时效温度一般在 450~550℃之间,时间为几小时至几十小时。

钛合金热处理加热时应防止污染和氧化,并严防过热。β 晶粒长大后,无法用热处理方法挽救。

3. 国内外常用航空钛合金

钛及钛合金的主要消费领域首先是航空工业。20 世纪 80 年代,美国航空工业用钛占钛材总用量的 74.8%,俄罗斯、英国、日本等的钛材也主要用于航空工业。近年来,钛材在非航空航天工业中的应用不断增加,航空航天仍居主导地位。从 1952 年钛在道格拉斯 DC - 7 班机上用作发动机短舱和隔火壁开始,至今许多飞机的结构件使用钛合金制造。在波音 757、超声速 SR - 71 黑鸟、F - 22 喷气战斗机、空间卫星和导弹上,钛零件都起到了极为关键的作用,如飞机内的风扇圆盘、发动机叶片等均为钛铸件和锻件制造。当今,钛合金用量占飞机结构质量的百分比已成为衡量飞机用材先进程度的重要标志之一。钛合金占 F - 22 战斗机机体结构质量的 39%。钛合金在国外民用飞机上的用量也随着飞机设计和性能水平的提高而不断增加。部分典型钛合金在航空工业中的应用情况见表 7 - 5。

表 7 - 5　钛及其合金在航空工业中的应用

合　金	合金牌号	应用部位
α 及近 α 钛合金	工业纯钛	民用飞机过道、洗漱间底部支撑结构、楼梯和托架、防冰和环控系统中管道飞机发动机舱的内蒙皮、波纹板、防火墙等
	TA7	前机匣壳体,封严圈壳体,板材也常热压成型作衬板、支架座和壁板等零件
	TA13	引射机匣、排气收集器的加强带
	TA11	航空发动机高压压气机盘、叶片和机匣等
	TA12	航空发动机压气机盘、鼓筒和叶片等
	TA15	400℃以下长时间工作的飞机、发动机零件和焊接承力零部件
	TA18	燃油管路,蜂窝结构
	TA19	压气机机匣和飞机蒙皮
	Ti6242S	发动机转动部件,发动机安装架,散热系统及导风罩
	Ti1100	T55 - 712 改型发动机的高压压气机轮盘和低压涡轮叶片
	IMI834	波音 777 的大型发动机 Tren700

续 表

合 金	合金牌号	应用部位
(α+β)钛合金	TC1	板材冲压成型零件及蒙皮
	TC2	板材冲压件,如飞机机尾罩前段蒙皮、发动机的下罩等
	TC4	发动机的风扇和压气机盘及叶片
	TC4-DT	结构件(与T64EL类似)
	TC6	承力构件,航空发动机的压气机盘和叶片
	TC11	航空发动机的压气机盘、叶片、鼓筒等
	Ti62222S	F-22战斗机、X-33教练机、联合攻击战斗机等的用材
	TC21	结构件(与Ti-62222S相当)
β钛合金	TB2	钣金件、压力容器、波纹壳体和蜂窝结构
	TB3	高强紧固件
	TB5	钣金构件
	TB6	飞机机身、机翼和起落架的锻造零件
	Alloy C	F119的尾喷管和加力燃烧室
	Ti40	航空发动机结构材料,机匣
	β21Si	NASP的机身和机翼壁板
	BT-22	IL-86和IL-96-300的机身、机翼、起落架和其他高承载部件
	Ti1023	波音777的起落架主梁,空客A380的主起落架支柱
	Ti15-3	波音777应用控制系统管道和灭火罐

钛合金作为当代飞机和发动机的主要结构材料之一,可以减轻飞机的质量,提高结构效率。在飞机用材中钛合金所占的比例:客机波音777为7%、运输机C17为10.3%、战斗机F-4为8%、F-15为25.8%、F-22为39%。几十年来,国内外针对航空应用所研究的钛合金等取得了很大进步,许多合金也得到了广泛应用。根据航空用钛合金的强度及服役环境特点,可将其分为高温钛合金、高强钛合金、损伤容限型钛合金和阻燃钛合金等。

现有航空航天用钛合金中,应用最广泛的是多用途 α+β 型 Ti-6Al-4V 合金和 Ti-6Al-4Zr-2Mo(Ti6242)高温钛合金。Ti-6Al-4V 合金用于制造工作温度不超过 400℃ 的各种飞机结构和发动机零件,Ti6242 合金用于制造工作温度在 500℃ 以下的高压压气机零部件。Ti-6Al-4V 合金具有优良的综合性能,用量达到各种钛合金总用量的一半以上。

7.3 镁及镁合金

镁在地壳中含量十分丰富,占地壳储量的 2.5%,仅次于铝和铁。镁及镁合金比强度高、耐冲击、具有优良的切削加工性,并对碱、汽油及矿物油具有耐腐蚀特性,因而可用作输油管道。作为结构材料,镁合金发挥着越来越重要的作用。

7.3.1　纯镁

镁是一种轻金属,纯镁为银白色,其密度为 1.74 g/cm^3(约为铝的 2/3),熔点 650℃,沸点 1 100℃。纯镁的电极电位很低,所以抗蚀性较差,在潮湿大气、淡水、海水及绝大多数酸、盐溶液中易受腐蚀。镁的化学活性很强,在空气中容易氧化,形成疏松多孔的氧化膜,无明显保护作用。在高温下镁氧化更剧烈,如果氧化反应放出的热量不能及时散发,则很容易燃烧。

镁为密排六方晶格,故力学性能较差,尤其是塑性比铝低得多(伸长率 $\delta = 10\%$),因而纯镁一般不用作结构材料。纯镁的高温塑性较好,可进行各种形式的热变形加工。

工业纯镁的编号方法是"M"加顺序号表示。纯镁主要用于配制镁合金,此外,还可用作化工、冶金中的还原剂或作为合金元素加入。

7.3.2　镁合金

纯镁的力学性能较差,在实际应用时,一般在纯镁中加一些合金元素,制成镁合金。镁的合金化原理与铝相似,主要通过加入合金元素,产生固溶强化、时效强化、细晶强化及过剩相强化作用,以提高合金的力学性能、抗腐蚀性能和耐热性能。镁经过合金化及热处理之后,其强度可达 $300 \sim 350 \text{ MPa}$,且其密度小、比强度和比刚度高,是航空工业的重要金属材料。其导热和导电性好,兼有良好的阻尼减震和电磁屏蔽性能,易于加工成型,废料容易回收,制成电子装置中的结构件,如移动通信、手提计算机等的壳体,可以满足产品的轻、薄、小型化、高集成度等要求,用以替代塑料做成汽车轮毂、变速箱壳体等,可以满足轻量化、节能、减震、降噪要求,因此,镁合金被誉为"21 世纪绿色工程金属"。

镁合金中主要的合金元素是铝、锌及锰,它们在镁中都发生溶解度变化,这就可能利用热处理方法(淬火+时效)来强化,引起固溶强化。加入镁合金中的铝和锌,当含量分别不超过 $10\% \sim 11\%$ 和 $4\% \sim 5\%$ 时起固溶强化作用。超过溶解度后分别与镁形成金属化合物 $Mg_{17}Al_{12}$ 和 $MgZn$,它们在淬火、时效时能起到强化作用,加入镁合金中的锰对改善耐热性和抗蚀性有良好作用。

1. 镁合金的特点

镁合金密度与塑料接近,刚度、强度不亚于铝,具有较强的抗震、防电磁、导热、导电等优异性能。作为高性能轻型结构材料,镁合金具有以下优点:

(1)密度小,但比强度高。在现有工程用金属中,镁的密度最小,在同等刚性条件下,1 kg 镁合金的坚固程度等于 18 kg 铝和 2.1 kg 钢。

(2)高的阻尼和吸震、减震性能。镁有极好的滞弹吸震性能,可吸收震动与噪声,用作设备机壳,减少噪声传递。

(3)良好的抗冲击和抗压缩能力。其抗冲击能力是塑料的 20 倍;当镁合金铸件受到冲击时,在其表面产生的疤痕比铁和铝都要小得多。

(4)良好的铸造性能。在良好部件结构条件下,镁合金铸件壁厚可小于 0.6 mm,这是塑胶制品在相同强度条件下无法达到的,铝合金制品壁厚在 1.2～1.5 mm 范围内才可与镁制品媲美。

(5)模铸生产率高。与铝相比,镁合金比热容低,在模具内能更快凝固。其生产率比铝压铸高出 40%～50%,最高可达到压铸铝 2 倍。

（6）尺寸稳定性好。在 100℃ 以下，镁合金可以长时间保持其尺寸的稳定性；不需要退火和消除应力就保持尺寸稳定性是镁合金的一个突出特性，体积收缩仅为 6%，是铸造金属中收缩量最低的一种；在负载情况下，具有良好的蠕变强度，这种性能对制作发动机零件和小型发动机压铸件具有重要意义。

（7）良好的机械加工性能。镁合金是常用金属中较容易加工的材料，加工时可采用较高的切削速度和廉价的切削刀具，工具消耗低。不需要机械磨削和抛光、不使用切削液就能得到优良的表面质量，在一次切削后即可获得，极少出现积屑瘤。

（8）良好的电磁干扰屏障。镁合金具有优于铝合金的磁屏蔽性能、更良好的阻隔电磁波功能，更适合于制作发出电磁干扰的电子产品。也可以用作计算机、手机等产品的外壳，以降低电磁波对人体辐射危害。

（9）低比热容。镁合金的比热容比铝合金小，因此不容易黏烧在模具上，能延长模具寿命。

（10）易回收。废旧镁合金铸件具有可回收再熔化利用的特性，并可作为 AZ91D，AM50，AM60 的二次材料进行再铸造。由于对压铸件需求的不断增长，可回收再利用的能力就显得非常重要。这种符合环保要求的特性，使得镁合金比许多塑胶材料更具有吸引力。

另外镁合金还具有抗疲劳性、无毒性、无磁性和较低的裂纹倾向性、不易破裂性等特点，适用于某些特定领域。

2. 镁合金的分类

按成型工艺分，镁合金可分为铸造镁合金和变形镁合金，两者在成分、组织性能上存在很大差异。

铸造镁合金是指适合采用铸造的方式进行制备和生产零件的镁合金，按合金化元素分为 Mg - Al - Zn 系铸造镁合金、Mg - Zn - Zr 系铸造镁合金和 Mg - Re - Zr 系铸造镁合金。

铸造镁合金结晶温度间隔大，体收缩和线收缩大，组织中的共晶体量、比热容、凝固潜热、密度以及液体压头均小，流动性低。

铸造镁合金在航天、航空工业上应用较多，其他如仪表、工具等工业部门也有应用。它除了密度小以外，还由于铸造工艺能满足零部件结构复杂的要求，能铸造出外形上难以进行机械加工、刚度高的零部件。

变形镁合金是指可用挤压、轧制、锻造和冲压等塑性成型方法加工的镁合金。由于镁合金为密排六方结构，传统上被视为一种塑性变形难、压力加工性能差的金属。与铸造镁合金相比，变形镁合金具有更高的强度、更好的塑性及更多样化的规格。

为保证变形镁合金具有较高的塑性，其中合金元素的含量往往比较低，要求在凝固组织中含有较少共晶相。

目前，铸造镁合金比变形镁合金的应用要广泛，但与铸造工艺相比，镁合金热变形后合金的组织得到细化，铸造缺陷消除，产品的综合机械性能大大提高，比铸造镁合金材料具有更高的强度、更好的延展性以及更多样化的力学性能。因此，变形镁合金具有更大的应用前景。

3. 镁合金的牌号

我国标准 GB/T 5153—2016 中变形镁合金牌号以"MB"加数字表示，如 MB1，MB2 等；铸造镁合金牌号以"ZM"加数字表示，如 ZM1，ZM2 等。常用镁合金的牌号及用途见表 7 - 6。

表 7 - 6　常用镁合金的牌号及用途

牌　号	抗拉强度/MPa	伸长率/(％)	用　途
ZM1	235	5	飞机轮毂、支架等抗冲击件
ZM2	185	2.5	200℃以下工作的发动机零件等
ZM3	118	1.5	高温高压下工作的发动机匣等
ZM5	225	5	机舱隔框、增压机匣等高载荷零件
MB1	210	8	形状简单受力不大的耐蚀零件
MB2	250	20	飞机蒙皮、壁板及耐蚀零件
MB8	260	7	形状复杂的锻件和模锻件
MB15	335	9	室温下承受大载荷的零件,如机翼等

在科学研究和生产中,也常采用美国 ASTM(美国材料试验协会)的命名法来标记镁合金。根据 ASTM 标准,镁合金牌号以字母＋数字＋字母的形式表示,前两个字母表示主要合金元素(A－Al,B－Bi,C－Cu,D－Cd,E－稀土,F－Fe,G－Mg,H－Th,K－Zr,L－Li,M－Mn,N－Ni,P－Pb,Q－Ag,R－Zr,S－Si,T－Sn,W－Y,Y－Sb,Z－Zn),后面跟数字表示合金元素的名义质量分数(％),A,B,C 等尾标字母表示合金成分在特定范围内的变化,并且对铸造镁合金和变形镁合金不加区分。如 AZ91E 即 Mg－9Al－1Zn,Al 和 Zn 的质量分数分别为 9％和 1％,E 表示 AZ91E 是含 9％Al 和 1％Zn 合金系列的第五位。

4.镁合金的热处理

镁合金的热处理和铝合金相似,但由于合金性质不同,镁合金热处理强化效果不如铝合金。镁合金常用热处理方法有退火、固溶处理和时效处理等,选用何种处理方法与合金成分、产品类型和所预期的性能有关。镁合金热处理最主要特点是固溶和时效处理时间长,淬火时不需要进行快速冷却,通常在静止空气或者人工强制流动的气流中冷却。

(1)退火。完全退火:可消除镁合金在塑性变形过程中产生的加工硬化效应,恢复和提高塑性。由于镁合金大部分成型操作在高温下进行,对其进行完全退火和去应力退火既可以减小或消除变形镁合金制品在冷热加工、成型焊接过程中产生的残余应力,也可消除铸件或铸锭中的残余应力。

变形镁合金的去应力退火:去应力退火工艺可以最大限度地消除镁合金工件中的应力。

铸造镁合金的去应力退火:铸件中的残余应力一般不大,但是由于镁合金的弹性模量较低,因此很小的应力就会使铸件发生明显弹性应变。去应力退火可以在不显著影响力学性能的前提下彻底消除铸件中的残余应力。

(2)固溶处理和人工时效。固溶处理:合金元素固溶到 α－Mg 基体中形成固溶体时,镁合金的强度、硬度会得到提高,称为固溶强化,这个过程称为固溶处理。镁合金经过固溶处理后不进行时效可以同时提高其抗拉强度和伸长率。

人工时效:将固溶处理后的过饱和固溶体置于一定温度下,放置一定的时间后,过饱和固溶体将会发生分解,引起合金的强度和硬度大幅度提高,这就是时效处理。其本质是脱溶或沉淀,让固溶体中的溶质脱离出来,以沉淀相析出。固溶处理后获得的都是过饱和固溶体,有分解的趋势,在一定的温度下,过饱和的溶质便会以β相脱溶出来,弥散分布在α相基体中,能够起钉扎作用,对材料内部滑移、孪晶等起到阻碍作用。

固溶处理＋人工时效:可以提高镁合金的抗拉强度、屈服强度等性能,但是会降低部分塑性,主要应用于 Mg – Al – Zn 和 Mg – Re – Zr 系镁合金。

热水淬火＋人工时效:用于 Mg – Zn 系镁合金。重新加热固溶处理容易导致晶粒粗化,通常在加热变形后直接人工时效以获得时效强化效果,且伸长率保持原有水平。

5.国内外常用航空镁合金

镁合金由于密度低、比强度高、刚性和强韧性好,且能够有效减轻质量,很早就应用于航空航天工业,特别是 Mg – Li 合金,具有很高的强度、韧性和塑性,是航空航天领域最有前途的材料,如座舱架、座椅、轮毂、吸气管、副蒙皮、直升机上机匣等都用 Mg – Li 合金制作。近年来,镁合金在直升机中的应用日益扩大,例如 EURO2COPTER 公司某些机型中的各齿轮箱壳体和盖子均用镁合金制造。我国自行研制了 10 多种稀土镁合金,且很多已在航空业得到应用,如添加 Nd 的 ZM6 铸造镁合金已经用于歼击机翼肋等。MB8 是我国最常用的航空镁合金。镁合金在航空航天中的应用主要在机身、发动机、飞机起落架轮壳、航空用通信器、雷达机壳、导弹、宇宙探查(火箭、发射台、卫星及探查、喷气发动机等)上。表 7 – 7 列出了我国常用的镁合金及其组织结构特性和在航空工业中的应用。

表 7 – 7　我国常用镁合金的特性及航空应用

牌　号	热处理状态	特　性	应　用
MB2	冷轧退火 300 ～ 350℃,300 min	不可热处理强化的变形镁合金(Mg – Al – Zn 系),热塑性良好,切削加工性、焊接性好,应力腐蚀比其他复杂的锻件等制品倾向小	主要用于航空发动机零件以及其他复杂的锻件等制品
MB3	冷(热)轧板材退火 250 ～ 300℃,300 min	不可热处理强化的 Mg – Al – Zn 系变形镁合金,室温强度较高,切削性良好,焊接性合格;但有应力腐蚀倾向,故必须经表面氧化处理及涂漆防护	主要制造导弹蒙皮和壁板,长期工作温度 150℃,短期 200℃
MB8	热轧、热挤压、热锻状态;冷轧板退火:300℃,30 min;半冷作硬化:240℃,30 min	Mg – Mn 系不可热处理强化的变形镁合金,添加铈可细化晶粒和改善力学性能,切削加工性和焊接性良好,没有应力腐蚀倾向	用于制作飞机蒙皮、壁板及汽油和滑油系统附件
MB15	热挤压后人工时效,170℃,10 h,空冷;热锻后人工时效,150℃,24 h,空冷	Mg – Zn – Zr 系可热处理强化的高强度变形镁合金,其 σ_b、σ_s、δ 优于其他镁合金,综合性能好,切削性能优良,抗蚀,但焊接性差	主要用于制造飞机的机身长桁及操纵系统的摇臂、支座等工作温度不超过 150℃ 的受力构件,是国内外广泛用于宇航工业的结构材料

续 表

牌　号	热处理状态	特　性	应　用
MB22	该合金不经热处理,通常以热轧状态供应	Mg-Y-Zn-Zr系热强变形镁合金,它的高温瞬时强度和压缩屈服强度明显优于其他镁合金,而且成型性、焊接性良好,无应力腐蚀倾向	可制成板材,主要用于300℃以下短期工作的宇航结构件,如飞行器壁板
MB25	热挤压或热锻压状态;热挤压后人工时效,时效温度为170℃,10 h,空冷	Mg-Zn-Zr-Y系高强度变形镁合金,其室温 σ_b,σ_s 和高温 σ_b 均优于MB15;但塑性、韧性、抗蚀性与MB15相近。它的生产工艺流程简单,工艺成型性和切削加工性良好	主要用于加工挤压制品及模锻件,可代替部分中等强度铝合金用于飞机的受力构件,如机身长桁、支座等,使用温度为150℃,是目前宇航工业中的新型结构材料
ZM1	时效:180℃±5℃,≥12 h,空冷;退火＋时效,330℃±5℃,2 h,空冷;185℃,≥12 h; 时效:175℃±5℃,28～32 h,空冷; 时效:195℃±5℃,16 h,空冷	Mg-Zn-Zr系砂型铸造合金,它的强度高,塑性好,但铸造时热裂倾向较大,难以焊接,显微疏松倾向较大,可用于形状简单、构件断面均匀的受力铸件	已用于飞机机轮铸件和飞机受力构件
ZM2	时效:300～350℃,2～8 h,空冷; 时效:325℃±5℃,8 h,空冷; 时效:330℃,2 h,空冷,175℃,16 h,空冷; 时效:330℃,2 h,空冷,140℃,48 h,空冷	Mg-Zn-Zr-Re系铸造镁合金,有较高强度和一定塑性,可焊,显微疏松低,铸件致密性高	用于飞机、发动机和导弹的各种铸件,亦用于170～200℃长期工作零件,如各类机匣铸件、支承壳体
ZM3	退火:325℃±5℃,3～5 h,空冷	一种以混合稀土金属合金化的热强铸造镁合金,在200～250℃下高温强度、持久强度、蠕变极限高;致密性高,热裂倾向低,无显微疏松倾向,焊接性良好	适用于150～250℃的喷气发动机机匣、壳体零件和要求高气密性零件
ZM4	时效:200～250℃,5～12 h,空冷	Mg-Re-Zn-Zr系铸造镁合金,在200～250℃的持久强度和蠕变极限高,但室温强度低,合金铸件致密性高,热裂倾向低,无显微疏松倾向,焊接性好	用于150～250℃长期工作的发动机、附件及各种壳体和机匣

续 表

牌　号	热处理状态	特　性	应　用
ZM5	(1)固溶处理,不进行时效:415℃±5℃,14～24 h,空冷; (2)固溶处理＋时效:415℃±5℃,14～24 h,空冷;175℃,16 h,空冷	Mg-Al-Zn 系铸造镁合金,它有良好的流动性,热裂倾向小,固溶处理后具有较高的强度和塑性,是应用广泛的一种铸造镁合金	用于制造飞机的框、翼肋、油箱隔板、导弹和副油箱的挂架、各种支臂、支座、轮毂、机匣、壳体
ZM6	固溶处理:525～535℃,12～16 h,空冷; 人工时效:200℃±5℃,6 h,空冷	Mg-Nd-Zn-Zr 系铸造镁合金,具有良好的室温和高温力学性能,铸造性、焊接性优良,综合性能良好	用于制造飞机发动机的后减速机匣,飞机液压恒速装置支架,机翼翼肋以及各种壳体和承力构件,工作温度可达 250℃
ZM7	T4 状态,固溶处理:①365℃±5℃,1 h,空冷;②415℃±5℃,8 h,空冷 T6 状态:①固溶处理:365℃,1 h,空冷;415℃,8 h,空冷;②时效,150℃ 12 h,空冷	Mg-Zn-Ag-Zr 系铸造镁合金,具有很高的 σ_b,σ_s,σ_{-1},δ;充型性良好,显微疏松倾向大,难于焊接	可用作高应力零件,如飞机轮毂、外筒以及形状简单的受力构件
ZM8	固溶处理:485℃±5℃(氢气氛中),10～72 h,空冷(流动);时效:①150℃,24 h,空冷;② 140℃,48 h,空冷;③95℃,24 h,180℃,4 h,空冷	Mg-Zn-Re-Zr 系铸造镁合金,σ_b,σ_s,σ_{-1},δ 很高,铸造性优良,铸件组织致密,耐压,无显微疏松倾向,热裂倾向小,焊接性良好	适用于承受高应力,要求高气密性构件和优质铸件,如发动机推力换向器铸件、飞机结构件
ZM9	稳定化时效处理:315℃±5℃,16 h,空冷	Mg-Y-Zn-Zr 系热强铸镁合金,300℃具有优良的持久强度和蠕变极限;铸造性好,热裂倾向小,焊接性良好,不同壁厚铸件力学性能优良	可应用于航空发动机的附件、机匣、壳体等构件,其工作温度可达 300℃

第 8 章 复合材料

20世纪以来,高度成熟的钢铁工业已成为现代工业的重要支柱,在已使用的结构材料中,钢铁材料占一半以上,但随着现代新技术的高速发展,特别是航空、航天领域的发展,材料的使用环境越来越恶劣。同时传统的钢铁材料及有色金属材料已经很难满足新技术的要求,因此开发新材料技术已成为了材料研究的重要发展方向。

复合材料既具有原组织材料的某些特点,同时又具有复合后的新特性和很强的可设计性,因此在很多领域都发挥了很大的作用,并已成为与金属材料、无机非金属材料、高分子材料并列的四大材料体系之一。

8.1　复合材料的简介

8.1.1　复合材料的发展和演化

在人类文明进程中,复合材料是一种重要而古老的材料,它的历史可以追溯到公元2000年以前,在那时人类已经会使用植物的根茎和土坯复合作为主要的建筑材料,并一直使用至今,图8-1所示为典型的复合材料古建筑。闻名于世界的中国漆器是一种典型的复合材料,它是以漆作基体材料,同时掺入麻绒或丝绢等织物材料作为增强体的复合材料。湖南长沙马王堆汉墓出土的漆器鼎壶、盆具和茶几等,是使用漆作胶黏剂,丝麻作为增强体的复合材料。

图 8-1　典型的复合材料古建筑(福建围屋)

随着时间的推移,在我国复合材料不断地进步和发展并被使用到各个领域,同时复合技术也更加精湛。在1 000多年以前,我国已用木料和牛角制弓,并可在战车上放射。至元代时,这种技术已发展到顶峰,最杰出的代表是蒙古弓,它是使用木材作为芯部材料,在受拉面贴上单向纤维,在受压面粘牛角,经过这种工艺制备出来的弓轻而有力,体现了我国夹层结构复合材料的高超技术。

在金属基复合材料方面,我国也有高超的技艺。在 1965 年冬天出土于湖北省荆州市江陵县望山楚墓群中的越王剑(见图 8 - 2),因其使用了一种主要含铬的金属作为包覆材料,致其在潮湿环境中几千年,出土后依然寒光夺目,锋利无比。

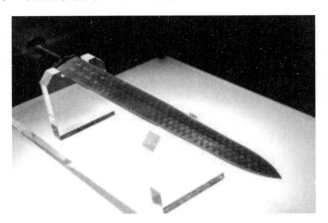

图 8 - 2　越王剑

进入 20 世纪以来科学技术飞速发展,特别是材料趋向于小、轻、强、智能化的发展趋势,传统的复合材料已经难以服役于各种复杂的应用环境。因此现代复合材料在传统复合材料的基础上孕育而生。最典型的玻璃纤维增强复合材料,因其具有质量轻、硬度高、强度高、耐腐蚀性好等特点,而被广泛用于第二次世界大战中。

至 20 世纪 60 年代,玻璃纤维复合材料的技术不断的发展成熟,在某些领域成了金属材料的替代材料,而被材料科学界称为第一代复合材料。1960 年至 1980 年间,随着碳纤维、石墨纤维和芳纶纤维等高强度、高模量增强纤维的出现,先进复合材料开始发展,称之为第二代复合材料。1980 年至 1990 年间,出现了纤维增强金属基复合材料,即第三代复合材料。1990 年后,第四代复合材料开始出现,主要是功能性复合材料,如机敏复合材料、仿生复合材料、隐身复合材料等。

8.1.2　复合材料的概念和分类

根据国际标准化组织(ISO)的定义,复合材料是由物理或化学性质不同的两种或两种以上有机高分子、金属或者无机非金属等材料经过一定的复合工艺制备而来的新型材料。复合材料的各个组分在性能上互相取长补短,产生协同效应,使复合材料的综合性能优于原组成材料而满足各种不同的应用要求。

按照上述定义,复合材料有三大要素:基体(Matrix)、增强体(Reinforcement)和两者之间的界面(Interface)。一般而言,复合材料结构中的连续相称为基体,基体的作用是将增强材料黏结成固态整体,保护增强材料,传递荷载,阻止裂纹扩展,如聚酯树脂、乙烯基树脂等。而以独立形态分布于基体中的分散相,由于其具有显著增强材料性能的特点,故称之为增强体,如玻璃纤维、晶须等。在基体和增强材料中存在着一个界面,复合材料的界面实际上是一层具有一定厚度(纳米级以上)、结构与基体和增强体都有明显区别的新相,界面又称界面相或界面区。复合材料界面性能对复合材料的整体的性能影响很大,复合材料的韧性、耐热性、压缩等性能都与界面性能有关。对于结构复合材料而言,界面的作用是在复合材料受到载荷时把基体上的应力传递到增强体上。对于透波、吸波、导电和阻尼等功能复合材料而言,界面的作用非常重要,相关研究需要进一步深化系统。基体、增强体和界面的关系如图 8-3 所示。

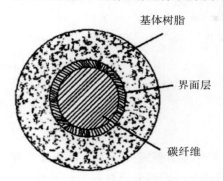

基体树脂

界面层

碳纤维

图 8-3　复合材料界面示意图

复合材料在世界各国还没有统一的名称和命名方法,比较共同的趋势是根据增强体和基体的名称来命名,通常有以下三种情况:

(1)当强调基体时,以基体材料的名称为主,如树脂基复合材料、金属基复合材料、陶瓷基复合材料等。

(2)当强调增强体时,以增强体材料的名称为主,如玻璃纤维增强复合材料、碳纤维增强复合材料、陶瓷颗粒增强复合材料等。

(3)基体材料名称与增强体材料并用。这种命名方法常用来表示某一种具体的复合材料,习惯上把增强体材料的名称放在前面,基体材料的名称放在后面,如玻璃/环氧复合材料、碳/金属复合材料、碳/碳复合材料等。

国外还常用英文编号来表示,如 MMC(Metal Matrix Composite)表示金属基复合材料,FRP(Fiber Reinforced Plastics)表示纤维增强塑料,而玻璃纤维/环氧则表示为 GF/Epoxy,或 G/Ep(G-Ep)。

复合材料的分类方法较多,常见的分类方法有以下几种。

1.按材料的用途分类

(1)结构复合材料:具有较好的力学性能,并用于制造承力构建的复合材料。

(2)功能复合材料:除机械性能以外还提供其他物理性能的复合材料,如超导、吸波、透波、阻燃、防热、吸声、隔热等功能,统称为功能复合材料。

2.按基体材料的类型分类

(1)聚合物基复合材料。聚合物基复合材料是以有机聚合物(主要为热固性树脂、热塑性树脂及橡胶)为基体的复合材料。

(2)金属基复合材料。金属基复合材料是以金属为基体的复合材料,如铝基复合材料、钛基复合材料。

(3)无机非金属基复合材料。无机非金属基复合材料是以无机非金属材料(玻璃、陶瓷、水泥、碳、石墨)作为基体的复合材料。

3.按增强体材料的形态分类

(1)连续纤维复合材料。以连续长纤维作为增强相的复合材料,连续长纤维的方向可以单一,或双向正交,或者多方向。

(2)短纤维复合材料。增强体为短纤维,并成无规则状态分布在基体中的复合材料。

(3)颗粒状复合材料。其增强体是由不同尺寸、形状的颗粒,随机散布在基体中的。如混凝土,其中石子为增强体,水泥砂浆为基体。

4. 按增强体纤维的种类分类

(1)玻璃纤维复合材料;

(2)碳纤维复合材料;

(3)有机纤维复合材料;

(4)金属纤维复合材料;

(5)陶瓷纤维复合材料。

此外,将用两种或两种以上纤维增强同一基体的复合材料称为混杂复合材料纤维。混杂复合材料可以看成是两种或多种单一纤维复合材料的相互复合。

8.1.3　复合材料的性能和特点

复合材料由多相材料复合而成,它与一般材料的简单混合有本质区别。由于复合材料的各组元间的组合方式复杂,形成了既保留原组成材料的主要性能,同时又获得了各组元间相互补充并彼此关联的综合性能。

与传统材料相比,复合材料具有以下特点:

(1)复合效应。复合材料克服了单一材料的性能缺点,兼具结构材料的力学性能和功能材料的物理特性。例如,玻璃纤维增强环氧树脂复合材料,既具有类似金属材料的强度,同时又具有塑料的介电性能和耐腐蚀性能。

(2)可设计性强。可以按照材料的应用要求进行设计和制造复合材料。例如,新型战斗机需具备一定的隐身性能,因此在设计飞机表面材料时需考虑加入某种雷达波吸收剂材料。

(3)可成型性好。大多数复合材料零件可以经过一体成型进行制造,可以避免多次加工。例如,飞机的表面复合材料采用共固化/共胶接等手段,进行大面积整体成型。

(4)耐疲劳性能好。复合材料比金属材料有较高的耐疲劳特性。通常金属材料的疲劳强度极限是其拉伸强度的 $30\% \sim 50\%$,而碳纤维增强聚合物基复合材料的疲劳强度极限为其拉伸强度的 $70\% \sim 80\%$。因此,用复合材料制备的在长期交变载荷条件下工作的构件,具有较长的使用寿命和较大的破损安全系数。

(5)破损安全性高。复合材料的破坏不像传统材料那样突然发生,而是经历基体损伤、开裂、界面脱黏、纤维断裂等一系列过程。当少数增强材料发生断裂时,载荷又会通过基体的传递迅速分散到其他完好的纤维上去,从而延迟了灾难性破坏突然发生的时间。

(6)阻尼减震性好。复合材料的基体纤维界面具有较大的吸收震动能量,使材料的振动阻尼较高。

8.1.4　复合材料的强化机理

按增强材料的种类和性质,复合材料的强化机制可以分为以下三种:

(1)弥散增强机制。弥散强化复合材料是由弥散颗粒与基体复合而成。在聚合物基体中阻碍分子链的运动,载荷主要由基体承担,弥散颗粒阻碍聚合物基体分子链的运动。微粒阻碍基体分子链运动能力越大,增强效果愈大。微粒的尺寸越小,在一定范围内,体积分数越高,强化效果越好。

（2）颗粒增强机制。①材料受载时，增强体对基体变形的约束或对基体中位错运动的阻碍产生强化作用；②基体向增强体的载荷传递；③增强体加入基体，由于基体和增强体热膨胀系数不同导致材料内产生热残余应力以及由于热残余应力释放导致基体中产生位错或基体加工硬化，从而形成位错强化或加工硬化强化；④基体与增强体之间的界面结合状况及界面附近基体的微观结构和化学性质的影响而产生界面强化。

颗粒增强的微观结构和化学性质与弥散增强机制的不同点：前者载荷主要由基体承担，但颗粒也承受载荷并约束变形。

（3）纤维增强机制。①增强纤维抗张强度明显高于基体，载荷主要由纤维承受。②基体与增强体界面黏结良好，当复合材料受载荷时，由基体将载荷传递给增强体，使增强体均匀受力。③由基体的塑性阻止裂纹的扩展。④纤维受力断裂时断口往往不出现在同一平面上，要使复合材料断裂，则必须将许多纤维从基体中拔出，克服基体对纤维黏结力，使复合材料断裂强度明显提高。

8.2　金属基复合材料

科学技术的高速发展，对材料提出了越来越高的要求。在结构材料中，不但要求其具有优异的力学性能，同时还要求其具有较轻的质量和较好的物理性能（如导电、透波、吸波、阻燃、压电等特性）。因此金属基复合材料就在传统金属材料的基础上为了满足上述要求而诞生了。在早期的金属基复合材料研究发展中，航空、航天、武器等军事技术的需求起到了巨大的推动作用，而在可预期的将来，汽车、电子等民用工业的迅速发展必为金属基复合材料提供更加广阔的应用前景。

8.2.1　金属基复合材料的概念、分类

金属基复合材料是以金属或合金为基体，以纤维、晶须、颗粒等为增强体的复合材料。通过合理的设计和复合工艺，使之兼有金属良好的塑韧性和加工性能以及增强体的高比强度、比刚度，更好的导热性、耐磨性以及尺寸稳定性等优点。

金属基复合材料的分类既可以按基体来进行分类，也可以按增强体的类别来分类。按照金属基体的不同来分类，可以分为铝基复合材料、镁基复合材料、铜基复合材料、钛基复合材料、高温合金基复合材料等。按增强体来分类则可以分为颗粒增强复合材料、层状复合材料、纤维增强复合材料等。

1. 按基体分类

（1）铝基复合材料。铝基复合材料是目前应用的最为广泛的一种金属基复合材料。因铝基复合材料具有良好的塑形和韧性、比强度和比刚度高、高温性能好、高疲劳性和高耐磨性、价格低廉等优点，而被作为结构材料用于航天航空领域。铝基复合材料常用的铝合金基体有 $Al-Mg$，$Al-Cu$，$Al-Li$，$Al-Fe$ 等，在铝基复合材料的制备中具体选用何种铝合金作为基体，需要根据实际使用对复合材料的性能要求来决定。常用的增强相主要有 SiC 颗粒、Al_2O_3 颗粒、BC_4 颗粒、TiC 颗粒等。

（2）镁基复合材料。镁基复合材料的密度只有铝基复合材料的 2/3，同时还具有高强度、

高比刚度,优异的阻尼减震性、电磁屏蔽和储氢性能,被广泛用于航空、航天、电子、新能源等领域。常用的镁基体合金主要有 Mg - Mn,Mg - Al,Mg - Zn,Mg - Zr,Mg - Li 和 Mg - Re,此外还有用于承受较高温度的 Mg - Ag,Mg - Y 合金,常用的增强相主要有 SiC 颗粒、Al_2O_3 颗粒和 B_4C 颗粒等。

(3)铜基复合材料。由于传统铜及铜合金的强度和耐热性能不足等问题,其应用范围受到了极大的限制。因此为了提高铜及铜合金的强度和耐热性,而开发出了铜基复合材料。常见的铜基复合材料增强相有 Al_2O_3,WC,TiB_2,Ti_3SiC_2,TiC 等。

(4)钛基复合材料。钛基复合材料较其他复合材料具有更高的比强度,同时还具有优异的耐腐蚀性能等特性。但由于传统的钛及钛合金材料的耐磨性低,在 600℃ 以上合金的强度和蠕变抗力急剧下降等缺点存在,而开发出了钛基复合材料。通过加入增强相,钛基复合材料的比强度、比刚度、高温蠕变性、耐磨性得到了显著的提高。主要的增强相有 TiC 颗粒、TiB 颗粒、TiAl 颗粒等。

(5)镍基复合材料。镍基复合材料为典型的高温合金复合材料,镍基复合材料具有良好的高温强度、抗热疲劳性、抗氧化性和抗热腐蚀性,是广泛用于航空发动机、舰船及工业燃气涡轮发动机中重要受热部件的新型金属基复合材料。

2.按增强体分类

(1)颗粒增强复合材料。颗粒增强复合材料是指弥散分布体积分数为 5%~50% 硬质增强相的复合材料,此外,颗粒的直径为 1~50 μm,颗粒的间距一般为 1~25 μm。在颗粒增强复合材料中,载荷主要是由基体相承担,弥散分布的增强相在基体中主要起到阻碍基体的位错运动的作用。

颗粒增强复合材料的强度通常取决于颗粒的直径、间距和体积比。增强相的颗粒尺寸越小,体积分数越高,颗粒对复合材料的增强效果也越好。此外,界面性能以及颗粒的分布状态都对颗粒增强复合材料的性能有十分重要的影响。

(2)层状复合材料。层状复合材料是指在韧性和塑性较好的金属基体中,加入具有重复排列的高强度、高模量片的层状增强相的金属复合材料。其中的各层金属仍保持各自原有的特性,但其整体物理、化学和力学性能比单一金属有了很大的提高,因而可以满足特殊环境下对材料性能的要求。

(3)纤维增强复合材料。金属基复合材料中的纤维增强体根据其长度的不同可以分为长纤维、短纤维和晶须。由于纤维增强复合材料的形貌影响,纤维增强复合材料均表现出明显的各向异性特征。作用在纤维增强复合材料的载荷主要是由基体相承担,然后通过一定方式传递到纤维上。从微观上看,纤维和基体的弹性模量不同,如果受到平行于纤维方向的力时,一般基体的变形量将会大于纤维的变形量。但因为基体与纤维是紧密结合在一起的,纤维将限制基体过大的变形,于是在基体与纤维之间的界面部分便产生了剪切应力和切应变,并将所承受的载荷合理分配到纤维和基体这两种组元上。

基体的性能对复合材料的横向性能和剪切性能的影响比对纵向性能的更大。当韧性金属基体用高强度脆性纤维增强时,基体的屈服和塑性流动是复合材料性能的主要特征,但纤维对复合材料弹性模量的增强具有相当大的作用。

8.2.2　金属基复合材料的特点

金属基复合材料的性能取决于所选金属或合金基体和增强物的特性、含量、分布等。通过优化组合可以获得既具有金属特性,又具有高比强度、高比模量、耐热、耐磨等优良综合性能的复合材料。金属基复合材料有以下性能特点。

1. 高比强度和高比模量

在金属基体中加入适量高比强度、高比模量、低密度的纤维、晶须、颗粒等增强物,能明显提高复合材料的比强度和比模量。加入质量分数为 $30\%\sim50\%$ 高性能纤维作为复合材料的主要承载体,复合材料的比强度、比模量成倍地高于基体合金或金属的比强度和比模量。

2. 导热和导电性能

金属基复合材料中金属基体的体积分数一般为 60% 以上,因此仍保持金属所具有的良好导热和导电性。金属基复合材料采用高导热性的增强物可以进一步提高导热性能,使热导率比纯金属基体还高。良好的导热性可有效地传热散热,减少构件受热后产生的温度梯度。现已研究成功的超高模量石墨纤维、金刚石纤维、金刚石颗粒增强铝基和铜基复合材料的热导率比纯铝和铜还高,用它们制成的集成电路底板和封装件可有效迅速地把热量散去,提高集成电路的可靠性。良好的导电性可以防止飞行器构件产生静电聚集。

3. 热膨胀系数小,尺寸稳定性好

金属基复合材料中所用的增强物碳纤维、碳化硅纤维、晶须、颗粒、硼纤维等既具有很小的热膨胀系数,又具有很高的模量。加入相当含量的增强物不仅可以大幅度地提高材料的强度和模量,也可以使其热膨胀系数明显下降,并可通过调整增强物的含量获得不同的热膨胀系数,以满足各种工作情况的要求。

4. 良好的高温性能

金属基复合材料具有比金属基体更好的高温性能,特别是连续纤维增强金属基复合材料更是如此。在复合材料中纤维起着主要承载作用,纤维强度在高温下基本不降,纤维增强金属的高温性能可保持到接近金属熔点。金属基复合材料被选用在发动机等高温零部件上,可大幅度地提高发动机的性能和效率。

5. 耐磨性好

金属基复合材料,尤其是陶瓷纤维、晶须、颗粒增强金属基复合材料具有很好的耐磨性。在基体金属中加入了大量硬度高、耐磨、化学性能稳定的陶瓷增强相,特别是细小的陶瓷颗粒,不仅提高了材料的强度和刚度,也提高了复合材料的硬度和耐磨性。高耐磨的 SiC/Al 复合材料用于汽车发动机、刹车盘、活塞等重要零件,明显地提高零件的性能和寿命。

6. 良好的疲劳性能和断裂韧性

金属基复合材料的疲劳性能和断裂韧性取决于纤维等增强物与金属基体的界面结合状态、增强物在金属基体中的分布、金属基和增强物本身的特性等,特别是界面状态,最佳的界面结合状态既可有效地传递载荷,又能阻止裂纹的扩展,提高材料的断裂韧性。

7. 不吸潮、不老化、气密性好

金属基复合材料性质稳定,组织致密,不存在分解、吸潮等问题,也不会发生性能的自然退化。

8.2.3　金属基复合材料的微观结构

金属基复合材料的组成分成基体、增强体和界面三个部分。

(1)基体:通常将其中连续分布的组分称为基体,如铜基体、铝基体、镁基体等,基体起传递外力载荷与保护增强体和功能体的作用。

（2）增强体：复合材料中能提高基体材料基本力学性能的组分，也称为分散相、增强剂、增强相等。可以是纤维及编织物，也可以是颗粒状或弥散的填料。

复合材料的增强体应具有以下基本特征：良好的化学稳定性，与基体具有良好的润湿性或通过表面处理后能与基体具有良好的复合与均匀分布。

（3）界面：界面是指复合材料的基体与增强体材料之间化学成分有显著变化的、构成彼此结合的、能对载荷等起传递作用的微小区域。

复合材料界面是一个多层结构的过渡区域，约几纳米到几微米。此区域的结构与性质都不同于两相中的任何一相。复合材料界面的机能可归纳为以下几种效应：

1）传递效应：界面可将复合材料体系中基体承受的外力传递给增强体，起到增强体和基体桥梁的作用。

2）阻断效应：界面结合强度适中的复合材料界面具有阻止裂纹扩展、减缓应力集中的作用。

3）不连续效应：在界面上产生物理性能不连续和界面摩擦出现的现象，如抗电性、电感应性、磁性、耐热性和磁场尺寸稳定性。

4）散射和吸收效应：光波、声波、热弹性波、冲击波等在界面产生散射和吸收，如透光性、隔热性、隔音性、耐机械冲击性等。

5）诱导效应：一种物质（通常是增强体）的表面结构使另一种（通常是聚合物基体）与之接触的物质结构由于诱导作用而发生改变，由此产生一些特性，如强弹性、低膨胀性、耐冲击性和耐热性等。

8.2.4 金属基复合材料的制备方法

金属基复合材料制备科学的研究与发展是决定其迅速发展和广泛应用的关键问题。研究开发有效而实用的制备方法一直是金属基复合材料的重要问题之一。常用的制备方法有 4 种，即扩散黏结法、铸造法、叠层复合法和原位自生复合法。

1. 扩散黏结法

对于颗粒、晶须等增强体可采用成熟的粉末冶金法，即把增强体与金属粉末混合后冷压或热压烧结，也可以用热等静压的工艺；对于连续增强体则较复杂，需先将纤维进行表面涂层以改善它与金属的润湿性并起到阻碍与金属反应的作用，再浸入液态金属制成复合丝，然后把复合丝排列并夹入金属薄片后热压烧结；对于难熔金属则用等离子喷涂法把金属喷射在纤维已排好的框架上制成复合片，再把这些片材层叠热压或热等静压成型。这类方法成本高，工艺及装备复杂，但制品质量好。

2. 铸造法

铸造法主要有熔体搅拌铸造法、液相浸渗法和共喷射沉积法等。用铸造法制备金属基复合材料，工艺比较简单，制品质量也较好。

3. 叠层复合法

这种方法是先将不同金属板用扩散结合方法复合，然后用离子溅射或分子束外延方法交替地将不同金属或金属与陶瓷薄层叠合在一起构成金属基复合材料。这种方法制备的复合材料性能很好，但工艺复杂难以实用化。

4. 原位自生复合法

金属基复合材料的原位复合工艺基本上能克服其他工艺中常出现的一系列问题,如基体与增强体浸润不良、界面反应产生脆性、增强体分布不均匀、对微小的(亚微米和纳米级)增强体极难进行复合等。它作为一种具有突破性的新工艺方法而受到普遍的重视,其中包括直接氧化法、自蔓延法和原位共晶生长法等。

8.2.5　常用的航空金属基复合材料

由于金属基复合材料强度、刚度、疲劳性能、耐热性能等良好的性质,它已经受到了航空应用领域的极大关注。航空飞行器向更快、更高、更强、更轻的方向发展,因此需要不断减轻结构质量的同时提高材料的强度,并且提高发动机舱以及涡轮叶片的耐热温度,而金属基复合材料可提供一些潜在的优点来达到这些目的。此外,金属基复合材料还经常伴随着良好的热传导性和低密度等特性,因此具有了高比强度和比刚度、低热膨胀系数等优点,并且有可能根据特定应用要求来设计其性能。金属基复合材料在航空领域主要用于以下几个部分:

1. 结构材料

早在 20 世纪 80 年代,低体积分数(15%~20%)的碳化硅颗粒增强铝基复合材料作为非主要承载结构材料成功地应用于飞机上,例如洛克希德·马丁公司生产的机载电子设备支架。

更为引人注目的是,在 20 世纪 90 年代末,碳化硅颗粒增强铝基复合材料在大型客机上获得正式使用。普惠公司从 PW4084 发动机开始,将 DWA 公司生产的挤压态碳化硅颗粒增强变形铝合金基体复合材料(6092/SiC/17.5p - T6)作为风扇出口导流叶片,用于所有采用 PW4000 发动机的波音 777 飞机上。

2. 功能材料

电子级高体积分数(60%~70%)碳化硅颗粒/铝基复合材料,作为新型轻质电子封装基热控元件在一系列为世人所瞩目的先进航空航天器上获得正式应用。此种材料的热导率可高达 180 W/(m·K),从而降低了电子元器件的工作温度,减少了冷却装置。这种材料被用于 F-22 战斗机的电子元器件基座及外壳等热控结构。

8.3　树脂基复合材料

树脂基复合材料自 1932 年在美国诞生以来,至今已有 80 多年历史。第二次世界大战期间,美国首次用玻璃纤维增强树脂基复合材料以手糊工艺制造出军用雷达罩和远程飞机油箱,为树脂基复合材料在各个领域应用开辟了道路。树脂基复合材料又称纤维增强塑料,是以合成树脂为基体,以纤维为增强材料的一种新型复合材料。与钢铁材料、铝合金等传统材料相比,树脂基复合材料具有质量轻、比强度高、耐腐蚀减振性能好、可设计性强、易于加工等优点而被广泛用于航空、航天、汽车等领域。

8.3.1　树脂基复合材料的概念、分类和特点

树脂基复合材料以有机聚合物为基体的纤维增强材料,通常使用玻璃纤维、碳纤维、玄武岩纤维或者芳纶纤维等作为增强体。

1. 树脂基复合材料的分类

(1)按增强材料分类,可分为颗粒增强树脂基复合材料,短纤维和晶须增强树脂基复合材料以及长纤维增强树脂基复合材料。

(2)按树脂基体分类,可分为热固性树脂基复合材料和热塑性树脂基复合材料。

2. 树脂基复合材料的特点

(1)各向异性。树脂基复合材料的增强体是以纤维材料为主,而树脂基复合材料的载荷主要是由纤维增强体承受。同时,由于纤维材料的结构性能呈现出明显的各向异性,因此使得其增强的树脂基复合材料的性能也呈现出各向异性。

(2)不均质。树脂基复合材料的增强体材料在基体上的分布是不均匀的,特别是短纤维或者颗粒增强等复合材料的组织结构成不连续的分布。

(3)呈黏弹性行为。树脂是一种高分子聚合物,大多数高分子聚合物具有黏弹性性能,因此树脂基复合材料也具有黏弹性性能。当环境温度升高或由于载荷作用下的内耗引起自身温度的升高时,树脂的黏弹性变形就变得非常严重。这限制了树脂基复合材料在航空、航天领域中的广泛应用。树脂基复合材料的黏弹性规律取决于以下一些因素:基体的性能、纤维的弹性和断裂特性、纤维的分布规律、纤维/基体的界面特性等。

(4)树脂基复合材料的物理性能差异较大。树脂基复合材料的性能在很大程度上取决于增强体的性能、含量以及分布状态。增强体的性能和在基体中的形貌对树脂纤维的物理性能具有明显的影响,因此使得树脂基复合材料性能的可设计性强。

(5)树脂基复合材料的性能多呈分散性。树脂基复合材料的局部性能具有较大的差异,这是由增强体在基体中的分布存在一定的差异而导致的。

8.3.2 树脂基复合材料性能

1. 质量轻、比强度高

树脂基复合材料的相对密度较小,一般介于 $1.5 \sim 2.0$ 之间,只有普通碳钢的 $1/4 \sim 1/5$,但比强度大,承载能力高。用于航空领域可以大规模取代传统金属材料,从而起到减轻航空器质量的作用。

2. 性能的可设计性

树脂基复合材料的物理性能、化学性能、力学性能,都可以通过对原材料合理选择,即采用不同的种类、配比、加工方法、纤维含量和铺层方式进行设计。由于树脂基体材料种类很多,其选材设计的自由度很大。

3. 优良的耐腐蚀性

树脂具有良好的耐腐蚀性能,有针对性地选择树脂进行复合材料生产,可使树脂基复合材料具有不同的耐腐蚀性能。

4. 减振性能好

由于树脂基复合材料的自振频率较高导致材料发生共振的机会较小;同时,纤维与基体的界面也具有一定的吸振能力,因此树脂基复合材料受冲击时能够有效地吸收大量的冲击能。

5. 高温性能好

树脂基复合材料在高温时,表面不易发生分解或者引起气化,同时还能吸收一定的热量起到降低材料表面的温度。因此树脂基复合材料具有较好的耐热性能,故而被大量使用作为烧蚀材料。

6.成型工艺简单

树脂基复合材料可用模具一次成型制造各种构件,从而减少了零部件的数量及接头等紧固件,节省原材料和工时,有效降低生产成本。

8.3.3 树脂基复合材料制备技术

树脂基复合材料主要由高分子材料组成,其成型固化工艺与金属材料的制备工艺具有一定的差异性。传统金属零件的成型及制备工艺是以铸、锻、车、铣、刨、磨、钳、钻等工艺为主,并按工序先从材料一步步进行减材。树脂基复合材料的制备是直接将产品的成型和复合材料的制造合为一体。

树脂基复合材料的性能主要是受增强体和基体的性能、增强体的分布以及各组元的成分比例影响,同时还受成型固化工艺的影响。树脂基复合材料的成型是指将预浸料根据产品的要求,铺成一定的形状后进行固化。所谓的固化是指将一定形状的叠层预浸料在一定气氛和压力条件下将材料形状固定下来的固定方法。树脂基复合材料的制备方法经过了30多年的发展已经取得了较大的进展,目前航空、航天领域树脂基复合材料主要制备技术包括手糊成型法、模压成型法、喷射成型法、热压罐成型法、树脂传递模塑成型技术、连续缠绕成型法等。

1.手糊成型

手糊成型是树脂基复合材料生产中最早使用和最简单的一种成型工艺方法,其成型原理如图8-4所示。其工艺方法是首先在成型模具上涂刷脱模剂,然后交叉铺设增强材料和涂刷树脂直至所需的尺寸,最后经固化和脱模成型出所需零件。在航空领域,手糊成型主要用于飞机雷达舱的透波材料以及机身表面隐身吸波材料的制备。

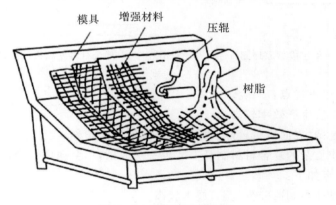

图8-4 手糊成型原理图

但其成品需要较长的固化时间,一般成型后达到脱模强度通常需要 24 h,若需要达到更高的使用强度,固化时间需要长达一个月之久。对脱模后的制品要进行机械加工,去除飞边、毛刺,修补表面和内部缺陷。在进行后续加工时,需要穿戴防护用具同时使用水喷淋冷却,防止粉尘对人体的伤害。

手糊成型热固树脂基复合材料制品的厚度是影响制品性能的主要参数。制品壁厚太大会引起制品超重,满足不了设计和实际使用要求;如果制品的壁厚太小,制品的力学性能会很难满足实际使用性,甚至造成制品报废。

手糊成型具有以下优点:

(1)手糊成型不受产品尺寸和形状限制,适宜尺寸大、批量大、形状复杂产品的生产。

(2)设备简单、投资少、设备折旧费低。

(3)工艺简便。

(4)易于满足产品设计要求,可以在产品不同部位任意增补增强材料。

(5)制品树脂含量较高,耐腐蚀性好。

手糊成型的缺点如下:

(1)生产效率低,劳动强度大,劳动卫生条件差。

(2)产品质量不易控制,性能稳定性不高。

(3)产品力学性能较低。

2.模压成型

模压成型又称为压力加工成型,它是将复合材料基体和增强体材料置于阴模型腔内合上凸模,然后借助压力和热量的作用使型腔的热塑性物料充满型腔,形成与腔体形状相同的制品并再经过加热使树脂进一步发生交联反应而固化,最后冷却脱模得到所需的复合材料制品。模压成型原理如图 8-5 所示,某模压成型模具如图 8-6 所示。

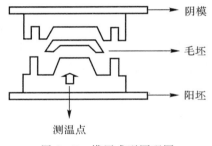

图 8-5　模压成型原理图

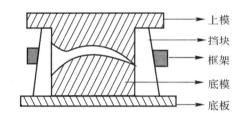

图 8-6　复合材料发动机叶片模压成型模具示意图

模压成型具有以下优点:

(1)模压成型方法生产效率较高。

(2)制品尺寸精确,表面质量较好,收缩率低,几何性能匀称,尺寸稳定性较好。

(3)尤其对结构复杂的复合材料制品一般可一次成型,不会损坏复合材料制品性能。

模压成型的缺点如下:

(1)成型模具设计与制造较为复杂,成本较高。

(2)成型工艺生产周期较长、效率低,劳动强度较大,不易实现机械化或自动化生产。

3.缠绕成型

缠绕成型是把连续的纤维经浸渍树脂胶液后,在一定的张力作用下,按照一定的规律缠绕到模具上,然后通过加热或者常温固化成型,制备成具有一定形状制品的工艺技术。在缠绕过程中,对模具的旋转速度与输送纤维运动之间的相互关系进行调节,可以得到各种缠绕形式的制品。纤维缠绕成型通常适用于制造圆柱体、圆筒体、球体和某些正曲率回转体制品。根据缠绕时树脂所具备的物理、化学状态不同,在生产上将缠绕成型又分为干法、湿法和半干法三种缠绕形式。

缠绕成型具有以下优点：

(1)增强体排列的规整度和精度高。

(2)制品结构合理,比强度和比模量高,质量比较稳定,生产效率高。

缠绕成型具有以下缺点：

(1)设备投资费用大,只有大批量生产时才能降低成本。

(2)使用范围较窄,缠绕成型只适用于制作承受一定内压的中空型容器,如固体火箭发动机壳体、导弹壳体和枪炮管等。

4.喷射成型

喷射成型是把短纤维增强材料与树脂体系同时喷涂到模具型腔内,然后固化成型热固性复合材料制品的一种成型工艺。整个过程包括加料、熔化、混合、注射、冷却硬化和脱模等步骤,其工艺过程如图 8-7 所示。

在加工过程中,由于熔体混合物的流动会使纤维在树脂基体中的分布有一定的各向异性,如果制品形状比较复杂,则容易出现局部纤维分布不均匀。混合体系具有良好的流动性,而纤维量不宜过高,一般在 30%～40%左右。

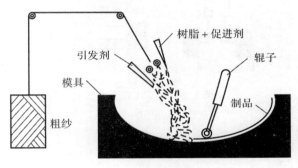

图 8-7　喷射成型工艺

喷射成型具有以下优点：

(1)生产效率比手糊提高 2～4 倍,生产量可达 15 kg/min。

(2)用玻璃纤维无捻粗纱代替织物,材料成本低产品整体性好,无接缝。

(3)可自由调整产品壁厚、纤维与树脂比例。

喷射成型具有以下缺点：

(1)工作现场空气污染较大；

(2)树脂含量高,制品的强度较低。

5.热压罐成型技术

热压罐成型法是目前国内外广泛采用的工艺方法之一,主要用于大尺寸、外形较复杂的航空、航天纤维增强复合材料构件的制造,如蒙皮件、肋、框、各种壁板件、地板及整流罩。热压罐成型技术的基本原理是将预浸料按铺层要求铺放于模具上,并密封在真空袋中后放入热压罐中,经过热压罐设备加温、加压,完成材料固化反应,使预浸料坯件成为所需形状和满足质量要求的构件。

热压罐成型技术的优点如下：

(1)用于制备高纤维体积分数复合材料。

（2）固化温度场和压力场均匀，复合材料构件质量和性能稳定性优异。

（3）可用于制备较大面积、较复杂结构的高质量复合材料构件。

热压罐成型技术的缺点如下：

（1）能源消耗较大、设备投资成本较高。

（2）制件尺寸受热压罐尺寸限制。

6. 树脂传递模塑成型技术

树脂传递模塑（RTM）成型技术是在压力注入或外加真空辅助条件下，将具有反应活性的低黏度树脂注入闭合模具中并排除气体，同时浸润干态纤维结构，在完成浸润后，树脂通过加热引发交联反应完成固化，得到复合材料构件。其成型工艺如图8-8所示。

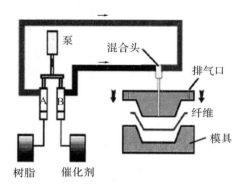

图8-8　RTM成型工艺

RTM成型技术的优点如下：

（1）制品纤维含量可较高，未被树脂浸渍部分非常少；

（2）闭模成型，生产环境好；

（3）劳动强度低，对工人技术熟练程度的要求也比手糊与喷射成型低；

（4）制品表面粗糙度好，精度也比较高；

（5）成型周期较短；

（6）产品可大型化；

（7）强度可按设计要求具有方向性；

（8）可与芯材、嵌件一体成型；

（9）相对注射设备与模具成本较低。

RTM成型技术缺点如下：

（1）不易制作较小产品；

（2）因要承压，故模具较手糊与喷射工艺用模具要重和复杂，价位也高一些；

（3）有边角料浪费。

7. 拉挤成型技术

拉挤成型工艺（见图8-9）是将浸渍树脂胶液的连续玻璃纤维束、带或布等，在牵引力的作用下，通过挤压模具成型、固化，连续不断地生产长度不限的玻璃钢型材。这种工艺最适于生产各种断面形状的玻璃钢型材，如棒、管、实体型材（工字形、槽形、方形型材）和空腹型材（门窗型材、叶片等）等。

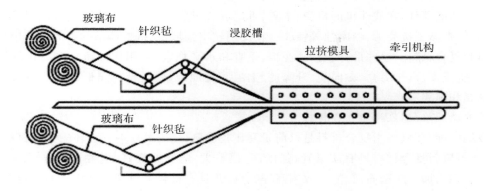

图 8-9 拉挤成型工艺

拉挤成型工艺过程是由送纱、浸胶、预成型、固化定型、牵引、切断等工序组成。无捻粗纱从纱架引出后,经过排纱器进入浸胶槽浸透树脂胶液,然后进入预成型模,将多余树脂和气泡排出,再进入成型模凝胶、固化。固化后的制品由牵引机连续不断地从模具拔出,最后由切断机定长切断。

拉挤成型的优点如下:

(1)效率较高,适于大批量生产,制造长尺寸制品;

(2)树脂含量可精确控制;

(3)由于纤维呈纵向,且体积分数可较高(40% ~ 80%),因而型材轴向结构特性非常好;

(4)主要用无捻粗纱增强,原材料成本低,多种增强材料组合使用,可调节制品力学性能;

(5)制品质量稳定,外观平滑。

拉挤成型的缺点如下:

(1)模具费用较高;

(2)一般限于生产恒定横截面的制品。

8.3.4 常用的航空树脂基复合材料

树脂基复合材料具有高比强度和比模量、抗疲劳、耐腐蚀、可设计性强、便于大面积整体成型以及具有特殊电磁性能等特点,已经成为继铝合金、钛合金和钢之后的最重要航空结构材料之一。树脂基复合材料在飞机上的应用,可以实现15% ~30%减重效益,这是使用其他材料所不能实现的。因此,复合材料的用量已经成为航空结构先进性的重要标志。

1.碳纤维/环氧树脂复合材料

碳纤维/环氧树脂复合材料的特性主要取决碳纤维、环氧树脂及环氧树脂与碳纤维之间的黏结特性。碳纤维/环氧树脂复合材料具有优异的性能,与钢相比,碳纤维/环氧树脂复合材料的比强度为钢的 4.8~7.2 倍,比模量为钢的 3.1~4.2 倍,疲劳强度约为钢的 2.5 倍、铝的3.3倍,而且高温性能好,工作温度达 400℃时其强度与模量基本保持不变。此外还具有密度和线膨胀系数小、耐腐蚀、抗蠕变、整体性好、抗分层、抗冲击等优点,在现有结构材料中,其比强度、比模量综合指标最高。在加工成型过程中碳纤维/环氧树脂复合材料具有易大面积整体成型、成型稳定等独特的优点。

在航空领域,碳纤维/环氧树脂复合材料应用于无人机、直升机主结构、次结构件和特殊部位的特种功能部件,在战斗机的机身、主翼、垂尾翼、平尾翼及蒙皮等部位,起到了明显的减重作用,大大提高了抗疲劳、耐腐蚀等性能。在民用航空领域,飞机机体结构中大量使用碳纤维/环氧树脂复合材料。这些部件包括减速板、垂直和水平稳定器(用作油箱)、襟翼扰流板、起落架舱门、整流罩、垂尾翼盒、方向舵、升降舵、上层客舱地板梁、后密封隔框、后压力舱、后机身、水平尾翼和副翼等。

2. 玻璃纤维/环氧树脂复合材料

玻璃纤维/环氧树脂复合材料是目前研究比较成熟、应用最广的一种环氧复合材料。玻璃纤维/环氧树脂复合材料具有质量轻、强度高、模量大、耐腐蚀性好、电性能优异、原料来源广泛、工艺性好、加工成型简便、生产效率高等特点,并具有材料可设计性及特殊的功能性如屏蔽电磁波、消音等特点,已成为国民经济、国防建设和科技发展中无法替代的重要材料,可用于防弹头盔、防弹服、直升机旋翼、预警机雷达罩、高压容器、民用机直板、各类耐高温制品等。

3. 碳纤维/双马复合材料

双马来酰亚胺(BMI)树脂是近年开发的耐高温基体树脂。BMI 单体最突出的优点是其均聚物具有突出的耐热性、绝缘性与良好的耐辐照性和阻燃性,非常适合雷达天线罩的使用特性。

8.4 陶瓷基复合材料

陶瓷基复合材料是 20 世纪 80 年代逐渐发展起来的新型陶瓷材料,包括纤维(或晶须)增韧(或增强)陶瓷基复合材料、异相颗粒弥散强化复相陶瓷、原位生长陶瓷复合材料、梯度功能复合陶瓷及纳米陶瓷复合材料。其因具有耐高温、耐磨、抗高温蠕变、热导率低、热膨胀系数低、耐化学腐蚀、强度高、硬度大及介电、透波等特点,在有机材料基和金属材料基不能满足性能要求的工况下可以得到广泛应用,成为理想的高温结构材料。

8.4.1 陶瓷基复合材料概念、分类

陶瓷基复合材料是在陶瓷基体中引入第二相材料,使之增强、增韧的多相材料,又称为多相复合陶瓷或复相陶瓷。目前学术界对陶瓷基复合材料的研究重点,主要集中在氮化硅、碳化硅等高温结构陶瓷上,这些高温结构陶瓷在加入高强度、高弹性的纤维后可以有效地改善陶瓷基体的脆性、易开裂等缺陷,使其相对于传统材料而言既具有耐高温、高强度和刚度、相对质量轻、耐腐蚀等优异性能,同时还具备相对较好的塑性和韧性,有效地扩大了陶瓷材料的使用范围。

陶瓷基复合材料材料包括以下种类:

(1)纤维增强陶瓷基复合材料。在陶瓷材料中,加入纤维材料可以起到第二相增强并有效地改善陶瓷基体韧性的作用。同时还可以按照材料的不同受力特点,实现纤维的合理分布并与零件的受力特征相适应,使其受力最优化。按照纤维的分布形式的不同,纤维增强陶瓷基复合材料可以分为单向排布纤维陶瓷基复合材料和多向排布纤维陶瓷基复合材料。

(2)异相颗粒弥散分布强化复相陶瓷复合材料。采用异相颗粒弥散分布强化陶瓷复合材料相对纤维增强陶瓷基体的工艺简单,虽然颗粒的增韧效果不如晶须与纤维增强,但能起到改

善基体材料的高温强度、高温蠕变性能,而被广泛使用在刀具领域。

8.4.2　陶瓷基复合材料微观结构和性能

陶瓷基复合材料的界面结合方式包括化学结合、物理结合、机械结合和扩散结合,其中以化学结合为主,有时几种界面结合方式同时存在。由于在陶瓷基复合材料中存在人为的界面,而界面又起着很重要的作用,故可按所需控制界面以达到理想的效果。

1. 基体

陶瓷基复合材料的基体为陶瓷,这是一种复杂的无机化合物而不是单质,其结构比金属合金复杂得多。现代陶瓷材料的研究,最早是从对硅酸盐材料研究开始,随后又逐步扩大到了其他无机非金属材料。目前被人们研究最多的是碳化硅、氮化硅、氧化铝等,它们普遍具有耐高温、耐腐蚀、高强度、质量轻和价格低等优点。

2. 增强体

陶瓷基复合材料中的增强体通常也称为增韧体,按几何尺寸,增强体可分为纤维(长、短纤维)、晶须和颗粒 3 类。

(1)纤维:在陶瓷基复合材料中使用较普遍的是碳化硅、玻璃纤维、硼纤维等。

(2)晶须:晶须为具有一定长径比(直径 $0.3\sim1\ \mu m$,长 $0\sim100\ \mu m$)的单晶纤维材料。晶须的特点是没有裂纹、错位、空洞和表面损伤等一类缺陷,因此其强度接近理论强度。由于晶须具有最佳的热性能、低密度和高杨氏模量,从而引起了人们的特别关注。在陶瓷基复合材料中使用得较为普遍的是 SiC,Al_2O_3 及 Si_3N_4 晶须。

(3)颗粒:从几何尺寸上看,颗粒在各个方向上的长度是大致相同的,一般为几微米。颗粒的增强效果虽然不如纤维和晶须,但是如果颗粒种类、粒径、含量及基体材料选择适当,颗粒的增韧效果也较为理想,同时还会带来高温强度、高温蠕变性能的改善。所以,颗粒增韧复合材料同样受到了重视并得到了一定的研究。常用的颗粒有 SiC,Si_2N_4 等。

8.4.3　陶瓷基复合材料增韧机理

1. 颗粒增韧机理

(1)微裂纹增韧。影响第二相颗粒增韧效果的主要因素是基体与第二相颗粒的弹性模量、热膨胀系数以及两相的化学相容性。其中相容性是复合的前提,同时应保证具有合适的界面结合强度。弹性模量只在材料受外力作用时产生微观应力再分布效应。热膨胀系数失配在第二相颗粒及周围机体内部产生残余应力场是陶瓷得到增韧的主要根源。

(2)裂纹偏转和裂纹桥联增韧。裂纹偏转是一种裂纹尖端效应,是指裂纹扩展过程中当裂纹遇上偏转元时所发生的倾斜和偏转。

裂纹桥联是一种裂纹尾部效应,它发生在裂纹尖端,靠桥联元连接裂纹的两个表面并提供一个使裂纹面相互靠近的应力,导致强度因子随裂纹扩展而增加。

(3)延性颗粒增韧。在脆性陶瓷中加入第二相延性颗粒能明显提高材料的断裂韧性。其机理包括由于裂纹尖端形成的塑性变形区,导致裂纹尖端屏蔽以及由延性颗粒形成的延性裂纹桥。

(4)纳米颗粒增强增韧。将纳米颗粒加入到陶瓷中,材料的强度和韧性大大改善。增强颗粒与基体颗粒的尺寸匹配与残余应力是重要的增强增韧机理。

2.相变增韧

相变伴随有体积的膨胀,使基体产生微裂纹,增加了材料的韧性,但是强度有所下降。

3.纤维、晶须增韧

(1)裂纹弯曲和偏转。在扩展裂纹尖端应力场中的增强体会导致裂纹发生弯曲从而干扰应力场,导致基体的应力场强度降低,起到阻碍裂纹的作用。

由于纤维周围的应力场,基体中的裂纹一般难以穿过纤维,而仍按原来的扩展方向继续扩展,即发生裂纹偏转,偏转后裂纹受的拉应力往往低于偏转前,裂纹扩展中所需能量更多,从而起到增韧作用。

(2)脱黏。复合材料在纤维脱黏后产生了新的表面,因此需要能量,尽管单位面积的表面能很小,但所有脱黏纤维的总表面能很大,因此纤维体积分数大,通过纤维脱黏达到的增韧效果越好。

(3)纤维拔出。纤维拔出是指靠近裂纹尖端的纤维在外应力作用下沿着它和基体的界面滑出的现象。纤维首先脱黏才能拔出。纤维拔出会使裂纹尖端应力松弛,从而减缓了裂纹的扩展。纤维拔出需外力做功,因此起到增韧的作用。

(4)纤维桥接。对于特定位向和分布的纤维,裂纹很难偏转,只能继续沿着原来的扩展方向继续扩展。这时紧靠裂纹尖端处的纤维并未断裂,而是在裂纹两岸搭起小桥,使两岸连在一起。这会在裂纹表面产生一个压应力,以抵消外加应力的作用达到增韧的效果。

8.4.4 常用航空陶瓷基复合材料

陶瓷基复合材料具有密度低、硬度高、热稳定性能优异及化学耐受性强等特点,其密度仅为高温合金的1/3,强度为其2倍,能够承受1 000～1 500℃的高温(比高温合金高200℃～240℃),且结构耐久性更好。同时,陶瓷基复合材料固有的断裂韧性和损伤容限高,适用于燃气涡轮发动机热端部件,并能在较高的涡轮进口温度和较少的冷却空气(大于1 300℃)下运行,发动机效率和耗油率明显改善。陶瓷基复合材料在航空领域的应用主要为航空发动机引入过渡件、燃烧室内衬、喷管导向叶片甚至涡轮转子件等热端部件。图8-10为陶瓷基复合材料发动机喷管锥形中心体。

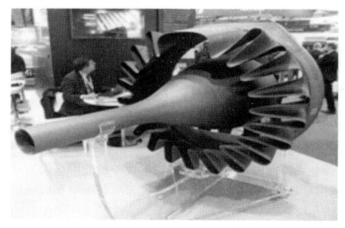

图8-10　陶瓷基复合材料发动机喷管锥形中心体

1. SiC/SiC 复合材料

SiC/SiC 陶瓷基复合材料是指在 SiC 陶瓷基体中引入 SiC 纤维作为增强材料,形成以引入的 SiC 增强纤维为分散相,以 SiC 陶瓷基体为连续相的复合材料。SiC/SiC 陶瓷基复合材料保留了 SiC 陶瓷耐高温、高强度、抗氧化、耐腐蚀、耐冲击的优点,同时兼具 SiC 纤维增强增韧作用,克服了 SiC 陶瓷断裂韧性低和抗外部冲击载荷性能差的先天缺陷。SiC/SiC 复合材料因其低密度、高强度、耐冲击、抗氧化等优点而被用作高性能发动机的热端部件材料。SiC/SiC 陶瓷基复合材料通常由 SiC 纤维、界面层、SiC 陶瓷基体和热防护涂层组成。SiC/SiC 复合材料在航空领域的应用主要包括发动机燃烧室内衬、燃烧室筒、喷口导流叶片、机翼前缘、涡轮叶片和涡轮壳环等部件。

2. C/SiC 复合材料

C/SiC 陶瓷基复合材料主要有两种类型,即碳纤维/碳化硅(C_f/SiC)和碳颗粒/碳化硅(C_p/SiC)陶瓷基复合材料。C_f/SiC 陶瓷基复合材料利用 C_f 来增强增韧 SiC 陶瓷,从而改善陶瓷的脆性,实现高温结构材料所必需的性能,如抗氧化、耐高温、耐腐蚀等;C_p/SiC 陶瓷基复合材料是利用 C_p 来降低 SiC 陶瓷的硬度,实现结构陶瓷的可加工性能,同时具有良好的抗氧化性、耐腐蚀、自润滑等。

(1)航空刹车材料。C/SiC 陶瓷基复合材料作为一种新型的刹车材料,与传统的金属和半金属刹车材料相比,具有密度低、摩擦因数稳定、磨损量小、制动比大和使用寿命长等突出优点;与 C/C 复合材料相比,C/SiC 复合材料有克服 C/C 摩擦材料缺点的潜力,具有密度低、强度高、耐高温、热物理性能好等特点,尤其是摩擦因数高且稳定,对环境的影响不敏感等。

(2)航空用热结构材料。在高的工作温度、强气流的冲刷腐蚀和高应力的振动载荷等恶劣环境下,C/SiC 被认为是较为理想的航空航天用热结构材料之一。此外,C/SiC 复合材料在战略导弹和多用途导弹的喷管,航天飞机热防护系统及固体火箭发动机导流管等领域具有广阔的应用前景。

(3)在航空发动机上的应用。C/SiC 复合材料的发展,使飞行器的承载结构和放热一体化。用 C/SiC 复合材料制作的喷嘴已用于幻影 2000 战斗机的 M55 发动机和狂风战斗机的 M88 航空发动机上,法国/海尔梅斯 0 号航天飞机的鼻锥帽等也采用了这种材料。

第 9 章　非金属材料及功能材料

9.1　塑　　料

塑料是以合成树脂为主要成分,增塑剂、填充剂、润滑剂、着色剂等添加剂为辅助成分,在一定温度和压力的作用下加工成型,形成能流动成型的高分子有机材料,图 9-1 为塑料制品原材料——塑料颗粒。由于塑料具有质量轻、化学性稳定、不会锈蚀、耐冲击性好,较好的透明性、耐磨耗性和绝缘性,导热性低、加工成本低等优点而被广泛应用于各个领域。同时由于传统塑料的降解速率非常缓慢,给人类环境造成了非常严重的"白色污染",图 9-2 为白色污染主要制造者——塑料袋。

图 9-1　塑料颗粒

图 9-2　常用的塑料袋

9.1.1　塑料的组成和分类

1. 塑料的组成

(1)树脂。由于塑料的主要成分为树脂(一般为 40%～100%,指质量分数,下同),因此塑料的性能主要是由树脂决定的。树脂是一种典型的非晶体材料,因此塑料没有固定的熔点、内部分子的排列也是杂乱无章的状态。

(2)填料。在塑料中还含有一定量的填料(一般为 20%～50%),它可以有效地提高塑料的强度和耐热性能,并可以有效地降低塑料制件的成本。常见的塑料填料有玻璃纤维、硅藻土、石棉、炭黑等。

(3)增塑剂。增塑剂是塑料中另一种非常重要的组成成分,它可以增加塑料的可塑性和柔软性,降低塑料的脆性,使塑料易于加工成型。

(4)润滑剂。在塑料中添加少量的润滑剂主要是用来防止塑料在成型时黏在金属模具上,同时可使塑料的表面光滑美观。常见的润滑添加剂有硬脂酸、硬脂酸盐和石蜡等。

(5)着色剂。着色剂是塑料制品一种必不可少的原材料,由于树脂的本色大都是白色半透明或无色透明,因此工业上通过添加着色剂来调节和装饰塑料制件的颜色。

（6）稳定剂。为了防止塑料制品在加工和使用过程中受光和热的作用而分解和破坏，因此在塑料中添加一定的稳定剂来延长塑料的使用寿命。

（7）固化剂。固化剂可以有效地促进合成树脂交联反应，加快塑料制件的固化。固化剂一般多用于热固性塑料制品。

（8）其他添加剂。塑料中还可以根据不同使用要求而加入一些添加剂，如发泡剂、催化剂、稀释剂和抗静电剂等。

2. 塑料的分类

（1）按塑料的物理和化学特性分类。根据各种塑料不同的物理和化学特性，可以把塑料分为热塑性塑料和热固性塑料两种类型。

热塑性塑料是应用最为广泛的一类塑料，以热塑性树脂为主要成分，并添加各种助剂而制成。热塑性塑料是指加热后会熔化，可流动至模具冷却后成型，再加热后又会熔化的塑料，即可运用加热及冷却，使其产生液态与固态之间的可逆变化，即所谓的物理变化。

常见的热塑性塑料有聚乙烯、聚丙烯、聚苯乙烯、聚氯乙烯、ABS、聚甲基丙烯酸甲酯（有机玻璃）、聚甲醛、尼龙、聚碳酸酯、聚砜和 SAN。

热固性塑料是指加热后，分子构造结合成网状形态，一旦结合成网状聚合体，即使再加热也不会软化，显示出所谓的非可逆变化，是分子构造发生化学变化所致。正是借助这种特性进行成型加工，利用第一次加热时的塑化流动，在压力下充满型腔，进而固化成为确定形状和尺寸的制品。常见的热固性塑料有酚醛，脲醛、三聚氰胺甲醛、不饱和聚酯等。

（2）按塑料使用特性分类。根据各种塑料不同的使用特性，通常将塑料分为通用塑料、工程塑料和特种塑料三种类型。

通用塑料一般是指产量大、用途广、成型性好、价格便宜的塑料。通用塑料有五大品种，即聚乙烯、聚丙烯、聚氯乙烯、聚苯乙烯及丙烯腈-丁二烯-苯乙烯（ABS）。它们都是热塑性塑料。

工程塑料一般指能承受一定外力作用，具有良好的机械性能和耐高、低温性能，尺寸稳定性较好，可以用作工程结构的塑料，如尼龙、聚酰胺、聚砜等。

特种塑料一般是指具有某种特殊功能，并可用于航空、航天等特殊应用领域的塑料。这类塑料的价格较为昂贵、适用于某些特定领域。

9.1.2　常用的航空塑料

1. 有机玻璃

有机玻璃也称亚克力，其主要化学成分为聚甲基丙烯酸甲酯，是一种无色透明的高分子化合物。由于有机玻璃具有极好的透光性、化学稳定性、良好的加工性、良好的绝缘性，以及与无机玻璃相比较具有轻质、高韧的特点，其被广泛用于航空飞行器的风挡和座舱盖等透明零部件的制造。

2. 聚四氟乙烯塑料（塑料王）

聚四氟乙烯通称塑料王，性能较其他塑料更为优异。它具有极好的防腐蚀性能，几乎可以抵抗地球上各种化学物质的腐蚀；它具有良好的耐温性能，可以在 $-193 \sim 250\,℃$ 的温度下正常工作；它还具有较好的电绝缘性能，其制品每毫米厚度可以耐电压 0.5 万伏以上；它的表面摩擦因数很低，具有较好的表面光滑性。在航空领域它主要运用于操作系统中各种涨圈，以及各液压系统中的密封垫圈。

3. 聚氯乙烯塑料

聚氯乙烯塑料是由氯乙烯单体聚合而成的,是常用的热塑性塑料之一,英文缩写为 PVC。纯聚氯乙烯树脂是坚硬的热塑性物质,其分解温度与塑化温度极为接近,而且机械强度较差。因此,无法用纯聚氯乙烯树脂来塑制产品,必须加入增塑剂、稳定剂、填料等以改善性能,制成聚氯乙烯塑料,然后再加工成各类产品。因为聚氯乙烯塑料的力学强度高、硬度大、耐化学腐蚀性好、电绝缘性较好,而且具有较好的阻燃性、价格低廉,软硬度可以调节等特点,被广泛用于航空领域作为电缆的包覆材料,以及液压系统的密封材料。

4. 酚醛塑料

酚醛塑料俗称电木粉,是一种硬而脆的热固性塑料。以酚醛树脂为基材的塑料统称为酚醛塑料。酚醛塑料具有较高强度,以及良好的绝缘性,同时不易被腐蚀,能在 $100 \sim 130 ℃$ 温度下工作,酚醛塑料还具有较好的热稳定性。酚醛塑料在航空领域主要用于航空仪表的操作把手。

5. 环氧树脂塑料

环氧塑料是以环氧树脂为基材的塑料。在航空飞行器上使用的环氧树脂塑料主要因其强度大,绝缘性和化学稳定性良好,而被作为雷达罩、翼尖等航空结构零件及绝缘零件等。

9.1.3 航空塑料选材原则及应用

1. 航空塑料的选材原则

航空工业用塑料的选材原则主要有:

(1)质量轻。用于一些非主要承载部件以代替传统的金属材料,例如航空行李架、航空座椅部件等。

(2)较好的综合力学性能。以更大限度代替传统金属结构件,节约航空飞行器的制造成本以及飞行成本。

(3)特殊功能。作为航空塑料应具有某些特殊的性能,例如阻燃性、透波性或吸波性等。

(4)较好的机械加工性。作为航空塑料应具有较好的机械加工性,以利于其成型加工。

2. 航空塑料的主要应用

航空使用塑料主要应用在以下两方面:

(1)航空飞行器内饰材料。航空飞行器内饰材料主要采用酚醛、环氧、聚酯、聚氨酯、ABS及其共混物、聚丙烯酸及其共混物、聚醚酰亚胺、氟聚合物及其他耐高温热塑性塑料。

(2)复合材料的基体材料。多采用环氧树脂、双马来酰亚胺、聚醚醚酮等作为复合材料的基体材料。

9.2 橡胶和合成纤维

橡胶是由生胶加入各种配合剂在炼胶机上混炼而成的,经过硫化后形成所需橡胶制品。橡胶是一种典型的高分子材料,因此它具有高分子材料的共性,黏弹性、绝缘性、环境老化性、密度小等特点;同时因橡胶材料还具有高弹性的优点而使其被广泛用于航空(图 9-3 所示为航空橡胶轮胎)、汽车、机械等领域,在外力的作用下具有较大的弹性变形,最大可以达到1 000%,当外力除去后变形可以马上恢复。

图 9-3　航空橡胶轮胎

9.2.1　橡胶的组成和分类

1.橡胶的组成

橡胶主要由生胶组成,并加入各种配合剂和增强材料制备而成。

(1)生胶。是指未加入配合剂、未经硫化的橡胶,也称为胶料或者橡料。由于橡胶的主要成分为生胶,因此其性质主要取决于生胶。生胶按原料的来源又可以分为天然橡胶和合成橡胶。天然橡胶具有很好的耐磨性、很高的弹性和抗拉强度。合成橡胶相对天然橡胶价廉,同时合成橡胶还具有优良的耐热性、耐寒性、防腐蚀性且受环境因素影响小的特点,能在 $-60\sim$ 250℃之间正常使用。

(2)配合剂。主要用于改善橡胶的某些性能,以满足橡胶的一些特殊使用要求。橡胶的配合剂主要有硫化剂、硫化促进剂、防老化剂、软化剂、填充剂、发泡剂、着色剂等。

2.橡胶的分类

(1)按橡胶的来源分类。天然橡胶:它是采集橡胶树或橡胶草等含胶植物中的胶汁(见图 9-4),经过去杂质、凝聚、液压、干燥等加工步骤而制成,其主要化学成分是不饱和的橡胶烃。

图 9-4　天然橡胶

合成橡胶：它是从石油、天然气或煤和石灰石以及农副产品中（现在主要是从石油化工产品中）提炼某些低分子的不饱和烃做原料，制成"单体"物质，然后经过复杂的化学反应而获得人工合成的高分子聚合物，故有人造橡胶之称。合成橡胶的种类很多，现在已经工业化生产的有丁苯橡胶、顺丁橡胶、异戊橡胶、氯丁橡胶、丁基橡胶、丁腈橡胶、丁丙橡胶、氯磺化聚乙烯橡胶、丙烯酸酯橡胶、聚氨酯橡胶、硅橡胶、氟橡胶、氯醚橡胶以及聚硫橡胶等。

（2）按橡胶的性能和用途分类。通用橡胶：产量大、应用广，在使用上一般无特殊性能要求。主要有天然橡胶、丁苯橡胶、丁腈橡胶、顺丁橡胶、异戊橡胶、氯丁橡胶、丁基橡胶等7大品种。

特种橡胶：用于特殊用途，如耐油、耐酸碱、耐高温、耐低温、耐辐射等。主要有乙丙橡胶、氯磺化聚乙烯橡胶、氯化聚乙烯橡胶、丙烯酸酯橡胶、聚氨酯橡胶、硅橡胶、氟橡胶、氯醚橡胶、聚硫橡胶等。

（3）按橡胶的物理形态分类。生橡胶：简称生胶，是指由天然采集、提炼或人工合成、未加配合剂而制成的原始胶料，为较硬的大块。生胶是一种不饱和的橡胶烃，未经配合的生胶性能较差，不能直接使用。

软橡胶：是指在生胶中加入各种配合剂，经过塑炼、混炼、硫化等加工过程而制成为具有高弹性、高强度和其他实用性能的橡胶产品。一般所谓的橡胶就是这种软橡胶。

硬橡胶：又称硬质橡胶，它与软橡胶的不同之处是含有大量硫黄（25％～50％），经过硫化而制成的硬质制品。这种橡胶具有较高的硬度和强度，优良的电气绝缘性以及对某些酸、碱和溶剂的高度稳定性，广泛用于制作电绝缘制品和耐化学腐蚀制品。

混炼胶：它是指在生胶中加入各种配合剂，经过炼胶机的混合作用后，具有所需要物理机械性能的半成品，俗称胶料。

再生胶：再生胶是以废轮胎和其他废旧橡胶制品为原料，经过一定的加工过程而制成的具有一定塑性的循环可利用橡胶。它是橡胶工业中的主要原料之一，可以部分代替生胶。

9.2.2 航空工业常用橡胶材料

橡胶材料在航空工业主要应用于密封、绝缘、减震、降噪、隔热、防磨、电磁屏蔽、敏感元件、贮存和运输介质等，是航空飞行器各系统功能实现的必要关键材料。一架歼击机需要使用（1.2～1.5）万件橡胶制品和400～500 kg密封剂，而一架大型客机则需要使用3 t橡胶制品和至少1.5 t密封剂。橡胶材料在航空飞行器上主要应用于以下几个方面。

1.液压系统、燃油系统用橡胶材料

目前，氟（醚）橡胶耐燃油渗透、耐温性能较好，其使用温度可以达到－30～300℃，因此广泛用于航空发动机高温区的润滑系统、燃油系统以及液压助力系统。

2.空气系统用橡胶材料

空气系统中主要使用的橡胶材料主要有乙丙橡胶、硅橡胶等。乙丙橡胶主要用于空气、磷酸酯液压油系统中工作的活动及固定密封件，以及大型客机冷空气及磷酸酯液压系统中。

3.功能橡胶材料

为了适应航空制造业的快速发展需求，橡胶材料技术不断发展，大量具有特殊功能的橡胶材料被应用于航空飞行器上，例如橡胶减振器、橡胶衬垫卡箍、橡胶密封型材等。

航空用橡胶减振器主要用于电气系统、仪器仪表，以及发动机的减振，可以有效降低振动对仪器设备的干扰及损害。如北京航空材料研究院生产的 MS21919 系列卡箍、MS621 系列卡箍等,可满足不同工作环境下的使用要求。

4. 密封剂材料

由于航空飞行器需要在不同大气高度下飞行,要对机载设备以及乘客和飞行员提供一个相对稳定的大气环境,所以在航空飞行器的制造过程中要对飞行器内部进行密封处理。目前,密封处理最常用的方法是采用橡胶材料进行涂覆、填充等。其中应用最为广泛的密封材料为聚硫类密封剂、聚硫代醚苯撑密封剂。

9.2.3　合成纤维的特点和分类

1. 合成纤维的特点

合成纤维是以从石油、天然气、煤、农副产品中得到的简单小分子化合物为原料,通过一定的化学方法聚合得到高分子化合物(成纤高分子物),再通过纺丝和后处理加工而制成的纤维。与天然纤维相比较,合成纤维的原料由人工合成制得,生产不受自然条件限制。合成纤维除了具有与化学纤维一般的优越性能,如高强度、质量轻、易洗快干、弹性好、不怕霉蛀等外,不同品种的合成纤维各具有某些独特性能。

目前最常见的合成纤维主要是指六大传统纶纤维,即涤纶、锦纶、腈纶、丙纶、维纶和氯纶。

2. 合成纤维的分类

(1)按化学结构分类。合成纤维分为:①碳链纤维,如聚丙烯纤维(丙纶)、聚丙烯腈纤维(腈纶)、聚乙烯醇缩甲醛纤维(维尼纶);②杂链纤维,如聚酰胺纤维(锦纶)、聚对苯二甲酸乙二酯(涤纶)等。

(2)按功用分类。合成纤维分为:①耐高温纤维,如聚苯咪唑纤维;②耐高温耐腐蚀纤维,如聚四氟乙烯;③高强度纤维,如聚对苯二甲酰对苯二胺;④耐辐射纤维,如聚酰亚胺纤维;⑤阻燃纤维、高分子光导纤维等。

9.2.4　合成纤维在航空工业中的应用

随着航空工业的迅速发展,纤维材料及其制品在航空领域的应用日益广泛。除了人们具体感受得到的飞机内饰件(如客机的座椅套、地毯、隔离帘等)外,不易接触到的航空用纤维材料及制品主要有两大类:第一类是航空飞行器本身结构件用复合材料,第二类是主体主要由纤维及其纺织品直接加工制成的各类航空用品。

1. 复合材料的基体材料

近几年,在世界各国,航空用复合材料的使用范围越来越广,使用量越来越多,已经与航空用铝合金、钛合金、钢并称飞机结构件用四大材料。用合成纤维或织物为基体材料经加工复合而成的复合材料以比强度、比模量高等优异的机械性能和质量轻的特点,在四大材料中的使用增长量尤为明显。

除了早期和目前仍然在使用的以玻璃纤维为原料的复合材料外,目前使用量急剧增长的航空用复合材料主要为芳纶类复合材料和碳纤维复合材料。

芳纶类复合材料。此类复合材料以其高比模量、高比强度、耐疲劳等优异性能已广泛用于航空发动机内绝热层,在民用客机的厕所、厨房、油箱等结构件方面也得到普遍应用。

碳纤维复合材料。此类材料可显著降低飞机的结构质量,提高飞行性能。随着飞机设计的改进和碳纤维复合材料的进步,大型民用飞机的尾翼、副翼、天线罩、方向舵、升降舵、起落架舱门等各种结构件都大量选用碳纤维复合材料。

2. 航空用纺织材料

由合成纤维及其纺织品直接加工制成的各类航空用品,主要用于降落伞、个体防护装备、飞机拦阻装置、空靶、气球,还作为机舱内装饰材料使用。

9.3 胶黏剂及涂料

胶黏剂,又称黏合剂,简称胶,是一类通过界面作用(化学力或物理力)而使被黏结物体或材料黏合在一起的物质。胶黏剂在航空工业领域的应用已有几十年历史。它的应用使航空飞行器的结构实现重大改革,能制造出强度高、结构轻、疲劳性能好、寿命长,可靠而高效的航空飞行器。

涂料又称为油漆,是一种以树脂或油、乳液为主,添加了一定颜料、填料、溶剂、附加剂等制备而成并具有一定流动性的黏稠液体,被涂于物体的表面后形成薄薄的涂膜,干燥、固化后,牢牢地黏结在物体表面,起到保护物体、增加美感以及其他特殊作用。

航空涂料与普通涂料相比,技术要求特殊,这是由于其必须满足极端使用条件要求。航空涂料必须能耐温度、空气压力的骤变,高强度紫外线照射,化学品侵袭(如燃油、液压油、清洗化学品),同时还要经得住空气湍流的影响。

9.3.1 胶黏剂的组成和特点

1. 胶黏剂的组成

胶黏剂主要是由基料、固化剂、填料、稀释剂、增塑剂、偶联剂,以及其他改善胶黏剂性能的物质组成,如防老剂、阻聚剂、乳化剂、发泡剂、消泡剂等。

(1)基料。又称为主料、黏料,是胶黏剂的主要组成部分,它主导了胶黏剂的主要性能,同时也是区别胶黏剂类别的重要标志。基料按其结构与性质可分为树脂型聚合物、弹性体、活性单体和无机物等。

(2)固化剂。使液态基料通过化学反应,发生聚合、缩聚或交联反应,转变成高分子量固体,使胶接接头具有一定的力学强度和稳定性。

(3)填料。不参与反应的惰性物质,可提高胶接强度、耐热性、尺寸稳定性,并可降低成本。其品种很多,如石棉粉、铝粉、云母、石英粉、碳酸钙、钛白粉、滑石粉等。它们各有不同效果,根据要求选用。

(4)稀释剂。降低胶黏剂的黏度,便于施工操作,有活性稀释剂和惰性稀释剂两种。

(5)增塑剂。在胶层中对基料具有分子链间隔离作用,能屏蔽其活性基团,减弱分子间的相互作用力,从而降低其玻璃化温度与熔融温度,改善胶层脆性。

(6)偶联剂。具有两种基团,能分别和被黏物及黏合剂反应成键,提高胶接强度。多为硅氧烷或聚对苯二甲酸酯化合物。

2. 胶黏技术的特点

(1)胶黏技术和航空工业上常用的焊接、铆接及螺纹连接技术相比,有下列优点:

1)胶黏技术可以有效地应用于不同种类的金属或非金属之间的连接,这是焊接方法难以做到的。

2）胶黏技术是通过胶黏剂均匀地分布于黏结面上，因此，黏结件不会像点焊那样产生应力变形或螺纹连接、铆接因打孔而产生应力集中问题，在承受振动或反复负荷作用时，胶接件的耐疲劳性能比铆接或螺纹连接件好得多，疲劳裂纹在胶接件的扩展速度较小，故使用黏结结构有较高的耐疲劳寿命。

3）胶黏结构能有效地减轻质量，这是由于省去了铆钉或螺钉，或是由于胶接件受力均匀，允许采用薄壁结构。

4）胶接件中的连接缝具有对水、空气或其他环境介质的优良密封性，这是铆接或螺纹连接所不能做到的。此外胶接件具有平滑的外表面，这对需要流线型的各种现代化工具来说是很宝贵的性能。

5）胶黏技术可以节省金属材料和提高工作效率。胶黏技术工艺简单，与焊接、铆接相比不需要复杂的专用设备，工艺操作通常是在室温或较低温度下进行，效率高、成本低。

6）选用功能性胶黏剂可赋予黏结缝某种特殊性能，如快速固化特性、耐湿性、绝缘性、导电性、导磁性等。

（2）胶黏技术的缺点如下：

1）绝大多数胶黏剂都是通过分子间力（范德华力）的作用将被粘物连接在一起的，对于大多数靠主价键连接，具有高强度的被粘物（如金属）来说，胶黏强度还不够高。

2）目前的胶黏剂大多数属于合成有机高分子物质，其耐高温、低温作用的性能是很有限的。如通常所说的耐高温胶黏剂，长期工作温度在 250℃ 以下，短期工作温度可达 350～400℃。但在受热情况下，黏结机械强度远低于常温下的机械强度。一般黏结剂只能在 -50～100℃ 范围内正常工作，胶黏剂在承受高低温交变作用以后，其各项机械性能迅速下降。

3）在光、热、氧及其他因素作用下，胶黏剂会产生老化现象，影响使用寿命。

4）在黏结过程中，影响胶接件的因素很多，对胶接件的无损伤质量检验至今没有可靠的办法。

9.3.2　航空工业常用胶黏剂

1. 酚醛型耐热结构胶黏剂

酚醛树脂是一类早期的耐高温树脂，具有较好的耐热性，但黏结强度不够理想而且脆性大。因此国外航空工业最早研制的结构胶，就是从改性酚醛树脂着手的。20 世纪 40 年代开发的缩醛改性结构胶 Rekux775，其使用温度不超过 150℃，至今还在少量应用，接着又开发了丁腈改性的 Meltbond4021，其耐热、韧性和老化等性能极其优越，尤其是 90°剥离强度可达 20 kN/m 以上，这是现今高温结构胶所不能比拟的。

2. 环氧型耐高温结构胶

环氧树脂具有较好的黏结强度，综合性能良好，收缩性低，蠕变小，但其耐热性不够高，性脆，通过多种途径改性后，效果极佳。目前来说，环氧树脂是一类最为理想的基体树脂，应用面颇为广泛，为耐热结构胶的首选材料。

3. 双马来酰亚胺耐热胶黏剂

双马来酰亚胺（BMI）是一种耐热性良好的热固性树脂，具有良好的耐热、耐湿热、耐辐射、耐老化和电绝缘性。但 BMI 本身存在着熔点高、溶解性差、固化物脆等缺点，必须加以改性方能得到良好的应用。

4.聚酰亚胺耐热胶黏剂

聚酰亚胺(PI)是较早应用于耐高温胶黏剂的杂环高分子基体,它的耐热性与有机硅相当,它的机械性能、电气性能和耐湿性能都比较好,可以单独使用,可以说略胜有机硅一筹。但其难熔、难溶、韧性稍差、成本高、工艺条件苛刻,在一定条件下难于广泛应用。为此近二三十年来国外在改性方面作了大量的系统工作,尤其是交联型聚酰亚胺除 M 型和 P13N 型外还开发了腈基和乙炔基封端以及引入烯丙基的聚酰亚胺,工作温度可达 300℃,改善了韧性和一定的工艺条件,在耐高温胶黏剂和复合材料基体树脂方面得到成功的应用。

9.3.3 航空工业常用胶黏剂的发展方向

根据 21 世纪研制新一代战斗机的要求,一般巡航速度在 $2Ma$ 左右,那么对耐热结构胶黏剂的要求就不是短时间耐热,而是几万个小时耐热,每次飞行时间也大约在 5 h,这是极其苛刻的要求,难度非常大。据报道新型战机机身拟采用异氰酸酯、聚酰亚胺的碳纤维复合材料,机翼则可能用钛蜂窝夹层壁板。对新结构胶研究的途径主要是大力开展采用聚苯硫醚、聚醚酮、聚醚砜等改性环氧及其互穿网络结构,并对环氧加以改进研究。此外,中温固化和室温固化的结构胶,使用温度在 120℃ 左右,由于航空航天的要求也要大幅度提高,原有的 Redux312,FM-73 和 BK-9,Eccobond104 等已不能满足要求,要从改进基体树脂、促进剂、活性无机填料等方面加以研究改进。

9.3.4 涂料组成和作用

1.涂料的组成

涂料主要由四部分组成,即成膜物质、颜料、溶剂、助剂。

(1)成膜物质。它是涂料的基础,对涂料和涂膜的性能起决定性作用,具有黏结涂料中其他组分形成涂膜的功能。可以作为成膜物质使用的物质品种很多,当代的涂料工业主要使用树脂。树脂是一种无定型状态存在的有机物,通常指高分子聚合物。过去,涂料使用天然树脂为成膜物质,现代则广泛应用合成树脂,例如醇酸树脂、丙烯酸树脂、氯化橡胶树脂、环氧树脂等。

(2)颜料。它是有颜色涂料(色漆)的一个主要组分。颜料使涂膜呈现色彩,并使涂膜具有遮盖被涂物体的能力,以发挥其装饰和保护作用。有些颜料还能提供诸如提高漆膜机械性能,提高漆膜耐久性,提供防腐蚀、导电、阻燃等性能的能力。颜料按来源可以分为天然颜料和合成颜料;按化学成分,分为无机颜料和有机颜料;按在涂料中的作用可分为着色颜料、体质颜料和特种颜料。涂料中使用最多的是无机颜料,合成颜料使用也很广泛,现在有机颜料的发展很快。

(3)溶剂。它是能将涂料中的成膜物质溶解或分散为均匀的液态,便于施工成膜,在施工后又能从漆膜中挥发至大气的物质,原则上溶剂不构成涂膜,也不应存留在涂膜中。很多化学品包括水、无机化合物和有机化合物都可以作为涂料的溶剂组分。现代的某些涂料中开发应用了一些既能溶解或分散成膜物质为液态,又能在施工成膜过程中与成膜物质发生化学反应形成新的物质而存留在漆膜中的化合物,被称为反应活性剂或活性稀释剂。溶剂有的是在涂料制造时加入,有的是在涂料施工时加入。

（4）助剂。也称为涂料的辅助材料组分，但它不能独立形成涂膜，它在涂料成膜后可以作为涂膜的一个组分而在涂膜中存在。助剂的作用是对涂料或涂膜的某一特定性能起改进作用。不同品种的涂料需要使用不同的助剂；即使同一类型的涂料，由于其使用的目的或性能要求不同，而需要使用不同的助剂；一种涂料中可使用多种不同的助剂，以发挥其不同作用。

2. 涂料的作用

涂料具有以下作用：

（1）保护作用。物体暴露在大气中，受到氧气、水分等的侵蚀，造成金属锈蚀、木材腐朽、水泥风化等破坏现象。在物体表面涂以涂料，能形成一层保护膜，阻止或延迟这些破坏现象的发生和发展，使各种材料的使用寿命延长。所以，保护作用是涂料的一个主要作用。

（2）装饰作用。不同材质的物体涂上涂料，可得到绚丽多彩的外观，满足人们视觉上的享受，从而美化人类生活环境。

（3）其他特殊功能。随着经济与人类生活的不断发展，需要涂料满足越来越多的特定功能要求，对于现代涂料，这种要求较前两者越来越重要。特殊功能要求包括防霉、杀虫、耐高温、阻燃、防滑、防噪声、减振等。

9.3.5　涂料的分类

涂料经过长期发展，品种特别繁杂。为方便管理及使用，形成了各种不同涂料的分类方法，这些方法各有特点。目前，使用较多的涂料分类有如下几种：

（1）按涂料的成膜物质分类，如醇酸树脂漆、聚氨酯漆、乳胶漆、硝基漆、丙烯酸漆、环氧树脂等。

（2）按用途分类，如彩绘漆、木器漆、汽车漆、交通标志漆、船舶涂料、玻璃漆、铁皮漆等。

（3）按干燥方式分类，如自干漆、烤漆、UV 漆等。

（4）按涂料形态分类，如粉体涂料、液体涂料。

（5）按涂料使用层次分类，如底漆、二度底漆、面漆。

（6）按涂膜光泽分类，如平光漆、亮光漆、全亚光漆、三分光漆等。

（7）按涂膜表面外观分类，如裂纹漆、锤纹漆、水晶漆等。

（8）按涂膜性能分类，如导电漆、防锈漆、绝缘漆、耐高温漆等。

（9）按基料的种类分类，如有机涂料、无机涂料、有机-无机复合涂料。

9.3.6　航空工业常用涂料

由于航空飞行器在飞行和保障方面所处的特殊环境，因此在性能上其对涂层有特殊要求，如要求具有优异的防腐蚀性、耐油性、耐候性、耐冻融循环性、耐磨性、耐雨蚀、耐温性、耐冲击性等。而航空飞行器不同部位所使用的涂料功能性要求也不同，如飞机客舱内涂料不但要求具有良好的装饰性，还要求具有良好的阻燃性和耐污性。

目前航空涂料仍主要以聚氨酯涂料、丙烯酸涂料、环氧树脂涂料为主。20 世纪 60 年代以来，随着飞机性能的进一步提高，原来航空涂料主要使用的醇酸清漆，由于其耐热性较差，耐候性、耐老化性一般，而且容易沾染等原因，而逐渐被环氧树脂、丙烯酸、聚氨酯涂料所代替。

1. 聚氨酯涂料

聚氨酯全称为聚氨基甲酸酯，是由二异氰酸酯或多异氰酸酯与带有 2 个以上羟基的化合物反应生成的高分子化合物的总称。它的漆膜强韧,光泽丰满,附着力强,耐水、耐磨、耐腐蚀性优良。它被广泛用于高级木器家具和金属表面,并于20世纪80年代末研制成功,成为飞机蒙皮漆。

2.丙烯酸涂料

丙烯酸涂料是由甲基丙烯酸酯类单体共聚所得的丙烯酸树脂,加颜料、增塑剂和有机溶剂而成。漆膜具有突出的光和热的稳定性,由于其结构中含有聚乙烯主链,因而该涂料在飞机蒙皮达到150℃时仍能保持漆膜原有的光泽。超声速飞机涂丙烯酸清漆涂层时,使用寿命可以达到2～3年。在国外,丙烯酸涂料仍是航空涂料的主要品种。

3.环氧涂料

环氧树脂在飞机蒙皮涂层系统中主要用于底漆。我国大量使用的环氧底漆是锌黄环氧酯底漆H06-2。它由环氧树脂经植物油酸酯化后与颜料、填料研磨成色浆,加入少量氨基树脂、催干剂和有机溶剂制成。所用防锈颜料是铬酸锌,它对铝和镁合金具有较好的防锈能力。这种底漆固化成膜后,漆膜坚韧耐久,附着力好,耐水耐潮、耐盐雾性好。

9.4 功能材料

9.4.1 功能材料概述

目前,功能材料尚无确切定义。通常认为在工程材料中,除了主要利用其力学性能以外,凡是能将光、声、磁、热、压力、位移、角度、重量、速度、加速度和化学成分等转换为电信号,或将某一种形式的能量转换为另一种形式的能量,从而实现对能量和信号的传感、转换、传递以至贮存等功能的材料都称为功能材料。

随着航空工业的发展,功能材料所占比重和所起作用越来越大。现代航空技术广泛应用的计算机技术、信息技术、激光技术、红外技术、隐身技术和传感技术等最新科学成果,都是借助于功能材料的特性来实现的。西方国家正是由于重视功能材料的研究和给予高强度投资才换来了海湾战争的制空权,从而以较少兵力取得了整个战争的胜利。

早在20世纪50年代末,我国就开始了功能材料研究,先后进行了对磁性材料、弹性材料、电阻材料、电接触材料、热电偶材料、催化材料、隔热材料、密封材料、防腐材料和耐磨材料等的研究。近年来,我国又开展了吸波材料、减旋材料、钕铁硼永磁材料、诱饵薄膜材料及形状记忆材料的研究。其中,吸波材料已取得较大进展。

1.功能材料的特性

与结构材料相比,功能材料具有如下特点:

(1)功能材料种类繁多、特性各异,新型功能材料发展迅速,每年有近万种功能材料问世。

(2)功能材料的产品形式多样化。除板、棒、管、丝和型材外,还有微米级及纳米级薄膜、微米级细丝、纳米级超细粉及毛细管等,很多功能材料是以功能元件形式提供的。

(3)不同的功能材料具有不同的表征方法。对功能材料需要检测的主要特征性能分别有电学、磁学、热学、声学、力学、光学、化学、生物学、超导电学功能等。而且对特征性能往往是要求准确位,而不是允许值,即性能是越精确、越稳定越好,而不是越高越好。

(4)许多新型功能材料的制备技术不同于传统制造技术,而是采用现代物理和化学及其组合技术制造出有独特性能的高纯度、高精度、薄膜、微晶、无位错缺陷的单晶态及非晶态结构材料。

2. 功能材料的应用

功能材料在航空工业中的作用主要有以下几方面：

(1)功能材料是在现代化战争中提高飞机作战能力的关键材料。海湾战争的启示之一是：飞机的超视距空对空攻击能力、精确制导的空对地攻击能力、航空夜战能力和电子对抗能力在现代化战争中起着非常重要的作用。而实现这四项能力的物质基础都是功能材料，如用于导弹红外制导头的多元红外探测器件材料碲镉汞($HgCdTe$)红外探测蓝宝石，精确制导的激光晶体材料红宝石和钕钇铝石榴石(YAG)、红外接收系统中的关键材料碲镉汞、电子吊舱中的砷化镓材料和空-空导弹整流罩材料多晶 ZnS 等。

(2)隐身材料对提高飞机在战斗中的生存能力起重要作用。在海湾战争中，美国的 F-117A 隐身战斗攻击机大约执行了 1 600 架次空袭任务，摧毁了巴格达的大量目标，而自己无一伤亡。因此，航空专家普遍认为，军用航空器将跨入"隐身时代"，低可探测性将成为未来军用飞机设计及选材的一项重要指标。雷达吸波材料、结构吸波材料和外形技术是实施"隐身"的三项主要技术。由此可见隐身功能材料在现代军用飞机中的重要作用。

(3)某些功能材料是使飞行器达到最高性能水平的关键材料。发动机所能达到的最高性能水平直接与涡轮进口温度及其效率有关。众所周知，$MCrAlY \cdot ZrO_2$ 隔热涂层涂覆于涡轮和导向叶片表面可提高其使用温度 $150℃$ 或更高。

封严涂层则可提高压气机和涡轮效率。耐磨和防腐功能材料可大幅度提高飞机及其零部件使用寿命。

9.4.2　微电子材料

微电子材料的应用与影响在我们的日常生活中随处可见。近年来微电子材料几乎已成为所有电子产品的心脏。

微电子材料主要是大直径(400 mm)硅单晶及片材技术，大直径(200 mm)硅片外延技术，150 mm GaAs 和 100 mm InP 晶片及以它们为基础的Ⅲ～Ⅴ族半导体超晶格、量子阱异质结构材料制备技术，GeSi 合金和宽禁带半导体材料等。

1. 微电子材料的特性

微电子器件的发展在 20 世纪后期掀起的第二次工业革命，"轻、薄、短、小"成了时代进步的象征，主要因为微电子器件具有功能替代性，大体而言，以轻工业替代重工业，以信息技术替代机械技术，如以电脑替代人脑，计算器替代算盘及机械计算器，交通信号替代交通警察等。在替代过程中，微电子材料具有下列特性：

(1)节省材料：较"轻、薄、短、小"，所需材料总量不大。

(2)节省能源：不仅在使用时，且在制造上均节省能源，如晶体管替代真空管。

(3)节省空间：如个人电脑与早期利用真空管工作的计算机，所占空间大为减小。

(4)增进性能：如机械操作自动化、新机件自动校准、现场诊断测试能力大增。

(5)耐用可靠：如微电子器件控制相比于真空管控制的家电产品更耐用。

(6)价格低廉：微电子器件制造随其微小化，生产力逐渐增加，相关产品价格亦逐渐下降。

2.微电子材料的应用

微电子材料为微电子器件的构成材料,微电子器件为微电子产品的心脏。微电子产品在现代生活中无所不在。

(1)民用家电用品。微电子材料产品和微处理器广泛应用于家电、汽车领域,例如电子玩具、游戏机、学习机及其他家用电器产品等。就连汽车这种传统的机械产品也渗透进了微电子技术,如使用微电子材料的电子引擎监控系统。

(2)信息产品。在微电子技术的推动下,电子整机或数字化系统的性能、功能、体积和功耗不仅得到显著改善,而且价格不断下降。近几年来,随着 TV,PC,STB,PDA,手机,DVD,Internet 设备等行业的蓬勃发展,特别是消费电子类产品数量快速地增长,全球的微电子产业得到了迅猛发展,微电子已成为信息社会的支柱产业,是衡量一个国家综合国力的重要因素。

(3)医疗及工业设备。微电子材料在医疗方面主要有两方面应用,一是用微电子材料制造的微机械系统(MEMS),例如微小血管检测器,用于心脏衰弱者的心脏起搏器,微小人工血管,用于外科手术中可实现各种微细操作的微型可控镊子等。二是微电子材料与生物技术紧密结合,主要是以 DNA 芯片等为代表的生物工程芯片,它将是 21 世纪微电子领域的另一个热点和新的经济增长点。

(4)国防设备。微电子技术在军事国防方面同样有重要的应用。微电子技术的发展和应用,不仅提升了军事装备和作战平台的性能,而且导致了新式武器以及新兵种的产生。微电子技术的产生改变了传统战争的模式,将面对面的战斗演变为超视距作战。

9.4.3 光电子材料

在光电子技术领域应用的,以光子、电子为载体,处理、存储和传递信息的材料称为光电子材料。光电子技术是结合光学和电子学技术而发展起来的一门新技术,主要应用于信息领域、能源及国防领域。

已使用的光电子材料主要可以分为光学功能材料、激光材料、发光材料、光纤材料、光电存储材料、光电转换材料和光电集成材料。

1.光学功能材料

光学功能材料是指在力、声、热、电、磁和光等外加场作用下,其光学性质发生变化,从而起光的开关、调制、隔离、偏振等功能作用的材料,例如我国的夜明珠、印度的蛇眼石、叙利亚的孔雀暖玉等。

2.激光材料

激光是 20 世纪以来继核能、电脑、半导体之后,人类的又一重大发明,被称为"最快的刀""最准的尺""最亮的光"。其为原子受激辐射的光,故名"激光"。从第一台固体激光器发明至今,激光从一项物理学上的发明发展成为一种广泛应用于制造、加工、通信、军事、文化、医疗等各个领域的通用技术,大大加快了人类文明的进程。

激光材料是激光器的工作材料,作为激光技术发展的核心和基础,对激光技术的发展起着决定性作用。至今,实用化的激光材料已从最初的几种基质材料发展到数十种,并在各个方面获得了实际应用。就其应用范围来说,主要有如下三种:掺钕钇铝石榴石(Nd:YAG)、掺钕钒酸钇(Nd:YVO$_4$)和掺钛蓝宝石(Ti:Al$_2$O$_3$)晶体。

3. 发光材料

发光材料是指能够以某种方式吸收能量,将其转化成光辐射的物质材料。在实际应用中,将受外界激发而发光的固体称为发光材料。它们可以粉末、单晶、薄膜或非晶体等形态使用,主要组分是稀土金属的化合物和半导体材料,与有色金属关系很密切。

发光材料的发光方式是多种多样的,主要类型有光致发光、阴极射线发光、电致发光、热释发光、光释发光、辐射发光等。

4. 光纤材料

光纤(见图9-5)是光导纤维的简写,是一种由玻璃或塑料制成的纤维,可作为光传导工具。

微细的光纤封装在塑料护套中,使得它能够弯曲而不至于断裂,具体结构如图9-6所示。通常,光纤一端的发射装置使用发光二极管或一束激光将光脉冲传送至光纤,另一端的接收装置使用光敏元件检测脉冲。在日常生活中,由于光在光导纤维的传导损耗比电在电线传导的损耗低得多,因此光纤被用作长距离的信息传递。

图9-5　光纤

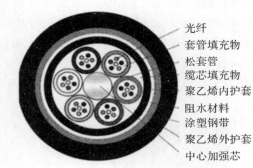

光纤
套管填充物
松套管
缆芯填充物
聚乙烯内护套
阻水材料
涂塑钢带
聚乙烯外护套
中心加强芯

图9-6　光缆

5. 光电存储材料

光电存储材料是利用光与材料的相互作用进行记录,用光或光电转换方法进行读出的一类光电子材料。

通常按存储方式不同将其分为3类。

(1)感光存储材料。信息(文字、图像和物体)用照相方法存储于感光记录材料中,信息缩小为信息源的1/100以上,用光学放大的方法读出,或用照相和复印的方法显示。如图9-7所示胶卷所用材料,主要为卤化银感光材料。

(2)光全息存储材料。用激光作光源,分成两束,一束为参考光,另一束照射到信息源(文字、图像或物体)上,然后反射的光束与参考光束相干涉。包含了信息源反射光波前上各点的振幅和位相的干涉条纹记录于光全息存储材料中。信息的再显示同样用激光束来实现。作为一次性全息存储材料主要为银盐照相材料、重铬酸盐明胶和热塑材料等。可擦除全息存储材料以光折变电光晶体为主。可逆性全息存储材料采用光二向色材料(色心材料)。

(3)光盘存储材料。数字光盘存储是动态的、二进位的数字存储。根据数据的记录和读出方式不同,可分为只读式、一次写入多次读出式、可擦重写式。由于存储方式不同,光盘存储材料也不同。常用的有稀土-过渡金属合金、氧化物磁光材料、有机染料和光色材料等。图9-8为典型的光盘存储材料。

图9-7 胶卷   图9-8 光盘

6.光电转换材料

通过光生伏打效应将太阳能转换为电能的材料,主要用于制作太阳能电池。图9-9为典型的太阳能光伏板。研究和发展光电转换材料的目的是利用太阳能。光电转换材料的工作原理是:将相同的材料或两种不同的半导体材料做成 PN 结电池结构,当太阳光照射到 PN 结电池结构材料表面时,通过 PN 结将太阳能转换为电能。太阳能电池对光电转换材料的要求是转换效率高、能制成大面积的器件,以便更好地吸收太阳光。已使用的光电转换材料以单晶硅、多晶硅和非晶硅为主。用单晶硅制作的太阳能电池,转换效率高达 20%,但其成本高,主要用于空间技术。多晶硅薄片制成的太阳能电池,虽然光电转换效率不高(约 10%),但价格低廉,已获得大量应用。此外,化合物半导体材料、非晶硅薄膜作为光电转换材料,也得到研究和应用。

图9-9 光伏板

7.光电集成材料

光电集成材料用于制造光电子集成器件。光子元件一般包括光源、光调制器、光探测器、光波导、光双稳等,电子元件包括三极管、二极管、电阻、电容等。如果各种光子、电子元件都制在同一衬底上,则称这种衬底材料为单片光电集成材料,如果各种光子、电子元件分别制在不同衬底上,然后拼接在一起,则称衬底材料为混合光电集成材料。

9.4.4　功能陶瓷

1. 功能陶瓷的概念

功能陶瓷,是指在应用时主要利用陶瓷的非力学性能的一类材料,这类材料通常具有一种或多种功能,如电、磁、光、热、化学、生物等;有的还有耦合功能,如压电、压磁、热电、电光、声光、磁光等。

功能陶瓷在生产和研制中与传统陶瓷相比,具有以下特点:

(1)综合运用现代先进的科学技术成就,多学科交叉,知识密集。

(2)品种多,生产规模一般比较小,更新换代快。

(3)需要投入大量的资金和时间,风险大。

(4)高技术、高性能、高产值、高效益。

2. 功能陶瓷的分类

功能材料种类繁多,涉及面广,迄今还没有一种公认的分类方法。下面依据材料的物质性、功能性、应用性进行分类。

按材料性质进行分类:

(1)金属功能材料:如形状记忆合金、贮氢合金、减振合金、超耐热合金、非晶态合金、超导合金等。

(2)无机非金属功能陶瓷材料:如热功能陶瓷、光功能陶瓷、磁功能陶瓷、精密电子陶瓷、功能转化陶瓷、超硬陶瓷、生物功能陶瓷等。

(3)高分子(有机)功能材料:如导电高分子材料、高分子分离膜、液晶聚合物材料、光功能高分子材料、有机铁磁材料、生物高分子材料、化学功能高分子材料等。

(4)复合功能材料:如金属基复合功能材料、陶瓷基复合功能材料、高分子基复合功能材料等。

按功能分类:

(1)电功能陶瓷:如绝缘陶瓷、介电陶瓷、铁电陶瓷、压电陶瓷、半导体陶瓷、高温超导陶瓷、快离子导体陶瓷。

(2)磁功能陶瓷:如软磁铁氧体、硬磁铁氧体、记忆用铁氧体。

(3)光功能陶瓷:如透明 Al_2O_3 陶瓷、透明 MgO 陶瓷、透明 $Y_2O_3 - ThO_2$ 陶瓷、透明铁电陶瓷。

(4)热学功能材料:作为红外线辐射材料的有氧化锆(ZrO_2)和氧化钛(TiO_2)。

(5)生物及化学功能陶瓷:如湿敏陶瓷、气敏陶瓷、催化用陶瓷、生物陶瓷。

(6)其他功能陶瓷材料:如声功能材料、力学功能材料、核功能材料。

按应用性进行分类:

根据功能材料的应用性可分为信息材料、电子材料、电工材料、电信材料、计算机材料、传感材料、仪器仪表材料、能源材料、航空航天材料、生物医用材料等。

3. 功能陶瓷的发展趋势

当前功能陶瓷发展的趋势可以归纳为以下几个特点:复合化,多功能化,低维化,智能化和设计、材料、工艺一体化。单一材料的特性和功能往往难以满足新技术对材料综合性能的要求,材料复合化技术可以通过加和效应与耦合乘积效应开发出原材料并不存在的新功能效应,或获得远高于单一材料的综合功能效应。功能性与结构性结合的材料,或者具有多种良好功能性的材料,为提高产品的性能和可靠性,促使产品向薄、轻、小发展提供了基础。当材料的特征尺寸小到纳米级,由于量子效应和表面效应十分显著,可能产生独特的电、磁、光、热等物理和化学特性,因而功能陶瓷进入纳米技术领域是研究的热点之一,如铁电薄膜和超细粉体的制备等。智能材料是功能陶瓷发展的更高阶段,它是人类社会的需求和现代科学技术发展的必然结果。

第10章 航空材料成形工艺

航空材料的制造技术主要还是建立在常用材料的加工技术基础上的,本章主要介绍常用的金属材料成形工艺,主要分为铸造、塑性成形、切削加工、焊接、粉末冶金五类。

10.1 铸 造

10.1.1 铸造工艺简介

铸造是指将液态金属浇注到与零件形状、尺寸相适应的铸型型腔中,待其冷却凝固,以获得毛坯或零件的生产方法,也可称为金属液态成形,其基本工艺流程如图10-1所示。

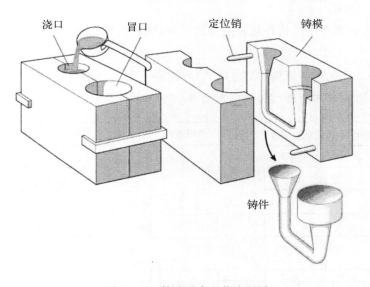

图10-1 铸造基本工艺流程图

铸造成形的方法可分为砂型铸造和特种铸造两大类,特种铸造是除砂型铸造外其他铸造方法的总称,包括熔模铸造、压力铸造、低压铸造、离心铸造、金属型铸造、连续铸造、真空铸造、壳型铸造、陶瓷型铸造、消失模铸造等。铸造工艺具体分类情况如图10-2所示。

铸造的工艺特点主要表现为:①可生产形状复杂的制件,特别是内腔形状复杂的制件;②适应性强,合金种类不受限制,铸件大小几乎不受限制;③材料来源广,废品可重熔,设备投资低;④废品率高、表面质量较低、劳动条件差。

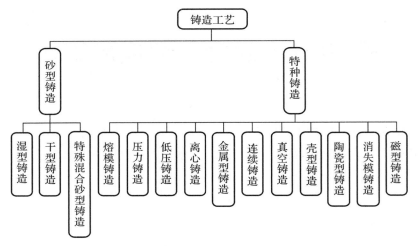

图 10-2　铸造工艺分类

10.1.2　常见的铸造方法

1. 砂型铸造(sand casting)

砂型铸造:在砂型中生产铸件的铸造方法。钢、铁和大多数有色合金铸件都可用砂型铸造方法获得。

传统砂型铸造工艺基本流程(见图 10-3):配砂→制模→造芯→造型→浇注→落砂→打磨加工→检验。齿轮毛坯的砂型铸造过程简图如图 10-4 所示。

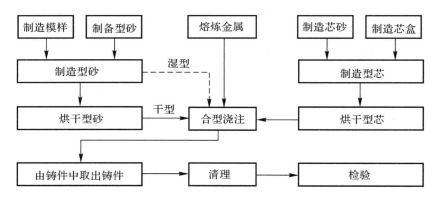

图 10-3　砂型铸造工艺流程框图

砂型铸造的技术特点有:①适合于制成形状复杂,特别是具有复杂内腔的毛坯;②适应性广,成本低;③对于某些塑性很差的材料,如铸铁等,砂型铸造是制造其零件或毛坯的唯一成形工艺。其主要应用于汽车的发动机气缸体、气缸盖、曲轴等铸件。

2. 熔模铸造(investment casting)

熔模铸造:通常是指用熔点较低的材料制成模样,在模样表面包覆若干层耐火材料制成型壳,再将模样熔化排出型壳,从而获得无分型面的铸型,经高温焙烧后即可填砂浇注的铸造方案,也常称为"失蜡铸造"。熔模铸造过程如图 10 - 5 所示,其详细工艺流程如图 10 - 6 所示。

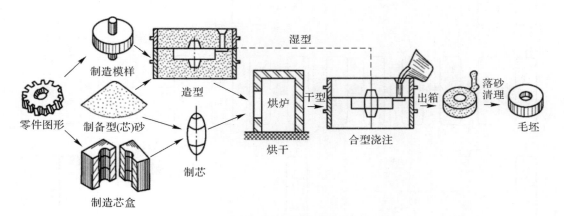

图 10 - 4　齿轮毛坯的砂型铸造过程简图

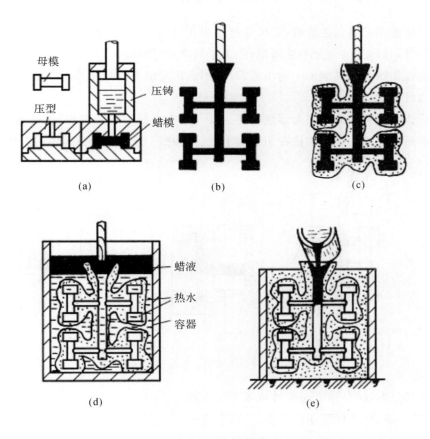

图 10 - 5　熔模铸造过程

(a)压铸蜡模；　(b)组合蜡模；　(c)黏制型壳；　(d)脱蜡；　(e)浇注

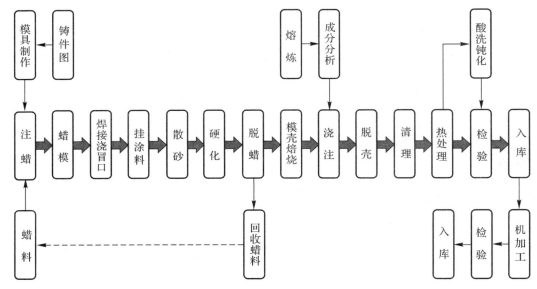

图 10-6 熔模铸造工艺流程

　　熔模铸造的工艺特点主要有：①尺寸精度和几何精度高；②表面粗糙度高；③能够铸造外形复杂的铸件，且铸造的合金不受限制；④工序繁杂，费用较高。其主要应用于生产形状复杂、精度要求高或很难进行其他加工的小型零件，如涡轮发动机的叶片等。

　　3. 压力铸造（die casting）

　　压力铸造是指利用高压将金属液高速压入一精密金属模具型腔内，金属液在压力作用下冷却凝固而形成铸件。压力铸造在压铸机上进行，如图 10-7 所示是压铸机工作过程示意图。

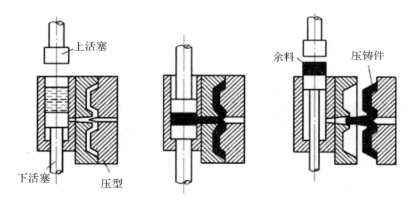

图 10-7 压铸机工作过程示意图

　　其工艺特点有：①压铸时金属液体承受压力高，流速快；②产品质量好，尺寸稳定，互换性好；③生产效率高，压铸模使用次数多；④适合大批、大量生产，经济效益好。其缺点有：①铸件容易产生细小的气孔和缩松；②压铸件塑性低，不宜在冲击载荷及有震动的情况下工作；③高熔点合金压铸时，铸型寿命低，影响压铸生产的扩大。压铸件最先应用在汽车工业和仪表工业，后来逐步扩大到各个行业，如农业机械、机床工业、电子工业、国防工业、计算机、医疗器械、钟表、照相机和日用五金等多个行业。

4. 低压铸造(low pressure casting)

低压铸造(见图 10-8)是指使液体金属在较低压力(0.02～0.06 MPa)作用下充填铸型,并在压力下结晶以形成铸件的方法。

其技术特点主要有:①浇注时的压力和速度可以调节,故适用于各种不同铸型(如金属型、砂型等),可铸造各种合金及各种大小的铸件;②采用底注式充型,金属液充型平稳,无飞溅现象,可避免卷入气体及对型壁和型芯的冲刷,提高了铸件的合格率;③铸件在压力下结晶,铸件组织致密、轮廓清晰、表面光洁,力学性能较高,对于大薄壁件的铸造尤为有利;④省去补缩冒口,金属利用率提高到 90～98％;⑤劳动强度低,劳动条件好,设备简易,易实现机械化和自动化。生产的应用以传统产品为主(气缸头、轮毂、气缸架等)。

5. 离心铸造(centrifugal casting)

离心铸造是将金属液浇入旋转的铸型中,在离心力作用下填充铸型而凝固成形的一种铸造方法。铸型在离心铸造机上根据需要可以绕垂直轴旋转,也可绕水平轴旋转,如图 10-9 所示。

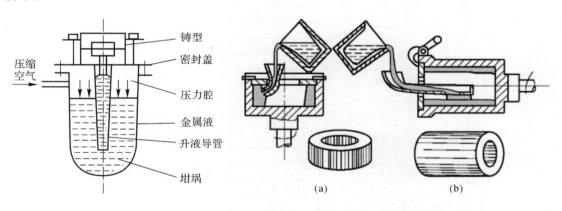

图 10-8　低压铸造过程示意图

图 10-9　离心铸造方法
(a)绕垂直轴旋转;　(b)绕水平轴旋转

其工艺特点主要有:①几乎不存在浇注系统和冒口系统的金属消耗,提高了工艺出品率;②生产中空铸件时可不用型芯,故在生产长管形铸件时可大幅度地改善金属充型能力;③铸件致密度高,气孔、夹渣等缺陷少,力学性能高;④便于制造筒、套类复合金属铸件。其特点有:①用于生产异形铸件时有一定的局限性;②铸件内孔直径不准确,内孔表面比较粗糙,质量较差,加工余量大;③铸件易产生比重偏析。离心铸造最早用于生产铸管,国内外在冶金、矿山、交通、排灌机械、航空、国防、汽车等行业中均采用离心铸造工艺,来生产钢、铁及非铁碳合金铸件,其中尤以离心铸铁管、内燃机缸套和轴套等铸件的生产最为普遍。

6. 金属型铸造(gravity die casting)

金属型铸造(见图 10-10)是指液态金属在重力作用下充填金属铸型并在型中冷却凝固而获得铸件的一种成型方法。其主要工艺流程如图 10-11 所示。

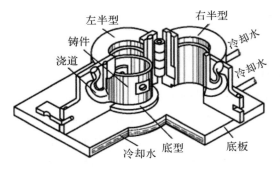

图 10 - 10　金属型铸造过程

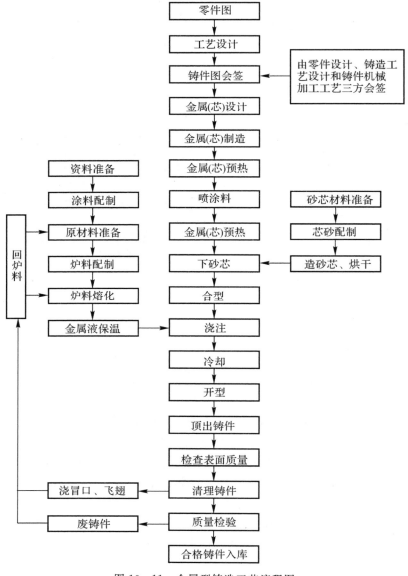

图 10 - 11　金属型铸造工艺流程图

其工艺特点有:①金属型的热导率和热容量大,冷却速度快,铸件组织致密,力学性能比砂型铸件高 15％左右;②能获得较高尺寸精度和较低表面粗糙度值的铸件,并且质量稳定性好;③因不用或很少用砂芯,能改善环境、减少粉尘和有害气体、降低劳动强度。其缺点有:①金属型本身无透气性,必须采用一定的措施导出型腔中的空气和砂芯所产生的气体;②金属型无退让性,铸件凝固时容易产生裂纹;③金属型制造周期较长,成本较高,因此只有在大量成批生产时,才能显示出好的经济效果。金属型铸造既适用于大批量生产形状复杂的铝合金、镁合金等非铁合金铸件,也适合于生产钢铁金属的铸件、铸锭等。

7. 消失模铸造(lost foam casting)

消失模铸造(又称实型铸造)是将与铸件尺寸形状相似的石蜡或泡沫模型黏结组合成模型簇,刷涂耐火涂料并烘干后,埋在干石英砂中振动造型,在负压下浇注,使模型气化,液体金属占据模型位置,凝固冷却后形成铸件的新型铸造方法。消失模铸造工艺简图如图 10 - 12所示。

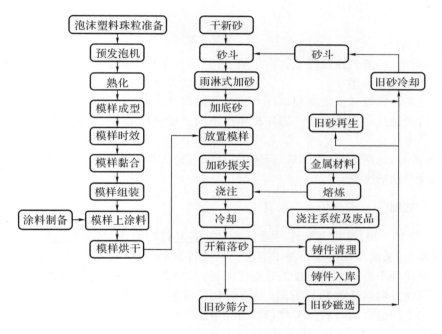

图 10 - 12　消失模铸造工艺流程图

其工艺特点主要有:①铸件精度高,无砂芯,减少了加工时间;②无分型面,设计灵活,自由度高;③清洁生产,无污染;④降低投资和生产成本。它适合生产结构复杂的各种大小较精密铸件,合金种类不限,生产批量不限,如灰铸铁发动机箱体、高锰钢弯管等。

10.2　塑 性 成 形

塑性成形就是利用材料的塑性,在工具及模具的外力作用下来加工制件的少切削或无切削的工艺方法。它的种类有很多,主要包括锻造、轧制、挤压、拉拔和冲压等。

10.2.1 锻造

锻造(见图 10-13)是一种利用锻压机械对金属坯料施加压力,使其产生塑性变形以获得具有一定机械性能、一定形状和尺寸锻件的加工方法。根据成形机理,锻造可分为自由锻、模锻、碾环和特殊锻造。

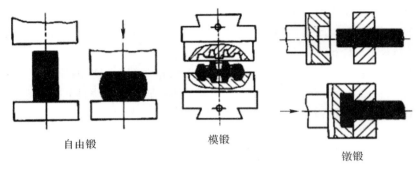

自由锻　　　　　模锻

镦锻

图 10-13　锻压成型示意图

(1)自由锻造:一般是在锤锻或者水压机上,利用简单的工具将金属锭或者块料锤成所需要形状和尺寸的加工方法。

(2)模锻:是在模锻锤或者热模锻压力机上利用模具来成形的锻造工艺。

(3)碾环:指通过专用设备——碾环机生产不同直径的环形零件,也用来生产汽车轮毂、火车车轮等轮形零件。

(4)特种锻造:包括辊锻、楔横轧、径向锻造、液态模锻等锻造方式,这些方式都比较适用于生产某些特殊形状的零件。

10.2.2 轧制

轧制(见图 10-14)是将金属坯料通过一对旋转轧辊的间隙(各种形状),因轧辊的挤压,使材料截面减小、长度增加的压力加工方法。按轧件运动方式,轧制可分为纵轧、横轧、斜轧。纵轧就是金属在两个旋转方向相反的轧辊之间通过,并在其间产生塑性变形的过程;横轧是使轧件变形后运动方向与轧辊轴线方向一致;斜轧是将轧件做螺旋运动,轧件与轧辊轴线非特角。其主要用于制造金属材料的型材,板,管材等,此外还有一些非金属材料比如塑料制品及玻璃制品等。

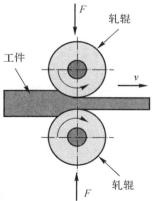

图 10-14　轧制原理示意图

10.2.3 挤压

挤压(见图 10 - 15)是使坯料在三向不均匀压应力作用下,从模具的孔口或缝隙挤出使得横截面积减小长度增加,成为所需制品的加工方法,坯料的这种加工叫挤压成型。

其基本工艺流程为:挤压前准备→铸棒加热→挤压→拉伸扭拧校直→锯切(定尺)→取样检查→人工时效→包装入库。其优点有:①生产范围广,产品规格、品种多;②生产灵活性大,适合小批量生产;③产品尺寸精度高,表面质量好;④设备投资少,厂房面积小,易实现自动化生产。其缺点有:①几何废料损失大;②金属流动不均匀;③挤压速度低,辅助时间长;④工具损耗大,成本高。其主要用于制造长杆、深孔、薄壁、异型断面零件。

10.2.4 拉拔

拉拔(见图 10 - 16)是指用外力作用于被拉金属的前端,将金属坯料从小于坯料断面的模孔中拉出,以获得相应的形状和尺寸的制品的一种塑性加工方法。

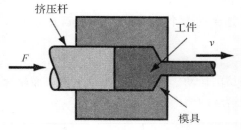

图 10 - 15 挤压工作原理图

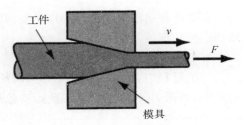

图 10 - 16 拉拔工作原理图

其优点有:①尺寸精确,表面光洁;②工具、设备简单;③可连续高速生产断面小的长制品。其缺点有:①道次变形量与两次退火间的总变形量有限;②长度受限制。拉拔是金属管材、棒材、型材及线材的主要加工方法。

10.2.5 冲压

冲压(见图 10 - 17)是靠压力机和模具对板材、带材、管材和型材等施加外力,使之产生塑性变形或分离,从而获得所需形状和尺寸的工件(冲压件)的成形加工方法。

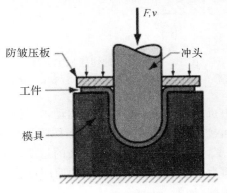

图 10 - 17 冲压工作原理图

其技术特点有：①可得到轻量、高刚性之制品；②生产性良好，适合大量生产、成本低；③可得到品质均一的制品；④材料利用率高、剪切性及回收性良好。全世界的钢材中，有60%~70%是板材，其中大部分经过冲压制成成品。汽车的车身、底盘、油箱、散热器片，锅炉的汽包，容器的壳体，电机、电器的铁芯硅钢片等都是冲压加工的。仪器仪表、家用电器、自行车、办公机械、生活器皿等产品中，也有大量冲压件。

10.3 切 削 加 工

切削加工是指用切削工具（包括刀具、磨具和磨料）把坯料或工件上多余的材料层切去成为切屑，使工件获得规定的几何形状、尺寸和表面质量的加工方法。

按工艺特征，切削加工一般可分为车削、铣削、钻削、镗削、铰削、刨削、插削、拉削、锯切、磨削、研磨、珩磨、超精加工、抛光、齿轮加工、蜗轮加工、螺纹加工、超精密加工、钳工和刮削等。

10.3.1 切削加工运动及切削要素

合理选择切削运动和切削用量是切削加工中最常遇到的两个基本问题，准确认识它们是顺利进行切削的基础。

1.切削运动

切削过程中，切削刀具与工件间的相对运动，就是切削运动。它是直接形成工件表面轮廓的运动，如图10-18所示。切削运动包括主运动和进给运动两个基本运动。

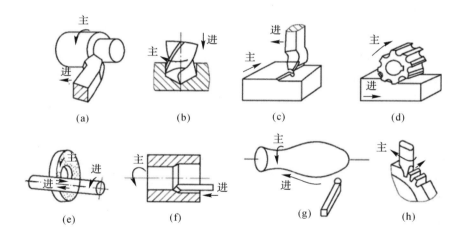

图10-18 常见的切削加工方法
(a)车削； (b)钻削； (c)刨削； (d)铣削； (e)外圆磨削； (f)车床上镗孔； (g)车成形面； (h)铣齿轮

（1）主运动。主运动是由机床或人力提供的主要运动，它促使切削刀具和工件之间产生相对运动，从而使切削刀具前面接近工件。主运动是直接切除切屑所需要的基本运动。它在切削运动中形成机床的切削速度，也是消耗机床功率最大的运动。一般主运动只有一个，图10-18(a)所示工件的旋转运动即为主运动。机床主运动的速度可达每分钟数百米至数千米，个别情况下切削速度比较低，如刨削、插削、拉削等。

主运动可以是刀具的旋转运动（如钻削时钻头旋转，铣削时铣刀旋转等），也可以是刀具的直线运动(如刨削时刨刀的运动、拉削时拉刀的运动等)。同时,主运动也可以是工件的旋转运动(如车削时工件的转动)或工件的直线运动(如龙门刨床上工件的直线运动)。多数机床的主运动是旋转运动,如车削、钻削、铣削、磨削中的主运动均为旋转运动。

(2)进给运动。进给运动是由机床或人力提供的运动,它使刀具与工件之间产生附加的相对运动,加上主运动,即可不断地或连续地切屑,并获得具有所需几何特性的已加工表面。图10-18(a)中车刀的轴向移动即为进给运动。进给运动的速度一般远小于主运动速度,而且消耗机床的功率也较少。

切削过程中进给运动可能有一个(如钻削时钻头的轴向移动),也可能有若干个(如车削时车刀的纵向移动和横向移动)。进给运动形式有平移的(直线)、旋转的(圆周)、连续的(曲线)及间歇的。直线进给又有纵向、横向、斜向三种。

主运动和进给运动可以由刀具、工件分别来完成,也可以由刀具单独完成。

2.切削用量

切削用量是指在切削加工过程中的切削速度、进给量和背吃刀量的总称。要完成切削过程,切削速度、进给量和背吃刀量三者缺一不可,故它们又称为切削用量三要素。以车削为例,在每次切削中,工件上形成三个表面,如图10-19所示。

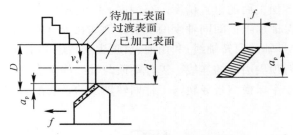

图 10-19　车削加工切削用量示意图

1)待加工表面　工件上有待切除的表面。

2)已加工表面　工件上经刀具切削后产生的表面。

3)过渡表面　工件上由切削刃正在切削的表面,它是待加工表面和已加工表面之间的过渡表面。

(1)切削速度 v_c。在进行切削加工时,刀具切削刃上的某一点相对于待加工表面在主运动方向上的瞬时速度,称为切削速度,其单位为 m/s。当主运动是旋转运动时,切削速度是指圆周运动的线速度,即

$$v_c = \pi D n / (60 \times 1\,000)$$

式中,D—— 工件或刀具在切削表面上的最大回转直径(mm);

n—— 主运动的转速(r/min)。

当主运动为往复直线运动时,则其平均切削速度为

$$v_c = 2 L_m n_r / (60 \times 1\,000)$$

式中,L_m—— 刀具或工件往复直线运动的行程长度(mm);

n_r—— 主运动每分钟的往复次数,亦即行程数(str/min)。

(2)进给量 f。进给量是指主运动的一个循环内(一转或一次往复行程)刀具在进给方向上相对工件的位移量。例如,车削时,进给量 f 是工件旋转一周,车刀沿进给方向移动的距

离（mm/r）。

（3）背吃刀量 a_p。背吃刀量一般是指工件已加工表面与待加工表面间的垂直距离，也称切削深度，单位为 mm。车外圆时的背吃刀量如图 10-19 所示。有

$$a_p = (D-d)/2$$

式中，D—— 待加工表面直径（mm）；

d—— 已加工表面直径（mm）。

切削用量三要素是调整机床运动的主要依据。它直接影响工件的加工质量、刀具的磨损和寿命，机床的动力消耗及生产率。选择切削用量的一般原则是：先尽量选择较大的背吃刀量，再尽量选择较大的进给量，最后尽量选择较大的切削速度。

10.3.2 车削的工艺特点及其应用

在零件的组成表面中，回转面用得最多，主运动为工件回转的车削，特别适于加工回转面，也可以加工工件的端面，故比其他加工方法应用得更加普遍。为了满足加工的需要，车床类型很多，主要有卧式车床、立式车床、转塔车床、自动车床和数控车床等。

1.车削的工艺特点

（1）易于保证工件各加工面的位置精度。车削时，工件绕某一固定轴线回转，各表面具有同一回转轴线，故易于保证加工面间同轴度的要求。例如在卡盘或花盘上安装工件（见图 10-20）时，回转轴线是车床主轴的回转轴线；利用前、后顶尖安装轴类工件，或利用心轴安装盘、套类工件时，回转轴线是两顶尖中心的连线。工件端面与轴线的垂直度要求，则主要由车床本身的精度来保证，它取决于车床横溜板导轨与工件回转轴线的垂直度。

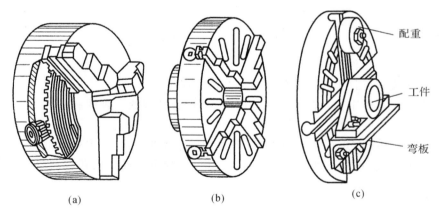

（a）　　　　　　（b）　　　　　　（c）

图 10-20　卡盘及花盘示例
（a）自定心卡盘；（b）单动卡盘；（c）花盘

（2）切削过程比较平稳。除了车削断续表面之外，一般情况下车削过程是连续进行的，不像铣削和刨削，在一次走刀过程中刀齿有多次切入和切出，产生冲击，并且当车刀几何形状、背吃刀量和进给量一定时，切削层公称横截面积是不变的。因此，车削时切削力基本上不发生变化，车削过程比铣削和刨削平稳。又由于车削的主运动为工件回转，避免了惯性力和冲击的影响，所以车削允许采用较大的切削用量进行高速切削或强力切削，有利于提高生产效率。

（3）适用于有色金属零件的精加工。某些有色金属零件,因材料本身的硬度较低,塑性较大,若用砂轮磨削,软的磨屑易堵塞砂轮,难以得到很光洁的表面。因此,当有色金属零件表面粗糙度 Ra 值要求较小时,不宜采用磨削加工,而要用车削或铣削等。用金刚石刀具,在车床上以很小的背吃刀量（$a_P < 0.15$ mm）和进给量（$f < 0.1$ mm/r）以及很高的切削速度（$v \approx 300$ m/min）进行精细车削,加工精度可达 IT6～IT5,表面粗糙度 Ra 值达 $0.1～0.4$ μm。

（4）刀具简单。车刀是刀具中最简单的一种,制造、刃磨和安装均较方便,这就便于根据具体加工要求,选用 合理的角度。因此,车削的适应性较广,并且有利于加工质量和生产效率的提高。

2. 车削的应用

在车床上使用不同的车刀或其他刀具,通过刀具相对于工件不同的进给运动,就可以得到相应的工件形状。如刀具沿平行于工件回转轴线的直线移动时,可形成内、外圆柱面;刀具沿与工件回转轴线相交的斜线移动时,则形成圆锥面。在仿形车床或数控车床上,控制刀具沿着某条曲线运动可形成相应的回转曲面。利用成形车刀作横向进给,也可加工出与切削刃相应的回转曲面。车削还可以加工螺纹、沟槽、端面和成形面等。加工精度可达 IT8～IT7,表面粗糙度值 Ra 为 $0.8～1.6$ μm。

车削常用来加工单一轴线的零件,如直轴和一般盘、套类零件等。若改变工件的安装位置或将车床适当改装,还可以加工多轴线的零件（如曲轴、偏心轮等）或盘形凸轮。图 10-21 为车削曲轴和偏心轮工件安装的示意图。

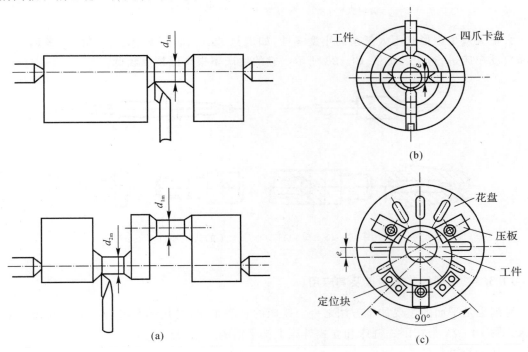

图 10-21　车削曲轴和偏心轮工件安装的示意图

（a）用双顶尖安装车曲轴；　（b）用四爪卡盘安装车偏心轮；　（c）用花盘安装车偏心轮

单件小批生产中,轴、盘、套等类零件多选用适应性广的卧式车床或数控车床进行加工;直径大而长度短(长径比 $L/D\approx0.3\sim0.8$)的重型零件,多用立式车床加工。

成批生产外形较复杂,且具有内孔及螺纹的中小型轴、套类零件时,应选用转塔车床进行加工,如图 10-22 所示。

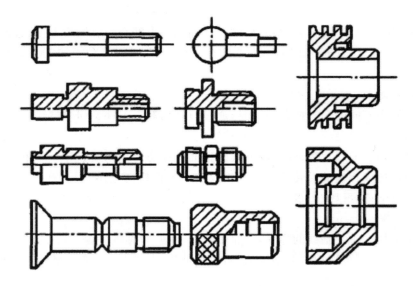

图 10-22　转塔车床加工的典型零件

大批大量生产形状不太复杂的小型零件,如螺钉、螺母、管接头、轴套类等时,多选用半自动和自动车床进行加工,如图 10-23 所示。它的生产率很高但精度较低。

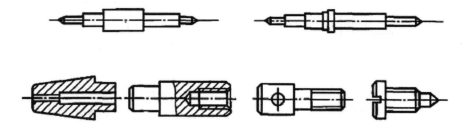

图 10-23　单轴自动车床加工的典型零件

10.3.3　铣削的工艺特点及其应用

铣削也是平面的主要加工方法之一。铣床的种类很多,常用的是升降台卧式铣床和立式铣床。图 10-24 为在卧式铣床和立式铣床上铣平面的示意图。

1.铣削的工艺特点

(1)生产率较高。铣刀是典型的多齿刀具,铣削时有几个刀齿同时参加工作,并且参与切削的切削刃较长;铣削的主运动是铣刀的旋转,它有利于高速铣削。因此,铣削的生产率比刨削高。

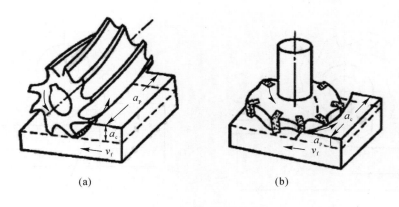

图 10 - 24　铣平面

(a)在卧式铣床上铣平面——周铣；　(b)在立式铣床上铣平面——端铣

(2)容易产生振动。铣刀的刀齿切入和切出时产生冲击，并将引起同时工作刀齿数的增减。在切削过程中每个刀齿的切削层厚度 h_i 随刀齿位置的不同而变化（见图 10 - 25），引起切削层横截面积变化。因此，在铣削过程中铣削力是变化的，切削过程不平稳，容易产生振动，这就限制了铣削加工质量和生产率的进一步提高。

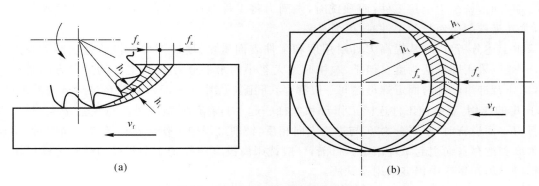

图 10 - 25　铣削时切削层厚度的变化

(a)周铣；　(b)端铣

(3)刀齿散热条件较好。铣刀刀齿在切离工件的一段时间内，可以得到一定的冷却，散热条件较好。但是，切入和切出时热和力的冲击将加速刀具的磨损，甚至可能引起硬质合金刀片的碎裂。

2.铣削方式

同是加工平面，既可以用端铣法，也可以用周铣法；同一种铣削方法，也有不同的铣削方式（顺铣和逆铣等）。在选用铣削方式时，要充分注意它们各自的特点和适用场合，以便保证加工质量和提高生产效率。

(1)周铣法。用圆柱铣刀的圆周刀齿加工平面，称为周铣法［见图 10 - 24(a)］，它又可分为逆铣和顺铣（见图 10 - 26）。当切削部位刀齿的旋转方向和工件的进给方向相反时，为逆铣；相同时，为顺铣。

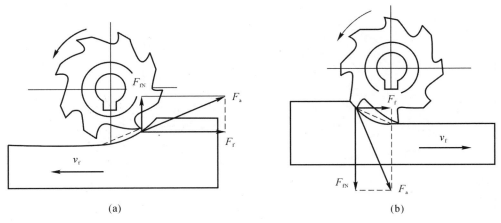

图 10-26　逆铣和顺铣

(a)逆铣；　(b)顺铣

　　逆铣时,每个刀齿的切削层厚度是从零增大到最大值。由于铣刀刃口处总有圆弧存在,而不是绝对尖锐的,所以在刀齿接触工件的初期,不能切入工件,而是在工件表面上挤压、滑行,使刀齿与工件之间的摩擦加大,加速刀具磨损,同时也使表面质量下降。顺铣时,每个刀齿的切削层厚度是由最大减小到零,从而避免了上述缺点。

　　逆铣时,铣削力上抬工件;而顺铣时,铣削力将工件压向工作台,减少了工件振动的可能性,尤其是铣削薄而长的工件时,更为有利。

　　由上述分析可知,从提高刀具耐用度和工件表面质量、增加工件夹持的稳定性等观点出发,一般以采用顺铣法为宜。但是,顺铣时忽大忽小的水平分力 F_f 与工件的进给方向是相同的,工作台进给丝杠与固定螺母之间一般都存在间隙(见图 10-27),间隙在进给方向的前方。由于 F_f 的作用,就会使工件连同工作台和丝杠一起,向前窜动,造成进给量突然增大,甚至引起打刀。而逆铣时,水平分力 F_f 与进给方向相反,铣削过程中工作台丝杠始终压向螺母,不至因为间隙的存在而引起工件窜动。目前,一般铣床尚没有消除工作台丝杠与螺母之间间隙的机构,所以,在生产中仍多采用逆铣法。

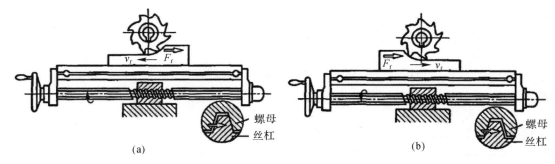

图 10-27　逆铣和顺铣时丝杠螺母间隙

(a)逆铣；　(b)顺铣

　　(2)端铣法。用端铣刀的端面刀齿加工平面,称为端铣法[见图 10-24(b)]。根据铣刀和工件相对位置的不同,端铣法可以分为对称铣削法和不对称铣削法(见图 10 - 28)。

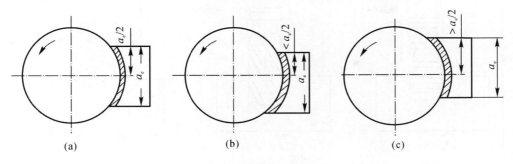

图 10 - 28　端铣的方式

(a)对称铣削；　(b)不对称铣削(一)；　(c)不对称铣削(二)

端铣法可以通过调整铣刀和工件的相对位置,调节刀齿切入和切出时的切削层厚度,从而达到改善铣削过程的目的。

(3)周铣法与端铣法的比较。如图 10 - 28 所示,周铣时,同时工作的刀齿数与加工余量(相当于 a_e)有关,一般仅有 1～2 个。而端铣时,同时工作的刀齿数与被加工表面的宽度(也相当于 a_e)有关,而与加工余量(相当于背吃刀量 a_p)无关,即使在精铣时,也有较多的刀齿同时工作。因此,端铣的切削过程比周铣时平稳,有利于提高加工质量。

端铣刀的刀齿切入和切出工件时,虽然切削层厚度较小,但不像周铣时切削层厚度变为零,从而改善了刀具后刀面与工件的摩擦状况,提高了刀具耐用度,并可减小表面粗糙度。此外,端铣时还可利用修光刀齿修光已加工表面,因此端铣可获得较小的表面粗糙度值。

端铣刀直接安装在铣床的主轴端部,悬伸长度较小,刀具系统的刚度较好,而圆柱铣刀安装在细长的刀轴上,刀具系统的刚度远不如端铣刀。同时,端铣刀可方便地镶装硬质合金刀片,而圆柱铣刀多采用高速钢制造。所以,端铣时可以采用高速铣削,这不仅大大提高了生产效率,也提高了加工表面的质量。

由于端铣法具有以上优点,所以在平面的铣削中,目前大都采用端铣法。但是,周铣法的适应性较广,可以利用多种形式的铣刀,除加工平面外还可较方便地进行沟槽、齿形和成形面等的加工,生产中仍常采用。

3.铣削的应用

铣削的形式很多,铣刀的类型和形状更是多种多样,再配上附件——分度头、圆形工作台等的应用,使铣削加工范围较广,主要用来加工平面(包括水平面、垂直面和斜面)、沟槽、成形面和切断等。加工精度一般可达 IT8～IT7,表面粗糙度值 Ra 为 1.6～3.2 μm。

单件、小批生产中,加工小、中型工件多用升降台式铣床(卧式和立式两种)。加工中、大型工件时可以采用龙门铣床。龙门铣床与龙门刨床相似,有 3～4 个可同时工作的铣头,生产率高,广泛应用于成批和大量生产中。

图 10 - 29 为铣削各种沟槽的示意图。直角沟槽可以在卧式铣床上用三面刃铣刀加工,也可以在立式铣床上用立铣刀铣削。角度沟槽用相应的角度铣刀在卧式铣床上加工,T 形槽和燕尾槽常用带柄的专用槽铣刀在立式铣床上铣削。在卧式铣床上还可以用成形铣刀加工成形面和用锯片铣刀切断等。

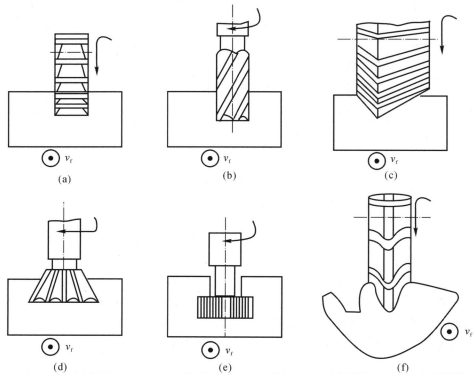

图 10 - 29　铣削多种沟槽示意图

(a)三面刃铣刀铣直槽；　(b)立铣刀铣直槽；　(c)铣角度槽；

(d)铣燕尾槽；　(e)铣 T 形槽；　(f)盘状铣刀铣成形面

在单件小批生产中,有些盘状成形零件,也可以用立铣刀在立式铣床上加工。如图 10 - 30 所示,先在欲加工的工件上按所要的轮廓划线,然后根据所划的线用手动进给进行铣削。

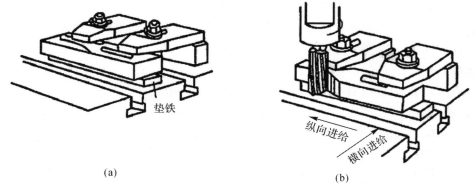

图 10 - 30　按划线铣成形面

(a)工件划线后装夹；　(b)手动进给加工

对由几段圆弧和直线组成的曲线外形、圆弧外形或圆弧槽等,可以利用圆形工作台在立式铣床上加工(见图 10 - 31)。

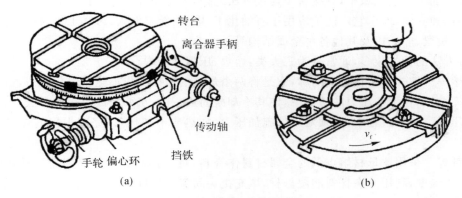

图 10-31　圆形工作台及其应用

(a)圆形工作台；　(b)铣圆弧槽

在铣床上,利用分度头可以加工需要等分的工件,例如铣削离合器和齿轮等。

在万能铣床(工作台能在水平面内转动一定角度)上,利用分度头及其与工作台进给丝杠间的交换齿轮,可以加工螺旋槽(见图 10-32)。

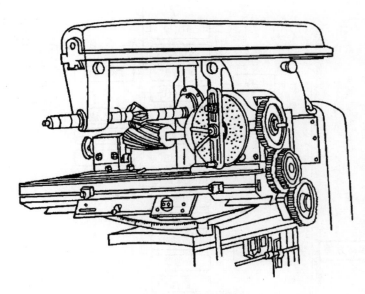

图 10-32　铣螺旋槽

10.4　焊　　接

10.4.1　焊接的分类

焊接是通过加热或加压或二者并用,并且用或不用填充材料,使原本分离的两焊件达到原子间的结合而形成永久性连接的工艺方法。

在金属加工工艺领域中,焊接属于连接方法之一,也是一种重要的材料加工工艺。焊接已发展为一门独立的学科,它广泛地应用于石油化工、电力、航空航天、海洋工程、核动力工程、微电子技术、桥梁、船舶以及其他各种金属结构等。

焊接方法的种类很多,通常分为三大类:熔焊、压焊和钎焊。

(1)熔焊。熔焊是熔化焊的简称,它是将两个焊件的连接部位加热至熔化状态,加入(或不加入)填充金属,在不加压力的情况下,使其冷却凝固成一体,从而完成焊接的方法。

(2)压焊。焊接过程中,必须对焊件施加压力(加热或不加热)以完成焊接的焊接方法,称为压焊。

(3)钎焊。采用比母材熔点低的金属材料作钎料,将焊件和钎料加热到高于钎料熔点,低于母材熔化温度,利用液态钎料润湿母材,填充接头间隙并与母材相互扩散实现连接焊件的工艺方法,称为钎焊。

常用焊接方法的分类如图 10-33 所示。

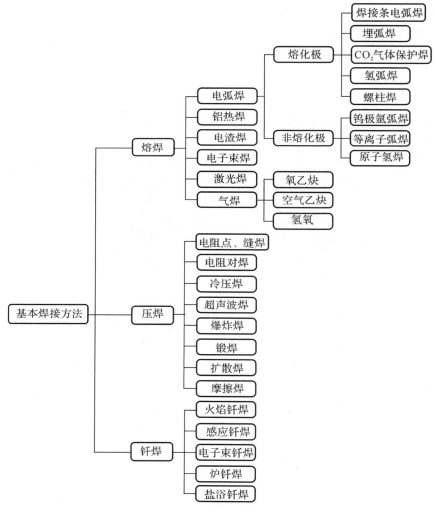

图 10-33　常用焊接方法分类

10.4.2　焊接的特点及焊接方法简介

1.焊接工艺的特点

焊接方法与其他金属加工工艺相比,具有以下一些突出特点:

(1)减轻结构质量,节省金属材料。焊接与传统的铆接方法相比,一般可以节省金属材料15%～20%。减轻金属结构自重。

(2)利用焊接可以制造双金属结构。例如,利用对焊、摩擦焊等方法,可以将不同金属材料焊接,制造复合层容器等,以满足高温、高压设备、化工设备等特殊性能要求。

(3)能化大为小,由小拼大。在制造形状复杂的结构件时常常先把材料加工成较小的部分,然后采用逐步装配焊接的方法由小拼大,最终实现大型结构,如轮船体等的制造都是通过由小拼大实现的。

(4)结构强度高,产品质量好。在多数情况下焊接接头能达到与母材等强度,甚至接头强度高于母材强度,因此,焊接结构的产品质量比铆接要好,目前焊接已基本上取代了铆接。

(5)焊接时的噪声较小,工人劳动强度较低,生产率较高,易于实现机械化与自动化。

(6)容易产生焊接应力、焊接变形及焊接缺陷等。由于焊接是一个不均匀的加热过程,所以,焊接后会产生焊接应力与焊接变形。同时,由于工艺或操作不当,还会产生多种焊接缺陷,降低焊接结构的安全性。如果在焊接过程中采取合理的措施后,可以消除或减轻焊接应力、焊接变形及焊接缺陷。

焊接在桥梁、容器、舰船、锅炉、管道、车辆、起重机械、电视塔、金属桁架、石油化工结构件、冶金设备、航天设备等的制造中应用广泛,并且随着焊接技术的发展,焊接质量及生产率不断提高,焊接在国民经济建设中的应用也将更加广泛。

2.常用焊接方法简介

(1)手弧电焊。手弧电焊是各种电弧焊方法中发展最早、目前仍然应用最广的一种焊接方法。它是以外部涂有涂料的焊条作电极和填充金属,电弧是在焊条的端部和被焊工件表面之间燃烧。涂料在电弧热作用下一方面可以产生气体以保护电弧,另一方面可以产生熔渣覆盖在熔池表面,防止熔化金属与周围气体的相互作用。熔渣的更重要作用是与熔化金属产生物理化学反应或添加合金元素,改善焊缝金属性能。手弧焊设备简单、轻便,操作灵活,可以应用于维修及装配中短缝的焊接,特别是可以用于难以达到的部位的焊接。手弧焊配用相应的焊条可适用于大多数工业用碳钢、不锈钢、铸铁、铜、铝、镍及其合金。

(2)钨极气体保护电弧焊。这是一种不熔化极气体保护电弧焊,是利用钨极和工件之间的电弧使金属熔化而形成焊缝的。焊接过程中钨电极不熔化,只起电极的作用。同时由焊炬的喷嘴送进氩气或氦气作保护,还可根据需要另外添加金属。在国际上通称为 TIG 焊。钨极气体保护电弧焊由于能很好地控制热输入,所以是连接薄板金属和打底焊的一种极好方法。这种方法几乎可以用于所有金属的连接,尤其适用于焊接铝、镁这些能形成难熔氧化物的金属以及如钛和锆这类活泼金属。这种焊接方法的焊缝质量高,但与其他电弧焊相比,其焊接速度较慢。

(3)熔化极气体保护电弧焊。这种焊接方法是利用连续送进的焊丝与工件之间燃烧的电弧作热源,由焊炬喷嘴喷出的气体保护电弧来进行焊接的。熔化极气体保护电弧焊通常用的保护气体有氩气、氦气、CO_2气或这些气体的混合气。以氩气或氦气为保护气时称为熔化极惰性气体保护电弧焊(在国际上简称为 MIG 焊);以惰性气体与氧化性气体(O_2,CO_2)混合气为保护气体时,或以 CO_2 气体或 CO_2+O_2 混合气为保护气时,统称为熔化极活性气体保护电弧焊(在国际上简称为 MAG 焊)。熔化极气体保护电弧焊的主要优点是可以方便地进行各种位置的焊接,同时也具有焊接速度较快、熔敷率高等优点。熔化极活性气体保护电弧焊可适用于大部分主要金属,包括碳钢、合金钢。熔化极惰性气体保护焊适用于不锈钢、铝、镁、铜、钛、锆及镍合金。利用这种焊接方法还可以进行电弧点焊。

(4)等离子弧焊。等离子弧焊也是一种不熔化极电弧焊。它是利用电极和工件之间的压缩电弧(叫转发转移电弧)实现焊接的。所用的电极通常是钨极。产生等离子弧的等离子气可用氩气、氮气、氦气或其中二者之混合气。同时还通过喷嘴用惰性气体保护。焊接时可以外加填充金属,也可以不加填充金属。等离子弧焊焊接时,由于其电弧挺直、能量密度大,因而电弧穿透能力强。等离子弧焊焊接时产生的小孔效应,对于一定厚度范围内的大多数金属可以进行不开坡口对接,并能保证熔透和焊缝均匀一致。因此,等离子弧焊的生产率高、焊缝质量好。但等离子弧焊设备(包括喷嘴)比较复杂,对焊接工艺参数的控制要求较高。钨极气体保护电弧焊可焊接的绝大多数金属,均可采用等离子弧焊接。与之相比,对于 1mm 以下的极薄的金属的焊接,用等离子弧焊可较易进行。

(5)电阻焊。电阻焊是以电阻热为能源的一类焊接方法,包括以熔渣电阻热为能源的电渣焊和以固体电阻热为能源的电阻焊。由于电渣焊具有更独特的特点,故放在(9)项中介绍。这里主要介绍几种以固体电阻热为能源的电阻焊,主要有点焊、缝焊、凸焊及对焊等。电阻焊一般是使工件处在一定电极压力作用下并利用电流通过工件时所产生的电阻热将两工件之间的接触表面熔化而实现连接的焊接方法。通常使用较大的电流。为了防止在接触面上发生电弧并且为了锻压焊缝金属,焊接过程中始终要施加压力。进行这一类电阻焊时,被焊工件的表面质量对于获得稳定的焊接质量是头等重要的。因此,焊前必须对电极与工件以及工件与工件间的接触表面进行清理。点焊、缝焊和凸焊的特点在于焊接电流(单相)大(几千至几万安培),通电时间短(几周波至几秒),设备昂贵、复杂,生产率高,因此适于大批量生产,主要用于焊接厚度小于 3 mm 的薄板组件。各类钢材、铝、镁等有色金属及其合金、不锈钢等均可焊接。

(6)电子束焊。电子束焊是以集中的高速电子束轰击工件表面时所产生的热能进行焊接的方法。电子束焊接时,由电子枪产生电子束并加速。常用的电子束焊有高真空电子束焊、低真空电子束焊和非真空电子束焊。前两种方法都是在真空室内进行。焊接准备时间(主要是抽真空时间)较长,工件尺寸受真空室大小限制。电子束焊与电弧焊相比,主要的特点是焊缝熔深大、熔宽小、焊缝金属纯度高。它既可以用在很薄材料的精密焊接,又可以用在很厚的(最厚达 300 mm)构件焊接。所有用其他焊接方法能进行熔化焊的金属及合金都可以用电子束焊接。电子束焊主要用于要求高质量的产品的焊接,还能解决异种金属、易氧化金属及难熔金属的焊接,但不适于大批量产品。

(7)激光焊。激光焊是利用大功率相干单色光子流聚焦而成的激光束为热源进行的焊接。这种焊接方法通常有连续功率激光焊和脉冲功率激光焊。激光焊优点是不需要在真空中进行,缺点则是穿透力不如电子束焊强。激光焊时能进行精确的能量控制,因而可以实现精密微型器件的焊接。它能应用于很多金属,特别是能解决一些难焊金属及异种金属的焊接。

(8)钎焊。钎焊的能源可以是化学反应热,也可以是间接热能。它是利用熔点比被焊材料的熔点低的金属作钎料,经过加热使钎料熔化,利用毛细管作用将钎料嵌入接头接触面的间隙内,润湿被焊金属表面,使液相与固相互扩散而形成钎焊接头。因此,钎焊是一种固相兼液相的焊接方法。钎焊加热温度较低,母材不熔化,而且也不需施加压力。但焊前必须采取一定的措施清除被焊工件表面的油污、灰尘、氧化膜等,这是使工件润湿性好、确保接头质量的重要保证。钎料的液相线温度高于 450 ℃ 而低于母材金属的熔点时,称为硬钎焊;低于 450 ℃ 时,称为软钎焊。根据热源或加热方法不同钎焊可分为火焰钎焊、感应钎焊、炉中钎焊、浸沾钎焊、电阻钎焊等。目前感应钎焊应用范围最广,比如百锐思钎焊提供的感应钎焊设备,已广泛用于空调制冷、电机、卫浴、眼镜和汽车等行业。钎焊时由于加热温度比较低,故对工件材料的性能影响较小,焊件的应力变形也较小。但钎焊接头的强度一般比较低,耐热能力较差。钎焊可以用于焊接碳钢、不锈钢、高温合金、铝、铜等金属材料,还可以连接异种金属、金属与非金属。钎焊适于焊接受载不大或常温下工作的接头,对于精密的、微型的以及复杂的多钎缝的焊件尤其适用。

(9)电渣焊。电渣焊是以熔渣的电阻热为能源的焊接方法。焊接过程是在立焊位置、在由两工件端面与两侧水冷铜滑块形成的装配间隙内进行。焊接时利用电流通过熔渣产生的电阻热将工件端部熔化。根据焊接时所用的电极形状,电渣焊分为丝极电渣焊、板极电渣焊和熔嘴电渣焊。电渣焊的优点是:可焊的工件厚度大(从 30 mm 到大于 1 000 mm),生产率高。它主要用于在断面对接接头及丁字接头的焊接。电渣焊可用于各种钢结构的焊接,也可用于铸件的组焊。电渣焊接头由于加热及冷却均较慢,热影响区宽,显微组织粗大,韧性低,因此焊接以后一般须进行正火处理。

(10)高频焊。高频焊是以固体电阻热为能源。焊接时利用高频电流在工件内产生的电阻热使工件焊接区表层加热到熔化或接近的塑性状态,随即施加(或不施加)顶锻力而实现金属的结合。因此它是一种固相电阻焊方法。高频焊根据高频电流在工件中产生热的方式可分为接触高频焊和感应高频焊。接触高频焊时,高频电流通过与工件机械接触而传入工件。感应高频焊时,高频电流通过工件外部感应圈的耦合作用而在工件内产生感应电流。高频焊是专业化较强的焊接方法,要根据产品配备专用设备。生产率高,焊接速度可达 30 m/min,主要用于制造管子时纵缝或螺旋缝的焊接。

(11)气焊。气焊是用气体火焰为热源的一种焊接方法。应用最多的是以乙炔气作燃料的氧-乙炔火焰。由于设备简单使用方便,但气焊加热速度及生产率较低,热影响区较大,且容易引起较大的变形。气焊可用于很多黑色金属、有色金属及合金的焊接。一般适用于维修及单件薄板焊接。

(12)气压焊。气压焊和气焊一样,气压焊也是以气体火焰为热源。焊接时将两对接的工件的端部加热到一定温度后再施加足够的压力以获得牢固的接头。这是一种固相焊接。气压焊时不加填充金属,常用于铁轨焊接和钢筋焊接。

(13)爆炸焊。爆炸焊也是以化学反应热为能源的另一种固相焊接方法。但它是利用炸药爆炸所产生的能量来实现金属连接的。在爆炸波作用下,两件金属在不到一秒的时间内即可被加速撞击形成金属的结合。在各种焊接方法中,爆炸焊可以焊接的异种金属的组合的范围最广。可以用爆炸焊将冶金上不相容的两种金属焊成为各种过渡接头。爆炸焊多用于表面积相当大的平板包覆,是制造复合板的高效方法。

（14）摩擦焊。摩擦焊是以机械能为能源的固相焊接。它是利用两表面间机械摩擦所产生的热来实现金属的连接的。摩擦焊的热量集中在接合面处，因此热影响区窄。两表面间须施加压力，多数情况是在加热终止时增大压力，使热态金属受顶锻而结合，一般结合面并不熔化。摩擦焊生产率较高，原理上几乎所有能进行热锻的金属都能摩擦焊接。摩擦焊还可以用于异种金属的焊接，主要适用于横断面为圆形的最大直径为 100 mm 的工件。

（15）超声波焊。超声波焊也是一种以机械能为能源的固相焊接方法。进行超声波焊时，焊接工件在较低的静压力下，由声极发出的高频振动能使接合面产生强烈摩擦并加热到焊接温度而形成结合。超声波焊可以用于大多数金属材料之间的焊接，能实现金属、异种金属及金属与非金属间的焊接；可适用于金属丝、箔或 2～3 mm 以下的薄板金属接头的重复生产。

（16）扩散焊。扩散焊一般是以间接热能为能源的固相焊接方法。通常是在真空或保护气氛下进行。焊接时使两被焊工件的表面在高温和较大压力下接触并保温一定时间，经过原子相互扩散而结合。焊前不仅需要清洗工件表面的氧化物等杂质，而且要使表面粗糙度低于一定值才能保证焊接质量。扩散焊对被焊材料的性能几乎不产生有害作用。它可以焊接很多同种和异种金属以及一些非金属材料，如陶瓷等。

10.5　粉　末　冶　金

10.5.1　粉末冶金简介

粉末冶金是制取金属粉末或用金属粉末（或金属粉末与非金属粉末的混合物）作为原料，经过成形和烧结，制造金属材料、复合材料以及各种类型制品的工艺技术。目前，粉末冶金技术已被广泛应用于交通、机械、电子、航空航天、兵器、生物、新能源、信息和核工业等领域，成为新材料科学中最具发展活力的分支之一。粉末冶金技术具备显著节能、省材、性能优异、产品精度高且稳定性好等一系列优点，非常适合于大批量生产。粉末冶金制品具有用传统的熔铸方法无法获得的特殊的化学成分和机械物理性能。

广义的粉末冶金制品业涵盖了铁石刀具、硬质合金、磁性材料以及粉末冶金制品等。狭义的粉末冶金制品业仅指粉末冶金制品，包括粉末冶金零件（占绝大部分）、含油轴承和金属射出成型制品等。

10.5.2　粉末冶金的特点

粉末冶金具有独特的化学组成和机械、物理性能，而这些性能是用传统的熔铸方法无法获得的。运用粉末冶金技术可以直接制成多孔、半致密或全致密材料和制品，如含油轴承、齿轮、凸轮、导杆、刀具等，是一种少切削或无切削工艺。

（1）粉末冶金技术可以最大限度地减少合金成分偏聚，消除粗大、不均匀的铸造组织。在制备高性能稀土永磁材料、稀土储氢材料、稀土发光材料、稀土催化剂、高温超导材料、新型金属材料（如 Al - Li 合金、耐热 Al 合金、超合金、粉末耐蚀不锈钢、粉末高速钢、金属间化合物高温结构材料等）方面具有重要的作用。

（2）粉末冶金技术可以制备非晶、微晶、准晶、纳米晶和超饱和固溶体等一系列高性能非平衡材料，这些材料具有优异的电学、磁学、光学和力学性能。

（3）粉末冶金技术可以容易地实现多种类型的复合，充分发挥各组元材料各自的特性，是一种低成本生产高性能金属基和陶瓷复合材料的工艺技术。

（4）粉末冶金技术可以生产普通熔炼法无法生产的具有特殊结构和性能的材料和制品，如新型多孔生物材料、多孔分离膜材料、高性能结构陶瓷磨具和功能陶瓷材料等。

（5）粉末冶金技术可以实现近净形成和自动化批量生产，从而可以有效地降低生产的资源和能源消耗。

（6）粉末冶金技术可以充分利用矿石、尾矿、炼钢污泥、轧钢铁鳞、回收废旧金属作原料，是一种可有效进行材料再生和综合利用的新技术。

我们常见的机加工刀具，五金磨具，很多就是粉末冶金技术制造的。

10.5.3　粉末的制取方法

制取粉末是粉末冶金的第一步。粉末冶金材料和制品不断的增多，其质量不断提高，要求提供的粉末的种类愈来愈多。例如，从材质范围来看，不仅使用金属粉末，也使用合金粉末、金属化合物粉末等；从粉末外形来看，要求使用各种形状的粉末，如产生过滤器时，就要求形成粉末；从粉末粒度来看，要求各种粒度的粉末，粗粉末粒度有 $500 \sim 1\ 000\ \mu m$，超细粉末粒度小于 $0.5\ \mu m$ 等等。

为了满足对粉末的各种要求，也就要有各种各样生产粉末的方法。这些方法不外乎使金属、合金或者金属化合物呈固态、液态或气态转变成粉末状态。

1. 呈固态使金属与合金或者金属化合物转变成粉末的方法

（1）从固态金属与合金制取金属与合金粉末的有机械粉碎法和电化腐蚀法。

（2）从固态金属氧化物及盐类制取金属与合金粉末的还原法，及从金属和合金粉末、金属氧化物和非金属粉末制取金属化合物粉末的还原-化合法。

2. 呈液态使金属与合金或者金属化合物转变成粉末的方法

（1）从液态金属与合金制取合金粉末的有雾化法。

（2）从金属盐溶液置换和还原制取金属合金以及包覆粉末的有置换法、溶液氢还原法，从金属熔盐中沉淀制取金属粉末的有熔盐陈定法，从辅助金属浴中析出制取金属化合物粉末的有金属浴法。

（3）从金属盐溶液电解制取金属与合金粉末的有水溶液电解法，从金属熔盐电解制取金属和金属化合物粉末的有熔盐电解法。

3. 呈气态使金属或者金属化合物转变成粉末的方法

（1）从金属蒸汽冷凝制取金属粉末的有蒸汽冷凝法。

（2）从气态金属碳基物离解制取金属、合金以及包覆粉末的有碳基物热离解法。

（3）从气态金属卤化物气相还原制取金属、合金粉末以及金属、合金涂层的有气相氢还原法，从气态金属卤化物制取金属化合物粉末以及涂层的有化学气相沉积法。

但是，从过程的实质来看，现有制粉方法大体上可归纳为两大类，即机械法和物理化学法。机械法是将原材料机械粉碎，而化学成分基本上不发生变化的工艺过程；物理化学法是借助化学或物理的作用，改变原料的化学成分或聚集状态而获得粉末的工艺过程。粉末的生产方法很多，从工业规模而言，应用最广泛的有汉斯还原法、雾化法和电解法。有些方法，如气相沉积法和液相沉积法在特殊应用时亦很重要。

10.5.3 粉末冶金工艺简介

粉末冶金工艺的基本工序如图 10-34 所示,主要分为以下四个步骤。

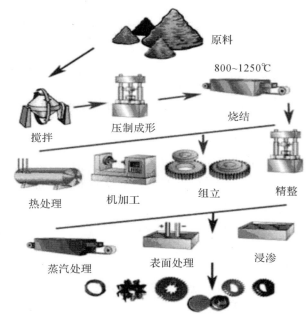

图 10-34 粉末冶金基本工序

1. 原料粉末的制备

现有的制粉方法大体可分为两类:机械法和物理化学法。而机械法可分为机械粉碎及雾化法,物理化学法又分为电化腐蚀法、还原法、化合法、还原-化合法、气相沉积法、液相沉积法以及电解法。其中应用最为广泛的是还原法、雾化法和电解法。

2. 粉末成型为所需形状的坯块

成型的目的是制得一定形状和尺寸的压坯,并使其具有一定的密度和强度。成型的方法基本上分为加压成型和无压成型。加压成型中应用最多的是模压成型。此外还可使用 3D 打印技术进行坯块的制作。

3. 坯块的烧结

烧结是粉末冶金工艺中的关键性工序。成型后的压坯通过烧结使其得到所要求的最终物理机械性能。烧结又分为单元系烧结和多元系烧结。对于单元系和多元系的固相烧结,烧结温度比所用的金属及合金的熔点低;对于多元系的液相烧结,烧结温度一般比其中难熔成分的熔点低,而高于易熔成分的熔点。除普通烧结外,还有松装烧结、熔浸法、热压法等特殊的烧结工艺。

4. 产品的后序处理

烧结后的处理,可以根据产品要求的不同,采取多种方式,如精整、浸油、机加工、热处理及电镀。此外,近年来一些新工艺如轧制、锻造也应用于粉末冶金材料烧结后的加工,取得了较理想的效果。

第 11 章　航空材料特种加工技术

11.1　航空钣金零件成型方法

11.1.1　航空钣金零件分类

在航空工业中,飞机钣金零件的种类繁多、结构复杂、形式各异、成型方法多式多样。为了实现计算机辅助设计-制造一体化、缩短生产准备周期、提高生产效率、实现工艺现代化,常对飞机钣金零件按零件的相似性进行分类。零件的相似性包括材料相似性、工艺相似性和结构相似性。根据相似性分类原则,飞机钣金零件常用分类方法及应用举例分别见表 11-1 和表 11-2。

表 11-1　飞机钣金零件分类表

材料品种		工艺相似性	典型零件图
飞机钣金零件	挤压型材零件	压下陷型材; 压弯型材; 滚弯型材; 拉弯型材; 复杂型型材	
	管材零件	无扩口弯曲导管; 扩口弯曲导管; 滚波卷边弯曲导管; 异形弯曲导管; 焊接管	
	板材零件	平板零件; 板弯型材零件; 拉伸零件; 蒙皮成型零件; 整体壁板; 落压零件; 橡皮成型零件; 旋压零件; 热成型零件; 爆炸成型零件; 超塑成型零件; 局部成型零件	

表 11 - 2 板材零件举例

板材零件	典型零件举例
平板零件	垫片垫板、汇流条、框肋零件、蒙皮零件、腹板地板零件、仪表板零件
板弯型材零件	角形型材、弧形型材、平圆形型材、复杂形型材
拉伸零件	筒形零件、球形零件、锥形零件、梯形零件、盒形零件、复杂形状零件
蒙皮成型零件	局部单曲度蒙皮、单曲度蒙皮、双曲度蒙皮、复杂形状蒙皮
整体壁板	柱形壁板、锥形壁板、凸峰壁板、马鞍形壁板、折弯壁板
落压零件	板弯梁、半管、整流罩、波纹板、加强框、复杂蒙皮、盒形件
橡皮成型零件	直线弯边零件、凸曲线弯边零件、凹曲线弯边零件、凸凹曲线弯边零件、复杂形状弯边零件
旋压零件	球形零件、抛物线零件、鼓形零件、收(扩)口零件、筒形零件、锥形零件
热成型零件	框板、型板、波纹板、整流罩、蒙皮、拉伸件
爆炸成型零件	筒形零件、球形零件、锥形零件、盒形零件、胀形零件、其他零件
超塑成型零件	SPF 框罩、SPF 盒形件、SPF 撑杆、SPF/DB 壁板、SPF/DB 梁框、SPF/DB 舱门
局部成型零件	压窝、埂,翻边、胀形、压印、收(扩)口

飞机钣金零件按结构特征常分为框肋类零件、型材零件、蒙皮零件、整体壁板零件、复杂形状零件等,由于这些零件的外形特征与力学性能各不相同,故其成型工艺也存在着较大的区别。

11.1.2 成型方法

在航空工业中,飞机钣金零件的种类繁多、生产批量较小、结构复杂、外轮廓尺寸大、刚度小、质量要求高。由于这些特点,飞机钣金成型技术具备不同于一般工业冲压成型技术的特色:设备专业性较强,如蒙皮拉形机、橡皮囊液压成型机;采用无模、半模成型,如滚弯成型、逐点成型、旋压和高能成型;采用简易模、通用模成型,如液压成型、压弯成型、易熔合金模成型等;利用材料的热处理状态进行成型。有两类钣金协调问题需要解决,即非叠合表面需要在控制切面处保证协调,以及相互叠合的立体零件需要保证整个叠合表面之间的协调。

飞机钣金零件是现代飞机的主体构成部分,主要成型方式有:橡皮成型、拉形、落压成型、喷丸成型、旋压成型、超塑成型、热成型和型材拉弯滚弯成型、蠕变成型和应力松弛成(校)型、高能成型、超塑性成型,以及板料的柔性成型等。

1. 橡皮成型

机上的骨架零件如隔框和翼肋大都是用钣材制造的,这类零件的准确度要求较高,数量多(中型飞机有框肋零件 4 000~50 000 件),制造劳动量较大。航空飞行器的框肋结构钣金件有两种特殊的特点:一是框肋类零件通常是形状结构复杂,带弯边、变斜角、外缘变曲率,并且在零件上一般分布有减轻孔或加强埂;二是框肋类零件的种类多、数量少。由于以上特殊性,在常用的框肋类零件成型方法中,用橡皮成型法最为经济,故用得最多,典型零件见表 11 - 3。

表 11-3　橡皮成型典型零件

直线弯边	凹曲线弯边	凸曲线弯边	凸凹曲线弯边
弯边为纯弯曲（如机翼梁）	弯边受拉应力，材料受拉伸而变薄，易破裂（如飞机框缘开口处加强边）	弯边受压应力，易起皱，材料增厚（如飞机肋、框零件）	一个弯边受压应力，一个弯边受拉应力（如飞机框缘零件）

当橡皮承受高压时，行为特征如同液体，因此，当压力增高时，橡皮膜保持为模具形状。橡皮成型方法通常有两种：一是橡皮囊成型法，二是橡皮垫成型法。

在橡皮囊成型法中，通常是用一种有弹性的橡皮膜，橡皮膜被封闭管道系统中的油膨胀。膨胀的橡皮膜迫使板料成型为模具的形状，如图 11-1(a)所示。随着框肋类零件厚度的增大和精度的提高，橡皮成型时橡皮所能提供的单位压力也在不断提高。现在我国航空企业使用的 77 000 t 橡皮囊液压机的单位压力可达 100 MPa。目前橡皮囊液压成型机床主要有两类：一类为框架式，另一类为圆筒式。

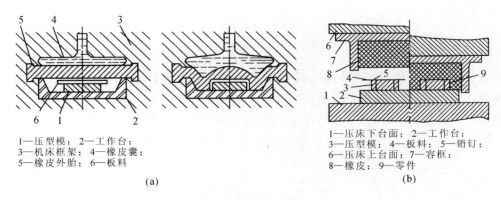

1—压型模；2—工作台；
3—机床框架；4—橡皮囊；
5—橡皮外胎；6—板料
(a)

1—压床下台面；2—工作台；
3—压型模；4—板料；5—销钉；
6—压床上台面；7—容框；
8—橡皮；9—零件
(b)

图 11-1　橡皮成型原理
(a)橡皮囊式压床的成型原理；　(b)格林式橡皮垫压床的成型原理

在橡皮垫成型法中，采用充满厚橡皮板的橡皮容框作为通用上模，当容框压下时，橡皮受压产生弹性流动将置于模胎上的板料包在模胎表面上，压制成与模胎形状相同的零件[见图 11-1(b)]。橡皮垫成型机通常有向上推进式和向下推进式两种，在各式成型机的两侧配备有送料台，当传送大尺寸板料时一般由动力送料机构完成。对于向下推进式成型机，不需要特殊的基础，底部通常是平坦且有较大面积的区域，这使得模具安放十分安全；上推式成型机则需要一个基底凹坑，以便工作高度能达到适当位置，并且能容纳底部的凸起。

橡皮成型的主要优点：成型前准备时间较短，一次可同时成型多个零件，生产效率高；使用半模、模具整修简单；零件的表面质量高等。

橡皮成型存在的缺点：通常情况下，橡皮成型只能对零件进行初步成型，成型后的零件还需要手工修正,适当增大压力,可使手工修正工作量减小;橡皮成型需要压力高的压床,这使薄件的加工受到限制;橡皮成型主要用于形状较简单的高强度铝合金的加工,复杂零件的加工受到限制;橡皮使用寿命有限,材料的利用率较低。

用于框肋零件成型的橡皮压床有两类,即橡皮压床和橡皮囊式压床。

2. 拉形

拉形用于制造曲率变化较平缓的大型钣金件,是双曲度蒙皮零件常用的加工方法。通过单向拉伸,使板料的纤维产生不等量延伸,在成型过程中,板料的两边用拉形机的夹钳夹紧,拉形模由工作台顶升到和板料接触,使板料产生不均匀的拉应变而与模具贴合。拉形常用于凸、凹双曲度蒙皮以及马鞍形双曲度蒙皮的加工。这类零件的表面质量要求高,外形准确度要求高,形状复杂,尺寸大,如图 11-2 所示。

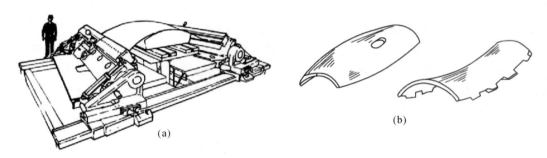

图 11-2　拉形
(a)拉形设备;　(b)典型拉形零件

按加力方式和夹钳相对模胎的位置不同,拉形可以分为两类,即纵拉和横拉。纵拉和横拉的基本原理相同,但在具体细节上和所用设备的结构上有所差异。横拉一般用于制造横向弧度大和纵向弧度小的零件,如飞机的发动机舱、起落架舱和前后段机身的蒙皮。纵向拉形常用于窄长蒙皮,其纵向弧度比横向小,比较节省材料。图 11-3 为纵拉和横拉示意图。

图 11-3　纵拉和横拉示意图
(a)纵拉;　(b)横拉

拉形过程大致可以分为三个阶段:在开始阶段,拉形机床将长方形毛料两端加入机床钳口中,毛料按凸模弯曲,随着凸模向上移动,凸模凸出的最高处与毛料接触,材料开始弯曲;随着凸模继续上升,进入中间阶段,毛料从接触点开始产生不均匀拉伸变形,逐渐与模胎贴合;终了阶段,毛料与模具表面完全贴合后,再做少量补充拉伸,以减少零件回弹。

根据拉形过程的需要,常用的蒙皮拉形机有三类:横向拉形机、纵向拉形机以及加上压装置拉形机。

3. 落压成型

落压成型适用于外形复杂、曲面急剧变化的钣金零件加工中。在加工中,利用落压机床上的重落锤和落压模从高处落下所产生的冲击力对板件进行冲压成型,最终获得所需形状。图 11-4 为典型的落压成型零件。

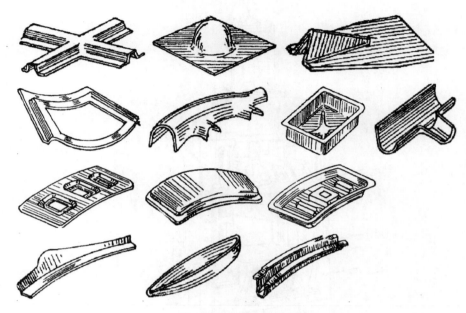

图 11-4 典型落压成型零件

落压成型的主要设备是落锤,辅助设备为震动剪、点击锤、收缩机等。落锤有绳索式和气动式两种,常用的是气动式落锤,如图 11-5 所示,点击锤可用作消皱、辗光、校形和放料等工作;收缩机可对拱曲零件的边缘预先收缩,以使板料初步成型。

落压成型常用于加工蒙皮类零件、各种加强板、复杂拉深件和管叉类零件,例如翼尖、各种整流罩等,这类零件的外形要求较高,表面必须光滑;又如阻力板、各种舱门的整体骨架,要求零件成型后刚度较大,为了满足装配时的协调要求,必须保证一定的加工准确度。

落压成型的特点如下:

(1)落锤冲击力的大小、上模压下量的深度能灵活控制,便于实现自动化;

(2)模具结构简单,修配方便,经济性好;

(3)生产准备周期较短,效率较高;

(4)可采用逐渐加工的方式。

落压成型的缺点如下:

(1)工件容易起皱、破裂和位置错动;

(2)成型的零件准确度及表面质量较差;

(3)是半机械、半手工的成型方法;

(4)噪声大,安全性及工作条件较差。

4. 喷丸成型

喷丸成型是利用高速金属丸流撞击金属板件的一个表面,使受喷表面的表层材料产生塑性变形,导致残余应力,逐步使零件达到外形曲率要求的一种成型方法。喷丸技术早期主要用于强化零件表面层,使表面产生压缩应力达到提高疲劳强度和抗腐蚀能力的目的。后来随着整体壁板的出现,喷丸技术又成为整体蒙皮加工工艺方法之一。飞机上的整体壁板或厚蒙皮按外形可分为单曲度和双曲度两种,如图 11 - 6 所示。

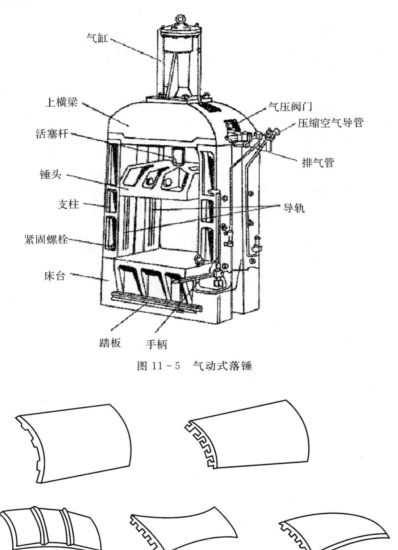

图 11 - 5　气动式落锤

图 11 - 6　典型喷丸成型零件

　　喷丸成型喷出的高速球形弹丸喷射到工件表面,使之产生塑性变形,如图 11 - 7 所示。弹丸打击到工件表面,表面层出现许多凹坑,凹坑周围金属向四周排挤,如图 11 - 7(a)所示,其结果使上表面的面积增加,引起壁板拱起[见图 11 - 7(c)],上表面由于金属相互排挤,出现残余压应力,下表层由于拱起弯曲,也出现残余压应力。因为残余应力自相平衡,故在工件中心层出现残余拉应力。

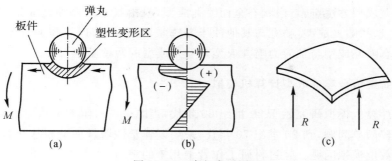

图 11-7　喷丸成型原理

喷丸成型设备可分为两大类,即喷丸成型和喷丸修整。按照推进弹丸的方法区分,喷丸成型机又可分为气动式、离心式和落丸式三大类。喷丸修整装备主要是手提式喷丸机和旋片喷丸。典型的喷丸机如图 11-8 所示,它由以下主要部件构成。

(1)为了将弹丸加速到要求的速度,需要弹丸推进装置,气动式的弹丸推进装置是空气压缩机和喷嘴,离心式的弹丸推进装置是电动机和叶轮。

(2)保证弹丸的多次利用的弹丸输送提升机构。

(3)弹丸分离、添加装置。其作用:消除破碎的或小于标准的弹丸,保证弹丸质量;补充弹丸消耗。

(4)保证弹丸流和被加工板坯相对运动的装置,一般是工作台移动,喷射室固定,反正均可。

(5)喷射室。毛坯在此接受加工,控制弹丸不到处飞溅。

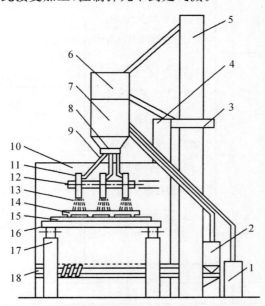

1—破碎弹丸收集器;　2—自动式装丸器;　3—弹丸回收器;　4—撑气管;　5—弹丸提升器;
6—弹丸分离器;　7—弹丸储存器;　8—弹丸控制活门;　9—输弹管;　10—工作室;
11,12—叶轮(或喷嘴);　13—弹丸流;　14—板坯;　15—垫板;　16—工作台;　17—工作架;　18—弹丸传送器

图 11-8　典型喷丸机

常用的喷丸成型方法有：自由状态全面喷丸成型，自由状态选择喷丸成型，预应力全面喷丸成型，预应力选择喷丸成型，喷丸与其他冲压方法联合的成型，以及喷丸成型与喷丸强化相结合。自由状态喷丸成型与预应力喷丸成型是喷丸成型的两种基本形态。

11.1.3　航空钣金零件成型计算机模拟

钣金成型计算机模拟研究始于 20 世纪 60 年代，当时采用有限差分法分析圆板液压胀形、半球形冲头等较简单问题，到 20 世纪 70 年代，采用以弹塑性增量理论为基础的有限元法来研究板材成型的数值模拟问题。经过科研工作者十几年的努力，迎来了一个蓬勃发展时期，国内的一些学者相继研究了宽板拉伸、液压胀形轴对称及三维金属板料成型过程的有限元模拟，提出了"弹性边界层"方法。

钣金成型过程的计算机模拟是以塑性成型的理论模型为基础，以软件系统为手段，使用者根据实际情况向该系统输入有关信息，经过计算机的大量运算，以图形和数据的形式显示出成型过程的各种响应。通过模拟可以设计并优化工艺过程，验证优化参数，确定并生成对数控成型设备的控制指令，在产品设计阶段用于工艺性验证，在生产阶段用于现场成型问题的分析与诊断。图 11-9 是成型过程计算机模拟的框架图。

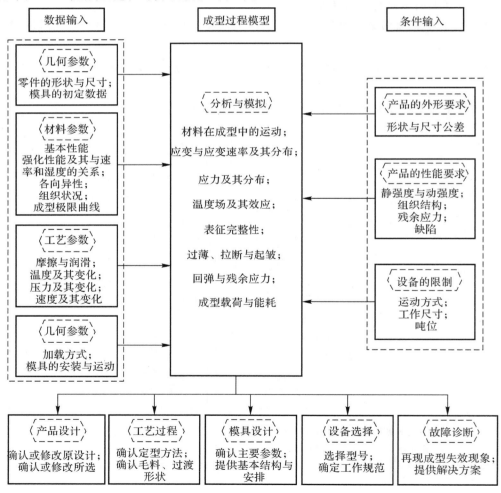

图 11-9　成型过程计算机模拟的框架图

1. 钣金成型计算机模拟的主要方法

由于成型过程的复杂性,目前都采用数值法来实现塑性成型过程的计算机模拟。代表性的方法有有限差分法、有限元法和边界元法。这 3 种方法的处理过程如图 11-10 所示。目前以有限元法的应用最为广泛,与有限差分法和边界元法相比,有限元法原理比较容易掌握,可以处理有限域,成熟的程序包较多,其缺点是计算量较大,难于处理无限域。

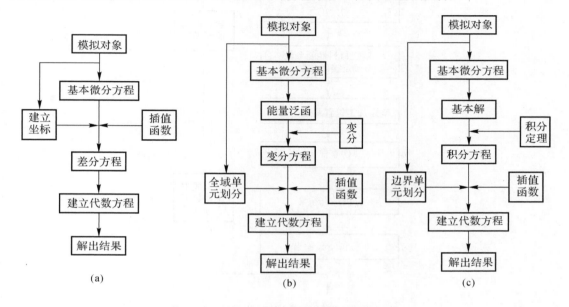

图 11-10　三种主要模拟方法的处理过程
(a)有限差分法;　(b)有限元法;　(c)边界元法

2. 钣金成型计算机模拟软件

板材成型是一个十分复杂的力学过程。国内外许多科学家都在板料冲压成型有限元数值模拟方面投入了大量的研究,已经形成了一些通用或专用的软件,如 Pam-Stamp,MARC,ABAQUS,ITAS-3D,MTLFRM,ROBUST,OPTRIS,Fastform,Dynaform 等,并相继进入商品化、实用化阶段。根据时间积分法的不同,可将弹塑性有限元法分为静态隐式算法、静态显式算法和动态显式算法。这些软件绝大部分具有完整直观的前、后处理功能,可以直观地在计算机屏幕上观察材料变形和流动的详细过程,了解材料的应力应变分布、破裂和皱曲的形成过程,获得成型所需载荷以及零件成型后的回弹和残余应力分布。在板料有限元模拟成型方面的主要研究方向将集中在以下几点:优化算法、提高计算速度;建立更理想的判据,提高精度和可靠性;快速预测毛坯形状;解决回弹分析精度和有效补偿问题。

3. 拟分析的技术路线

计算机成型模拟仿真,可分为单工步成型仿真和多工步成型仿真。其技术路线如图 11-11 所示。单工步成型仿真步骤如下:划分曲面单元、定义单元部件、以不同的显示方式读取结果。多工步成型分析涉及前、后两个工步之间工件信息的传递,使用上一步分析结果作为工件信息,模具的建立与单工步相同。

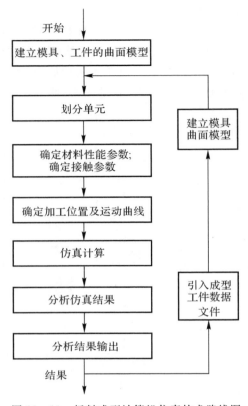

图 11-11　板料成型计算机仿真技术路线图

钣金成型数值模拟的发展趋势如下:

(1)探索成型过程的摩擦机理,建立符合实际的数学力学模型,提高模拟的准确性。

(2)开发先进的板料与模具边界接触、脱离的触模算法和脱模算法。

(3)研究更合理的计算方法。

(4)开发完整的智能化软件。

11.1.4　航空钣金成型中的毛料展开

在航空制造领域,钣金件是飞机重要的组成部分,其成型工艺直接影响着飞机的整体性能,而钣金件展开是钣金件成型模拟的必不可少的一部分,准确展开毛料不仅能节省原材料,减少成型后的修边工作量,而且是改善成型条件、提高成型质量的有效手段之一。

随着航空工业的高速发展,飞机钣金件的结构与外形特征越来越复杂,零件种类繁多,如蒙皮、框肋、壁板等零件,其零件所选用的材料又各不相同,其成型方式也各不相同。在实际生产中,初始毛料的外形尺寸主要依靠几何计算、实验的方式来确定,这种方式所确定的精度不高,成本较高,周期长,因此,飞机钣金件的精确展开问题一直是飞机钣金件成型中首先面临的一个重要难题。经过研究人员的努力付出,提出了许多解决方案,包括滑移线法、几何映射法和有限元逆算法等。表 11-4 是几种方法的比较。

表 11-4　常用飞机钣金件展开算法比较

算法名称	内　容	特　点
滑移线法	基本假设为板料法兰厚度不变,且处于平面应变状态;材料各向同性;无硬化;不考虑摩擦力对塑性流动的影响。滑移线场建立的方法有两种,即数学解析法和分析推理法。能求解简单不规则拉深零件的展开问题	滑移线场的建立是一件繁杂的工作,用手工方法比较困难,用计算机建立滑移线场只能处理平底、直壁、平压料面压延件,因此滑移线场仍然具有一定的局限性,对于复杂形状钣金零件的展开不实用,很难推广
几何映射法	将零件曲面划分成小面片,并基于变形前、后面积相等假设,计算零件初始坯料外形尺寸	假设条件过于简单,其展开精度比较低
有限元逆算法	基于应变理论和本构理论,考虑了工艺条件对钣金零件的影响,建立了有限元平衡方程	简化了钣金零件变形过程,分析效率非常高,因而被广泛应用于钣金零件的展开分析中
有限元增量法	有限元增量法的基本思想是利用计算机反复模拟,分析给定模具和工艺方案所冲压零件变形的全过程,能较准确地掌握材料流动的情况而计算出零件板料的外形轮廓线,将轮廓线以外的单元去掉,就可以得出板料外形,经过多次反复计算和优化计算就能得出较合理的板料外形,以保证拉伸顺利进行	有限元增量法需要很长的计算时间,由于接触边界条件处理的困难,计算模型十分复杂,计算的收敛性受到很大的影响。同时,有限元增量法必须先假定一个毛坯形状才能开始计算,然后根据计算结果对毛坯形状进行修正,每一次计算就相当于一次试模,设计周期长。另外,有限元增量法对使用者要求较高,也限制了该方法的推广使用
经验法	经验法是根据面积不变原则进行钣金毛坯展开计算的一种近似方法	在实际生产中被广泛应用,采用近似几何估算和试模修正相结合的方法得到毛坯展开近似形状,准确度有待提高
逐次逼近法	主要应用于盒形件的毛坯展开	切除余料部分不易定量计算,效率较低
拼合法	其展开原则为,直边部分按弯曲变形展开的长度进行计算,圆角部分按 1/4 圆杯压延变形展开计算毛坯半径,然后用圆角光滑棱角连接过渡区,即可得到毛坯形状	拼合法对压延过程中凸缘材料流动进行的非连续性组合假设和整体转移假设,使得此方法要想获取较高的准确度,就必须使假设对应的零件尺寸尽可能地缩小,而这种假设与实际并不符,因此精度较低
理想成型法	理想成型的基本假设是,变形沿着最小塑性功方向进行,材料为刚塑性,且满足希尔准则(1979 年)	理想成型法没有考虑实际成型条件,如压边力、摩擦力、模具几何尺寸的影响,因而得到的毛坯精度较差
流线法	其主要依据是在冲压过程中,由等势线以及材料流动线所围区域内的质量应处于平衡状态,从而计算出初始板料的形状及尺寸	此方法虽然比滑移线法有所改善,但还是存在与滑移线法相似的缺点,即建立等势线场和描绘材料流线较困难,既费时又费力

11.2 航空材料电火花加工和电解加工

11.2.1 电火花加工特点、原理及分类

电火花加工（Electrical Discharge Machining，EDM）是在 20 世纪 40 年代发展起来的，又称为放电加工、电蚀加工、电脉冲加工等，是一种利用电、热能量进行加工的方法，其基本原理是利用工具和工件（正、负电极）之间脉冲性火花放电时的电蚀现象来蚀除多余的金属，以达到对零件的尺寸、形状及表面质量的加工要求。如图 11-12 所示，置于流动的工作液中的工件 1 和工具电极 4 分别与脉冲电源 2 的正、负极相连，通过脉冲发生器，使工件与工具电极产生脉冲火花放电。由于放电时间很短，放电区域小，所以能量高度集中，放电区的电流密度很大，引起金属材料的熔化或汽化，使工件和工具电极表面被腐蚀成一个小凹坑。多次火花放电后，使工件和工具电极的表面形成无数小凹坑，工具电极不断进给，工件表面不断地被除去，工作液将腐蚀下来的金属带离工作区，这样工具电极的轮廓形状便可复印在工件上，从而达到电火花加工的目的。

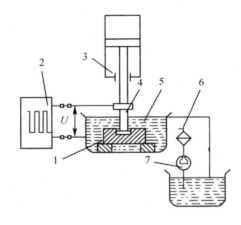

1—工件； 2—脉冲电源； 3—自动进给系统； 4—工具电极；
5—工作液； 6—过滤器； 7—工作液泵
图 11-12 电火花加工原理

电火花加工的特点：加工普通切削加工方法难以切削的材料和复杂形状工件；加工时无切削力；不产生毛刺和刀痕沟纹等缺陷；工具电极材料无须比工件材料硬；直接使用电能加工，便于实现自动化；加工后表面产生变质层，在某些应用中须进一步去除；工作液净化和加工中产生的烟雾污染处理比较麻烦。

按工具电极和工件相对运动的方式和用途的不同，用于改变零件形状或尺寸的电火花加工方法大致可以分为电火花线切割、电火花穿孔成型加工、电火花磨削和镗磨、电火花高速小孔加工、电火花同步共轭回转加工五类；用于改善或改变零件表面性质的电火花加工有电火花表面强化与刻字。其中以电火花线切割和电火花穿孔成型加工应用最为广泛。

复合加工技术是将多种加工方法融合在一起，充分发挥各自的优势，互为补充，同时在加

工过程中共同起作用,能够在一道工序内、使用一台多功能设备,实现多种加工方法的集成加工。

11.2.2　电火花加工技术在航空制造中的应用和发展

电火花可加工任意导电材料,不受材料硬度、脆性、韧性、熔点的限制;加工时无明显的机械切削力,适用于加工结构特殊、形状复杂及薄壁结构的零件,其在航空制造业领域的应用也越来越广泛,发挥着极其重要的作用。

电火花加工在航空工业中,主要应用于以下几个方面。工作叶片:气模孔、端盖孔;空心整流叶片:内筋通气孔、壁面导气窄槽;发动机挡板:异形孔、窄槽;蜂窝封严环磨削;处理环异形孔;挡溅盘、上下缘板、火焰筒、封严环等零件的群孔、异形孔加工;机载零件相关模具加工、起落架、机载零件的电火花表面强化;机载润滑零件的电火花喷涂青铜;涡轮外环静子,内环的群孔、异形孔加工;带冠整体叶轮叶片型面等。

电火花铣复合加工用于机匣、整体叶盘类零件粗加工。高温合金属于难加工材料,也是航空发动机零件常用材料之一。高温合金切削时产生的切削力大、切削温度高,造成工件热变形,使尺寸和形状精度发生变化。同时加工中冷硬现象严重,导致刀具磨损加剧。高温合金零件的加工普遍存在加工成本较高、加工周期较长的特点。特别是高温合金材料的整体叶盘,加工中需要切削掉的材料占整体毛坯锻件的 90% 左右。当刀具直径小于 8 mm 时,刀具系统刚性迅速减弱,进给降幅较大,加工中容易出现断刀现象,影响零件的表面质量。采用电火花铣加工方法,能够节省较高的刀具费用,并且因电火花铣加工几乎没有切削力,不需要复杂的夹具支撑。

电火花磨复合加工用于蜂窝件的加工。导向器组件都是大尺寸的薄壁件,刚性很差,对其蜂窝内表面的粗糙度和尺寸要求较高。采用车削和磨削加工,加工表面的蜂窝孔壁翻卷,产生大量毛刺,将孔眼堵塞难以清除,不能满足零件表面的要求,针对蜂窝件结构的特点采用电火花磨削加工工艺最适宜。

电火花打孔加工技术用于各种小孔和异形孔的加工。航空发动机燃烧室火焰筒类零件带有许多气膜孔,多达数百上千个,并且都是直径 1 mm 左右的微小孔,采用传统机械加工方法很难加工。火焰筒内壁为薄壁易变形机匣零件,属于航空发动机高温部件,采用高温合金材料,零件最大外径为 700 mm 左右,高不足 100 mm,最小壁厚为 0.25~1 mm,零件分布气膜孔为空间斜孔。采用机械加工的方法加工孔径在 2 mm 以下的小孔时,加工过程中钻头容易断裂,很难保证技术要求,特别是在机匣斜壁处钻孔,由于切削力的作用,钻头往往偏离实际加工位置。采用电火花设备加工孔,加工直径最小达到 0.3 mm,而且可以采用多轴同时加工,大幅度提高加工效率。

电火花成型技术常用于大飞机机体中具有合适尺寸的由难切削材料制成的特殊结构零件的制造,如中央操纵机构和舵面之间机械联系的传动装置中的摇臂和传动拉杆中的型腔,飞机燃油系统和滑油系统中的喷嘴和导管连接头,飞机环控系统中液压传动系统组件等。

线切割成型技术常用于大飞机合适尺寸的无干涉构件的成型切割和相关构件模具与工装的切割。线切割成型技术的本质为线电极的电火花放电加工,其加工特点与电火花成型技术相类似。在加工可达性方面稍差,在进行开敞性内封闭结构的切割时,需要预先加工的穿丝位置,但其加工效率明显优于同等功率的电火花成型机床,最大切割效率可达 700 mm/min,并且最佳表面粗糙度值 Ra 可达 $0.02~\mu m$，加工精度可达 $\pm 0.002~mm$，同时准备时间短，使用成本也较低，因此多用于中间和最终加工工序。

电火花表面合金化技术可视为电火花加工技术反向延伸技术，也是大飞机结构功能件表面改性中应用较多的一种工艺，其本质是将一种作为电极的导电材料在另外一种作为基体的导电材料的表面进行合金化冶金反应，形成一种新的合金层，从而改变或提高作为基体的导电材料的表面质量、表面硬度及其他特性的工艺方法。通过此技术，能够有效地提高零件的表面性能，如耐磨性、防腐蚀性、增强表面硬度等，从而达到使零件减重、延寿和增强使用性能的目的。电火花表面合金化技术常用于起落架收放作动筒、襟翼作动筒、环控系统摇臂等具有耐磨需求的功能件的表面改性。

11.2.3 电解加工特点和工艺方法

电解加工是利用金属在电解液中的"电化学阳极溶解"来将工件成型的。如图 11-13 所示，在工件（阳极）与工具（阴极）之间接上直流电源，使工具阴极与工件阳极间保持较小的加工间隙（$0.1\sim0.8~mm$），间隙中通过高速流动的电解液。这时，工件阳极开始溶解。开始时，两极之间的间隙大小不等，间隙小处电流密度大，阳极金属去除速度快；而间隙大处电流密度小，去除速度慢。

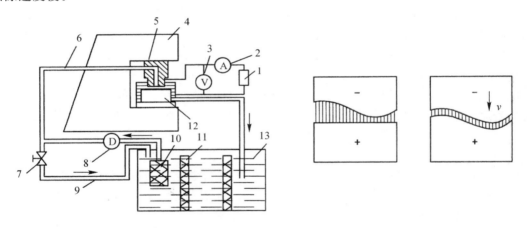

1—直流电源； 2—电流表； 3—电压表； 4—床身； 5—工具； 6—管道； 7—溢流阀；
8—泵； 9—回流管； 10—滤网； 11—纱网； 12—工件； 13—电解液池

图 11-13　电解加工原理图

随着工件表面金属材料的不断溶解，工具阴极不断地向工件进给，溶解的电解产物不断被电解液冲走，工件表面也就逐渐被加工成接近于工具电极的形状，如此下去直至将工具的形状复制到工件上。

电解加工与其他加工方法相比较，具有下列特点：

（1）能加工高硬度、高强度和高韧性等难以切削加工的金属材料，如淬火钢、钛合金、不锈钢、硬质合金等。

（2）生产率高，约为电火花加工的 $5\sim10$ 倍，在某些情况下，比切削加工的生产率还高，且生产率不直接受加工精度和表面粗糙度的限制。

（3）表面质量好，电解加工不产生残余应力和变质层，又没有飞边、刀痕和毛刺。在正常情况下,表面粗糙度 Ra 可达 $0.2 \sim 1.25\ \mu m$,平均加工精度为 $\pm 1\ mm$ 左右,对于型腔精度可以达到 $\pm(0.5 \sim 0.2)\ mm$。

(4)阴极工具在理论上不损耗,基本上可长期使用。

(5)加工过程中无切削力和切削热,工件不产生内应力和变形,可用于加工薄壁和易变形零件。

(6)能以简单的直线进给运动一次加工出复杂的型面和型腔,如锻模、叶片等。

电解加工当前存在的主要问题是加工精度难以严格控制,尺寸精度一般只能达到 $0.15 \sim 0.30\ mm$。此外,电解液对设备有腐蚀作用,电解液的处理也较困难。加工复杂型腔和型面时,工具的制造费用较高,一般不适合于单件和小批量生产;设备占地面积大,附属设备多,初期投资较大。

目前,电解加工主要用于大批量生产条件下难切削材料和复杂型面、型腔、薄壁零件以及异型孔的加工,还可以应用于去毛刺、刻印、磨削、表面光整等方面。

电解加工的基本设备包括直流电源、机床、电解液系统三大部分。

机床的任务是安装夹具、工件和阴极工具,并实现其相对运动,传送电和电解液。它与一般金属切削机床相比,有其特殊要求:有足够的刚性、稳定的进给速度、防腐绝缘与好的安全措施。

电解液系统的作用是连续而平稳地向加工区供给足够流量和合适温度的干净电解液,主要由电解液泵、电解液槽、过滤器、热交换器和管路附件等组成。

在电解加工过程中,电解液不仅作为导电介质传递电流,而且在电场的作用下进行化学反应,使阳极溶解能顺利而有效地进行,同时电解液也担负着及时把加工间隙内产生的电解产物和热量带走的任务,起到更新和冷却的作用。

电解液可分为中性盐溶液、酸性盐溶液和碱性盐溶液三大类。其中中性盐溶液的腐蚀性较小,使用时较为安全,故应用最广。常用的电解液有 $NaCl$,$NaNO_3$,$NaClO_3$ 三种。

(1)$NaCl$ 电解液价廉易得,对大多数金属而言,其电流效率均很高,加工过程中损耗小并可在低浓度下使用,应用很广。其缺点是电解能力强,散腐蚀能力强,使得离阴极工具较远的工件表面也被电解,成型精度难以控制,复制精度差;对机床设备腐蚀性大,故适用于加工速度快而精度要求不高的工件加工。常用的电解液温度为 $25 \sim 35$℃,但加工钛合金时,必须在 40℃ 以上。

(2)$NaNO_3$ 电解液是一种钝化型电解液,在浓度低于 30% 时,对设备、机床腐蚀性很小,使用安全,成型精度比较高,价格也不高。但生产效率低,需较大电源功率,加工时在阴极有氢气析出,$NaNO_3$ 会被消耗。

(3)$NaClO_3$ 电解液的散蚀能力小,故加工精度高,对机床、设备等的腐蚀很小,广泛地应用于高精度零件的成型加工。然而,价格较贵,且 $NaClO_3$ 是一种强氧化剂,虽不自燃,但遇热分解的氧气能助燃,因此使用时要注意防火安全。

由于使用过程中,$NaClO_3$ 电解液中的 Cl 不断增加,电解液消耗,且 Cl 增加后杂散腐蚀作用增加,故在加工过程中要注意 Cl 质量浓度的变化。

电解液的主要作用:作为导电介质传递电流,在电场作用下进行电化学反应,及时带走加工间隙内产生的电解产物。电解液的基本要求是保证足够的蚀除速度即电解质有较高的溶解度和离解度;保证较高的精度和表面质量即电解液中的金属阳离子不应放电沉积到阴极工具上；阳极反应的最终产物应是不溶性的化合物，这主要是便于废液处理，同时它还具有性能稳定、操作安全、价格便宜及对设备腐蚀性小的特点。

11.2.4 电解加工在航空制造中应用和发展

电解加工以其加工速度快，表面质量好，不受材料强度、硬度、韧性限制，无宏观机械切削力，工具阴极无损耗等优点，20世纪60年代初开始，首先在炮管膛线和航空发动机涡轮叶片的加工中得到应用；其后又逐渐扩大应用于加工锻模型腔、深孔、小孔、长键槽等截面叶片整体叶轮叶盘、导向器叶片上的气膜孔、机匣型面以及去毛刺等。在航空工业中，发动机新结构、新材料构件广泛利用电解加工，如钛合金零件、高温涡轮深细冷却孔、整体涡轮和叶轮以及大型环形壳体件的内外旋转表面、中小型支承件、盘形件腹板均可采用电解加工。如今，电解加工技术已成为研制先进航空发动机的关键制造技术之一。

电解加工工艺用于叶片型面的加工。由于航空发动机中叶片数量多且难加工，如果采用传统方法加工，加工劳动量占整台发动机加工劳动量的30%以上。而电解加工方法却能充分发挥其技术特长，不受材料硬度和强度的影响，可一次成型，且效率高，经济性好。国外早在20世纪50年代就开始采用电解技术加工叶片型面，我国从60年代初应用电解加工叶片。叶片材料向高强、高硬、高韧性方向发展和钛合金、钴镍超级耐热合金的采用，以及超精密、超薄、大扭角等特殊结构叶片的出现，对电解加工又提出了更高的技术要求，使电解加工成为航空发动机叶片制造中主要的、不可缺少的优选工艺技术之一。电解加工模具型腔、型面的研究与应用开始于20世纪60年代，1970年前后达到高峰，在航空发动机叶片锻模的加工与修复中发挥了积极作用。

电解加工工艺用于异型孔加工，主要包括难切削材料构件上的深小孔、型孔加工。如空心冷却涡轮叶片和导向器叶片上的气膜孔，特别是深小孔和呈多向不同角度分布的小孔，用普通机械钻削方法特别困难，电解加工方法则使加工效率、加工质量明显提高，加工孔深大大增加。如航空发动机进口导流叶片上深扁防冰孔以及钛合金机匣上的多种型孔、型槽、凸台均可以采用电解加工成型，其加工效率高、加工质量好，是电解加工在航空行业异型孔加工中成功应用的实例。

电解加工工艺用于整体叶轮、整体叶盘加工。为了满足第三代、第四代飞机高推重比、高可靠性的要求，各类新型航空、航天发动机相继采用整体叶轮、整体叶盘结构。美国GE公司早在20世纪80年代开始便与Lehrprecision公司合作采用电解方法先后加工了T700的钢制整体叶盘、F-22的GE37/YF120发动机钛质整体叶盘及F414发动机整体叶盘。对于等截面叶片整体叶轮制造，从20世纪70年代中期开始，电解套料加工就发挥了很好的作用，我国在这一领域已经达到世界先进水平，不仅对高温耐热合金、不锈钢，而且对钛合金、铝合金，在叶片型面精度、表面粗糙度、加工速度方面都取得了很好的加工效果。

电解加工工艺用于机匣型面加工。薄壁机匣的材料通常为钛合金、不锈钢、高温耐热合金等难加工材料，为筒形或环形结构，其表面主要分布有安装边、凸台、加强筋等，在壳体壁上还有一些型孔、沟槽等，型面较复杂；机匣毛坯多为铸造或锻造的圆筒或圆环，从毛坯机加工至复杂结构的机匣成品，去除量将近2/3或更多。去除大余量的难切削材料、加工如此复杂的薄壁件，采用数控切削加工非常困难；而采用若干个不同形状的阴极在均布的不同工位上重复电解加工，可减少大量的刀具费用，获得好的表面质量，还可简化机匣加工的工艺过程比机械切削可提高工效 5～10 倍。因此,在英国、美国、俄罗斯等国家,电解加工机匣成了电解加工的又一成功应用。

电解去毛刺是电解加工的一种特殊的应用形式,已在航空、航天产品的液压件交叉孔、叶片榫齿、齿轮以及航空发动机火焰筒孔边等去毛刺中得到应用。电解去毛刺特别适用于去除硬的、韧的金属材料以及可达性差的复杂内腔部位的毛刺,不仅生产效率高,同时更可保证去毛刺质量,有利于提高产品质量和使用寿命。

11.3　航空材料超声波加工

1927 年,美国物理学家伍德和卢米斯最早做了超声加工试验,利用超声振动对玻璃板进行雕刻和快速钻孔。但当时超声加工并未应用到工业上。1951 年,科恩研制了第一台实用的超声加工机,为超声加工技术的发展奠定了基础。

超声波加工不仅能加工硬质合金、淬火钢等硬脆金属材料,而且更适合于不导电的非金属硬脆材料(如半导体硅片、锗片及陶瓷、玻璃等)的精密加工和成型加工,在航空航天、农业、医疗等方面的用途十分广泛。

11.3.1　超声波加工技术、特点及加工原理

超声波加工是利用工具端面作超声频振动,通过磨料悬浮液加工脆性材料的一种成型加工方法。加工原理如图 11-14 所示,加工时,由液体(水或煤油)和磨料混合的悬浮液加在工具和工件间,并使工具以很小的力 F 轻轻压在工件上。超声波发生器产生 1.6×10^3 Hz 以上的超声频纵向振动,变幅杆把振幅放大到 0.05～0.1 mm 左右,驱动工具端面作超声振动迫使工作液中悬浮的磨粒以很大的速度和加速度不断地撞击、抛磨被加工表面,把被加工表面的材料粉碎成很细的颗粒,从工件上被打落下来。虽然每次打击下来的材料很少,但由于每秒钟打击的次数多达 1 600 次以上,所以仍有一定的加工速度。使该部位的材料不断遭到破坏变成粉末,从而工具端面的形状就复印到工件表面上,获得需要的形状及尺寸。超声波加工能实现去除材料的作用除因磨粒的机械冲击作用之外,还有磨料悬浮液的空化作用。超声波加工是磨料在超声振动作用下的机械撞击和抛磨作用与超声波空化作用的综合作用结果。其中磨粒的撞击作用是主要的。

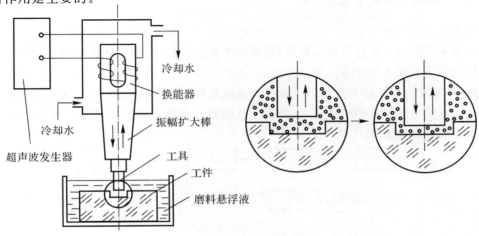

图中标注:冷却水　换能器　振幅扩大棒　工具　工件　磨料悬浮液　冷却水　超声波发生器

图 11-14　超声波加工原理

超声技术的应用可划分为功率超声和检测超声两大领域。功率超声在机械加工方面的应用，按其加工工艺特征大致分为两类，一类是带磨料的超声磨料加工（包括游离磨料和固定磨料），另一类是采用切削刀具与其他加工方法相结合形成的超声复合加工。具体如表 11－5 所示。

表 11－5 超声加工类别

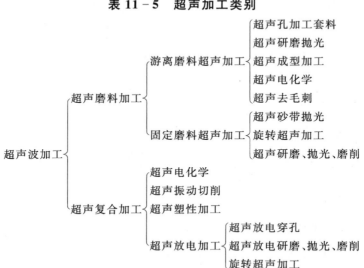

超声波加工的特点如下：

（1）能加工石英、功能晶体、宝石等。对导电的硬质金属材料如淬火钢、硬质合金等，也能进行加工，但更适合于加工各种硬脆材料，特别是不导电的非金属材料，如光学玻璃、陶瓷等。

（2）由于工具可用较软的材料做成较复杂的形状，故不需要使工具和工件作较复杂的相对运动，因此超声加工机床的结构比较简单，操作维修方便。

（3）加工精度高，加工表面质量好。加工表面也无组织改变、残余应力及烧伤等现象。

（4）加工过程中工件受力小，适合于加工薄壁、窄缝等低刚度工件。

11.3.2 超声波加工工艺及设备

1. 超声波加工设备

超声波加工设备又称超声加工装置，包含超声波发生器、超声振动系统、机床本体、磨料悬浮液冷却及循环系统 4 个部分。

（1）超声波发生器。超声发生器也称超声波或超声频发生器，其作用是将工频交流电转变为有一定功率输出的超声频电振荡，以提供工具端面往复振动和去除被加工材料的能量。超声波发生器的组成如图 11－15 所示。

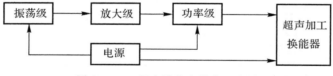

图 11－15 超声波发生器的组成图

（2）超声振动系统。超声振动系统的作用是把高频电能转变为机械能，使工具端面作高频率小振幅的振动以进行加工。它是超声波加工机床中很重要的部件。振动系统由换能器、变幅杆及工具组成。

换能器的作用是将高频电振荡转换成为机械能，目前实现这一功能的有利用压电效应和磁致伸缩效应两种方法。

超声波加工需要 0.01～0.1 mm 的振幅，而压电或磁致伸缩的变形量是很小的，不足以直接用来加工，因此需要通过一个上粗下细的棒杆（即变幅杆）将振幅扩大。变幅杆可制成锥形的、指数形的、阶梯形的等，如图 11-16 所示。

图 11-16　超声波变幅杆

超声波的机械振动经变幅杆放大后即传给工具，使磨粒和工作液以一定的能量冲击工件并加工出一定的尺寸和形状。

（3）机床。超声加工机床一般比较简单，包括支撑振动系统的机架及工作台，使工具以一定压力作用在工件上的进给机构以及床体等部分。

（4）磨料工作液及其循环系统。效果较好而又最常用的工作液是水。为了提高表面质量，有时也用煤油或机油作工作液。磨料常用碳化硼、碳化硅或氧化铅等，其粒度大小是根据加工生产率和精度等要求选定的。

简单的超声波加工装置的磨料是人工输送和更换的，即加工前将悬浮磨料的工作液浇注、堆积在工作区，加工过程中定时抬起工具并补充磨料，也可用小型离心泵将磨料悬浮液搅拌后注入加工间隙中。

2. 超声波加工工艺参数

超声波加工工艺参数主要是指影响加工速度、加工精度、表面质量、工具磨损等的因素。

（1）加工速度及其影响因素。加工速度是指单位时间内去除材料的多少，单位通常以 g/min 或 mm³/min 表示。影响加工速度的主要因素有工具振动频率、振幅、工具和工件间的静压力、磨料的种类和粒度、磨料悬浮液的浓度、供给及循环方式、工具与工件材料、加工面积、加工深度等。

1)工具振动的振幅和频率。一般的规律是:加工速度随工具振动振幅增加而线性增加,振动频率提高,在一定范围内可以提高加工速度。

2)工具对工件的静压力。加工时工具对工件应有一个合适的进给压力,压力过小,则工具末端与工件加工表面间隙增大,从而减弱了磨粒对工件的撞击力和打击深度;压力过大,会使工具与工件间隙减小,磨料和工作液不能顺利循环更新,都将降低生产率。

3)磨料悬浮液。磨料的种类、硬度、粒度,磨料和液体的比例及悬浮液的液体黏度等,对超声波加工速度都有影响,磨料硬度越高,加工速度越快。磨料粒度越粗,加工速度也越快,但加工精度和表面质量则变差。磨料悬浮液浓度低,加工间隙内磨粒少,特别是在加工面积和深度较大时可能造成加工区无磨料现象,使加工速度大大降低。磨料悬浮液浓度增加,加工速度也增加,但浓度太高时,磨粒在加工区域的循环运动和对工件的撞击运动受到影响,又会导致加工速度降低。通常采用的浓度为磨料对水的质量比为 0.5～1 左右。

4)被加工材料。超声波加工适于高脆性的材料,材料越脆,承受冲击载荷能力越差,在磨粒冲击下越易粉碎去除。如以玻璃的可加工性(生产率)为 100%,则锗、硅半导体单晶为 200%～250%,石英为 50%,硬质合金为 2%～3%,淬火钢为 1%。

(2)加工精度及其影响因素。除了机床、夹具精度影响超声加工的精度之外,还与磨粒粒度、工具精度及其磨损情况、工具横向振动大小、加工深度、被加工材料性质等有关。

在通常加工速度下,一般超声波加工的孔径范围为 0.1～90 mm,深度可达直径的 10～20 倍以上。

超声加工孔的精度,在采用 240°～280°磨粒时,一般可达±0.05 mm,采用 W7～W28 磨粒时,可达±0.02 mm 或更高。

加工圆形孔时,其形状误差主要有椭圆度和锥度。椭圆度大小与工具横向振动大小和工具沿圆周磨损不均匀有关,锥度大小与工具磨损量有关。

(3)加工表面质量及其影响因素。超声波加工工件表面不会产生烧伤和表面变质层。

影响加工表面质量的主要因素有磨料粒度和被加工材料性质。被加工材料越脆,加工表面粗糙度越大,磨料粒度尺寸越大,加工表面粗糙度值越大。

11.3.3 微细超声波加工及超精密加工制约因素

以微机械为代表的微细制造是现代制造技术中的一个重要组成部分,晶体硅、光学玻璃、工程陶瓷等硬脆材料在微机械中的广泛应用,使硬脆材料的高精度三维微细加工技术成为世界各国制造业的一个重要研究课题。

微细超声加工在原理上与常规的超声加工相似,是通过减小工具直径、磨料粒度和超声振幅来实现的。通过选择不同的工具端部形状和不同的运动方法,就能进行各种不同形式的微细加工,如打孔、刻槽、研磨以及加工螺纹等。

与光刻加工相比,微细超声既可加工出深宽比大的三维结构,又可用较小的投入进行生产,这决定了超声加工在陶瓷、半导体硅等非金属硬脆材料加工方面的优势。微细超声加工除了加工尺寸微小外,与传统超声加工有相同的原理和特征。日本东京大学用工件激振的工作方式在工程陶瓷材料上加工出了直径最小为 5 μm 的微孔。

目前有两种微细超声加工模式已被用于加工微结构和微型零件,即成型加工和分层扫描加工。

　　成型超声加工工艺被用于在脆硬材料上加工孔,如圆形或成型孔、盲孔或通孔。在加工过程中,通常沿工具轴向施加一个恒定的静载荷以维持进给运动。

　　分层扫描超声加工工艺用在脆硬材料上加工微三维结构,可以采用两种方法:一种是利用复杂形状的工具,将其形状通过超声加工拷贝到工件上。这种加工方法所要求的加工机床结构简单,但加工用的工具必须在其他机床上制备,加工三维型腔时必须将工具二次安装到超声加工机床上,这势必引入安装误差,从而影响加工精度。另一种是利用简单形状的工具配以机床的多轴联动,加工出三维形状。这种加工可以使工具制备和超声加工在同一台机床上完成,由于工具不需要二次安装,故安装精度高,进而容易保证加工精度,很适合于微三维结构的加工。

　　超声加工技术在不断完善之中,正向着高精度、微细化发展,微细超声加工技术有望成为微电子机械系统(MEMS)技术的有力补充。

　　微细超声加工是通过减小工具直径、磨料粒度和超声振幅来实现的。减小工具直径会给加工带来一些困难。首先,制作 $5\sim300\ \mu m$ 这样细小的工具既非易事,也难以在超声头上安装和找正。微细工具的设计、制作是超声加工应用于微细加工领域的前提条件,传统的机械加工方法受切削力、刀具运动干涉及机床加工精度等因素限制,很难制作出尺寸微小且形状复杂的工具,这在很大程度上限制了超声微细加工研究与应用。其次,使用这么细小的工具,很容易发生损坏。最后,工具在长度方向的损耗变大,故得到固定的加工深度是很困难的,而且对于细小工具来说,加工载荷变得太小将很难设置和检测。除此之外,毛细效应使得悬浮液进入到工具端部与工件之间的狭小加工区域变得十分困难。所有这些因素都影响着工艺的稳定性、加工的表面质量、加工效率以及所能达到的形状精度。所以,需要一些新的理念来避免这些缺点而实现稳定的微细超声加工。

11.3.4　超声加工技术在航空工业中的应用

　　现代航空制造业已不是传统意义上的机械制造业,它是一个集机械、电子、光学、信息科学、材料科学、生物科学、激光学和管理学等学科的最新成就为一体的新技术与新兴工业的综合体。航空航天制造工程的发展水平对飞机、火箭、导弹、激光武器和航天器的可靠性和使用寿命的提高,综合技术性能的改善,研制和生产成本的降低,甚至总体设计思想能否得到具体实现均起着决定性的作用。

　　航空技术的发展对材料性能的要求愈来愈高,如比强度和比刚度高、有一定的耐高温和抗低温性能、有良好的耐老化和抗腐蚀能力、有足够的断裂韧性和良好的抗疲劳性能。因此,高温合金、钛合金、高强度钢、先进复合材料和工程陶瓷等材料得到了越来越广泛的应用。如碳基复合材料具有密度低、比强度和比模量高、可设计性强、抗疲劳性能好、耐腐蚀性能好和结构尺寸稳定性好等优点,在航空领域获得了广泛的应用。截至 2008 年,波音 B787 飞机上复合材料的用量已突破性地达到 50%,其后空客公司制造的 A350 飞机上复合材料的用量也达到 52%。再者,功能晶体材料由于其优异的物理、化学和光学性能在航空航天、国防军工、信息、微电子及光电子等尖端科技领域得到越来越广泛而特殊的应用。如何实现光学晶体材料零件的高效精密与超精密加工已成为当前各国关注的新焦点。

　　对于功能晶体材料零件,除要求满足机械尺寸精度外,还要保证零件的光学功能特性,传统的加工工艺流程(磨削后进行研磨和抛光)工序多、周期长、成本高,相应的产品废品率较大,特别是脆性光学零件的精密磨削加工,容易造成加工表面和亚表面损伤。大量理论和试验研究表明,由于超声振动的引入,材料在加工过程中的变形行为、加工机制和刀具受力状态等会发生完全不同于常规机械加工的变化,具有特殊的工艺效果,如切削力小、切削热少,因而不会或者较少引起加工表面的热损伤以及由此引起的电/化学及光学性质的变化,从而可显著提高零件加工质量,并且加工过程平稳,刀具的使用寿命得以大幅度提高,是一种脆性材料精密、高效加工的有效方法。

11.4 航空材料电子束加工

11.4.1 电子束加工原理、特点与分类

电子束加工是以高能电子束流作为热源,对工件或材料实施特殊的加工,是一种完全不同于传统机械加工的新工艺。按照电子束加工所产生的效应,可将其分成两大类,即电子束热效应和电子束化学效应。

电子束热效应是将电子束的动能在材料表面转化成热能,以实现对材料的加工,在真空条件下,利用电子枪中聚焦后能量密度极高($10^6 \sim 10^9$ W/cm^2)电子束,以极高的速度冲击工件表面极小面积,在极短时间(几分之一微妙)内,使被冲击部分的工件材料达到几千摄氏度以上的高温,从而引起材料的局部熔化和汽化,被真空系统抽走。利用电子束的热效应可以对材料进行表面热处理、焊接、刻蚀、钻孔、熔炼,或直接使材料升华。

电子束化学效应是利用电子束代替常规的紫外线照射抗蚀剂以实现曝光,其主要应用领域是电子束曝光。其原理是先在待加工材料表面涂上具有高分辨率和高灵敏度的化学抗腐蚀涂层,利用聚焦后的高能电子束流轰击材料表面,形成抗腐蚀剂图形,最后通过离子注入、金属沉淀等后续工艺将图形转移到材料表面。

电子束加工是由德国的科学家 K. H. 施泰格瓦尔特于 1948 年发明的。作为加热工具,电子束的特点是功率高和功率密度大,能在瞬间把能量传给工件,电子束的参数和位置可以进行精确而迅速地调节,能用计算机控制并在无污染的真空中进行加工。根据电子束功率密度和电子束与材料作用时间的不同,可以完成各种不同的加工。

电子束加工具有如下特点:

(1)由于电子束能够并细微地聚焦,光束直径可达 0.1 μm,所以可加工面积可以很小,能加工微孔、窄缝、半导体集成电路等,是一种精密微细加工方法。

(2)由于电子束能量密度高,足以使任何材料熔化和汽化,所以可以加工脆性、韧性、导体、非导体和半导体材料等,加工材料范围很广。

(3)非接触式加工,不会产生应力和变形;加工精度高,表面质量好。

(4)加工速度很快,能量使用率可高达 90%,加工生产效率高。

(5)容易实现自动化控制。

(6)污染少,材料不易被氧化。

(7)设备价格较贵,加工成本较高。

11.4.2 电子束加工装置

电子束加工装置的基本结构如图 11-17 所示,它主要由电子枪、真空系统、控制系统和电

源等部分组成。

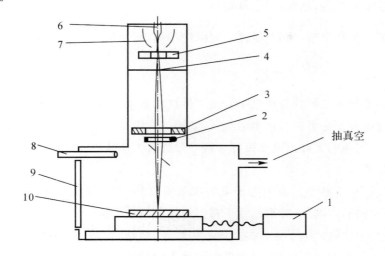

1—工作台系统；　2—偏转线圈；　3—电磁透镜；　4—光阑；　5—加速阳极；
6—发射电子的阴极；　7—控制栅极；　8—光学观察系统；　9—带窗真空室门；　10—工件

图 11 - 17　电子束加工装置结构示意图

（1）电子枪：电子枪包括电子发射阴极、控制栅极和加速阳极等，如图 11 - 17 所示，它可发射电子束，并完成电子束的预聚焦和强度控制。

发射阴极一般用钨或钽制成，在加热状态下发射大量电子。控制栅极是中间带孔的圆筒形，有初步的聚焦作用。阳极通常接地用来加速，阴极为很高的负电压，故能使电子加速。

（2）真空系统：为了避免电子与气体分子之间的碰撞，要保证电子的高速运动，保护发射极和被加工表面不被高温氧化，电子束加工只能在真空中进行；为了保证在电子束加工时的 $1.33 \times 10^{-2} \sim 1.33 \times 10^{-4}$ Pa 的真空度，装置中设计了抽真空系统，它一般由机械转泵和油扩散泵或涡轮分子泵两极组成。

（3）控制系统和电源：电子束加工装置的控制系统包括束流聚焦控制、束流位置控制、束流强度控制以及工作台位移控制等。

1）束流聚焦控制决定着加工点的孔径或缝宽，它使电子流压缩成截面直径很小的束流以提高电子束的能量密度。聚焦方法有两种，一种是利用高压静电场使电子流聚焦成细束，另一种是利用电磁透镜的磁场聚焦。

2）束流位置控制常用电磁偏转来控制电子束焦点的位置，改变电子束的方向，如果使偏转电压或电流按一定程序变化，电子束焦点便按预定的轨迹运动。

3）束流强度控制是在控制极上加上比阴极电位更低的负压来实现的。

4）工作台的位移控制是为了在加工过程中控制工作台的位置，因为电子束的偏转距离只能在很有限的数毫米之内，因此，在大面积加工时需要用伺服电机控制工作台的移动，并与电子束的偏转相结合。

电子束加工装置对电源电压的稳定性要求较高，常用稳压设备，这是因为电子束聚焦以及阴极的发射强度与电压波动有密切的关系。

11.4.3　电子束焊接、刻蚀、打孔及熔炼

电子束加工按其功率密度和能量注入时间的不同,可用于焊接、刻蚀、钻孔、热处理和光刻加工等。

1. 焊接

电子束焊接是利用汇聚的高速电子轰击工件接缝处所产生的热能,通过材料的熔融和汽化使材料牢固地结合。它可以焊接难熔金属,如钽、铌、钼等,也可以焊接钛等化学性能活泼的金属,还可以焊接很薄的工件。电子束能焊接一般焊接方法难以完成的异种金属。

电子束焊接特点如下:

(1)热影响区小,变形小。由于电子束的能量密度高,焊接速度快,所以焊接的焊缝深而窄,对焊缝周边材料的影响小,特别适宜于精密焊接和微型焊接。

(2)焊接接头强度高。电子束焊接一般不用焊条,焊接过程在真空中进行,因此焊缝化学成分纯净,焊接接头强度高于母材,可获得深宽比大的焊缝,焊接厚件时可不开坡口一次成型。

(3)可获得理想的技术性能和显著的经济效益。由于电子束焊接对焊件的热影响小、变形小,可以在工件精加工后焊接。又由于它能够实现异种金属焊接,所以可能将复杂的工件分成几个零件。这些零件可以单独地使用最合适的材料,采用最合适的方法加工制造,最后利用电子束焊接成一个完整的工件。

目前,电子束焊接已经愈来愈多地应用在核反应堆和火箭技术上,来解决高熔点金属和活泼金属及其合金的焊接。

2. 刻蚀

在电子器件生产中,为了制造多层固体组件,可利用电子束对陶瓷或半导体材料刻出许多微细沟槽和孔来,如在硅片上刻出宽 $2.5~\mu m$、深 $0.25~\mu m$ 的细槽,在混合电路电阻的金属镀层上刻出 $40~\mu m$ 宽的线条。

电子束刻蚀还可以用于制板,在铜制印刷滚筒上按色调深浅刻出许多大小和深浅不一的沟槽或凹坑,其直径为 $70\sim120~\mu m$,深度为 $5\sim40~\mu m$。

3. 打孔

电子束打孔时,其功率密度必须提高到能使电子束击中点的材料产生汽化蒸发。一般功率密度在 $10^6\sim10^9~W/cm^2$ 范围。

电子束打孔已经在航空航天、电子、化纤以及制革等工业生产中得到实际应用。目前电子束打孔的最小直径可达 $0.001~mm$,孔的深径比可达 $100:1$,孔的内侧壁斜度约为 $1°\sim2°$。电子束打孔的效率极高,每秒可达几千至几万个。

4. 熔炼

电子束熔炼的基本工艺原理如图 11-18 所示。利用电子束枪发射的高能量电子对金属冲击所产生的热量将其熔化,在熔池内精炼后铸成铸锭,整个熔铸过程在真空环境下进行。熔炼炉的关键部件是能发射精确电子束的穿孔型电子枪及预聚焦室。电子束熔炼的类型很多,常用的有 4 种,即滴熔、连续流熔炼、熔模铸造、坩埚熔炼。

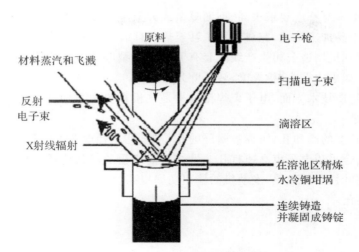

图 11-18　电子束熔炼工艺原理图

11.4.4　电子束加工技术在航空中的应用

电子束加工技术在国外航空产品制造中心已成为广泛应用的关键制造技术之一,实现了常规加工技术难以达到的特殊要求。在航空发动机制造中,电子束可钻制深径比为 10∶1～20∶1 的微孔,而且可以钻斜孔或弯孔,且打孔效率高;在航空机载电子设备制造中,利用扫描电子束蚀刻技术制作线宽小于 0.5 μm、集成度达 256 KB 以上超大规模集成电路;可以对精微零件进行局部的、能量分布可控的热处理;不仅能焊接金属和非金属,特别在焊接不同的金属和高熔点金属方面显示了极大的优越性。电子束焊接已用于飞机主承力框、起落架和发动机鼓筒轴、各类机匣,发展前景广阔。表 11-6 列出了电子束焊在飞机重要承力构件上的应用。

表 11-6　电子束焊在飞机重要承力构件上的应用

国别及公司	机种型号	电子束焊焊接的重要受力构件
格鲁门公司(美国)	F-14 钛合金	中央翼盒
帕那维亚公司(英国、德国、意大利合作)	狂风	钛合金中央翼盒
波音公司(美国)	波音 727	300M 钢起落架
格鲁门公司(美国)	X-29	钛合金机翼大梁
洛克希德公司(美国)	C-5	钛合金机翼大梁
达索·布雷盖公司(法国)	幻影-2000	钛合金机翼壁板、大型钛合金长桁蒙皮壁板
伊留申设计局(苏联)	hii-116	高强度钢起落架构件
英国飞机公司与法国达索·布雷盖公司合作	美洲虎	尾翼平尾转轴
英国飞机公司与法国达索·布雷盖公司合作	协和	推力杆
通用动力公司、格鲁门公司(美国)	F-111	尾翼支撑结构梁
苏霍伊设计局(苏联)	Su-27	高强度钢起落架结构
洛克希德公司(美国)	F-22	钛合金前梁
洛克希德公司(美国)	F-22	钛合金后机身

　　航空产品中很多对精度要求很高、型面复杂或大型零件，加工难度大，甚至无法整体加工，则可将其分成若干易加工单元，完成精加工甚至热处理后，用电子束将其焊接成整体零件。目前，国外飞机和发动机制造公司生产线配套有大、中、小型电子束焊机用于飞机和发动机关键承力构件的焊接，如承力接头、机翼梁、转子叶片等。

　　国外在飞机制造技术方面，电子束焊接技术是飞机重要承力构件，如钛合金承力框、梁等的关键制造技术之一。

　　喷气发动机套上的冷却孔、机翼吸附屏的孔，不仅孔直径改变而且密度连续变化，孔的数量达数百万个，适合采用电子束高速打孔。燃烧室混气板及其某些透平机叶片需要大量的不同方向的斜孔，使叶片容易散热，发动机的输出功率提高。用电子束加工能廉价地在某种叶片上打 3×10^4 个斜孔。

第 12 章　航空材料腐蚀与防护

12.1　概　　述

当金属和周围介质接触时,由于发生化学和电化学作用而引起的破坏叫做金属的腐蚀。从热力学观点看,除少数贵金属(如 Au,Pt)外,各种金属都有转变成离子的趋势,就是说金属腐蚀是自发的、普遍存在的现象。

腐蚀对金属的危害极大。据统计,全世界因腐蚀而损失的金属,约占金属年总产量的10%,甚至更多。金属被腐蚀后,在外形、色泽以及力学性能方面都将发生变化,造成管道泄漏、产品污染、设备破坏,酿成燃烧或爆炸等恶性事故以及资源和能源的严重浪费,使国民经济受到巨大的损失。飞机的燃料和液压等系统的机件腐蚀后,还可能因腐蚀产物的阻塞而影响系统的正常工作,甚至造成严重事故。据估计,世界各发达国家每年因金属腐蚀而造成的经济损失约占其国民生产总值的 3.5%～4.2%,超过每年各项天灾(火灾、风灾及地震等)损失的总和。有人甚至估计每年全世界腐蚀报废和损耗的金属约为 1 亿吨。因此,研究腐蚀机理,采取防护措施,对经济建设有着十分重大的意义。所以,必须了解金属产生腐蚀的原因,并采取切实可行的防腐措施。

12.1.1　金属的腐蚀

金属的腐蚀又叫锈蚀或生锈,指金属与大气、水分、酸、碱等周围介质发生化学作用或电化学作用而引起的破坏。按照腐蚀的机理,腐蚀可分为化学腐蚀及电化学腐蚀,其中电化学腐蚀是最常产生的腐蚀,其危害也更大。

1. 化学腐蚀

金属和周围介质直接发生化学反应而使金属损坏的现象,称为化学腐蚀。其特点是腐蚀过程中,没有电流在金属的内部流动,腐蚀物产生于金属表面。

飞机上的金属零件通常产生的化学腐蚀,一种是与高温燃气接触时,燃气中剩余的氧,或燃料中的硫及硫化物,燃烧后生成的二氧化硫等,直接与金属产生化学作用而引起的;另一种是与煤油、汽油等接触时,这些油料中所含的硫及硫化物直接与金属产生化学作用而引起的。可见硫及硫化物是引起飞机上的金属产生化学腐蚀的重要物质之一,它们来源于飞机上的各种油料。为了预防金属产生化学腐蚀,一方面对飞机使用的各种油料,都严格限制了其中硫化物的含量,不合规格的油料不能使用在飞机上;另一方面不要让燃料等随便滴在金属零件上,若不慎滴上,应及时擦干净。

2. 电化学腐蚀

通常所见的金属腐蚀产物如红褐色的铁锈、白粉状的铝锈、绿色的铜绿等,就是电化学腐蚀的结果。金属的电化学腐蚀就是金属在电解液作用下产生的腐蚀,例如金属在电解质溶液

（酸、碱、盐水溶液）以及海水中发生的腐蚀，金属管道与土壤接触的腐蚀，在潮湿的空气中的大气腐蚀等，均属于电化学腐蚀。飞机上的金属零件所产生的腐蚀，一般都属于电化学腐蚀，其特点是腐蚀过程中有电流产生。

现以铜锌原电池为例来说明电化学腐蚀的实质，如图 12-1 所示。

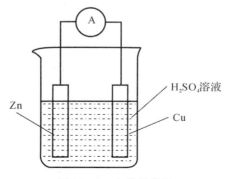

图 12-1　电化学腐蚀

将锌板和铜板放入电解液中，用导线连接，由于两种金属的电极电位不同（见表 12-1），就有电流通过，构成了原电池。由于锌比铜活泼（锌电极电位低），锌易失去电子，故电流的产生必然是锌板上的电子往铜板移动。锌失去电子后，变成正离子而进入溶液，锌就被溶解破坏了，而铜不遭腐蚀。

表 12-1　常见金属在 25℃ 时的标准电极电位

金属元素	Mg	Al	Zn	Fe	Sn	H	Cu	Ag	Pt	Au
电极电位/V	-2.375	-1.66	-0.763	-0.409	-0.1364	0	+0.3402	+0.7996	+1.2	+1.42

从上可知，金属要产生电化学腐蚀应同时具备下面三个条件：

(1)有两种不同的金属；

(2)两种金属互相接触；

(3)有电解液存在。

实际上，即使是同一种金属材料，内部也有不同的组织（或杂质）。这些不同组织的电极电位是不等的，当有电解液存在时，也会构成原电池，从而产生电化学腐蚀。

碳钢是由铁素体和渗碳体两相组成的，铁素体的电极电位低，渗碳体的电极电位高。在潮湿空气中，钢表面蒙上一层液膜（电解质溶液），两相组织又互相接触而导通，从而形成微电池，铁素体成为阳极而被腐蚀，最后碳钢的表面形成腐蚀产物即铁锈，铁锈很疏松无保护作用，因此碳钢在大气中会一直腐蚀下去。

飞机上两种不同金属的零件接触的情形是很多的，而且飞机上的金属制品多数是用合金制造的，组织中含有不同成分。即使是纯金属制品，一般也含有杂质，所以产生电化学腐蚀的前两个条件在飞机上已经具备了。飞机在使用过程中又经常接触到空气中的水分以及受到雨水、霜、露等电解液的浸润。可见，飞机上的金属零件很容易同时具备产生电化腐蚀的三个条件，容易产生电化学腐蚀。飞机上的铝制件不允许与铜合金或镍合金制件直接接触，否则由于它们的电位差大而加速铝制件的腐蚀。

3.腐蚀破坏的类型

金属腐蚀破坏的形式,通常分为全面性腐蚀和局部性腐蚀两大类。

(1)全面性腐蚀。全面性腐蚀是最普遍的腐蚀形式,其特点是暴露的表面普遍受到或大或小相同的腐蚀,而且侵蚀的深度上差别很小。全面性腐蚀对金属的性能影响很大,破坏的危险性较小。

(2)局部性腐蚀。局部性腐蚀指腐蚀主要集中在一定区域。常见的局部性腐蚀有点腐蚀和晶间腐蚀。

1)点腐蚀。当局部性腐蚀的范围很小时,即腐蚀集中在个别小点上时,称为点腐蚀。飞机上的轮毂、导管就常出现点腐蚀。点腐蚀可以发生在许多金属和合金中,但在不锈钢和铝合金中特别敏感。

点腐蚀是一种特别的腐蚀类型,不但能使工件发生穿孔而失效,也有可能在高应力下,这些点腐蚀孔成为疲劳源,使局部损伤扩展而产生疲劳断裂。

2)晶间腐蚀。晶间腐蚀是沿着晶粒边界向内蔓延扩展的一种腐蚀,主要出现在不锈钢中,如 1Cr18Ni9。晶间腐蚀的主要原因是腐蚀处化学成分不均匀(偏析或晶间沉淀引起的局部成分不一致)。例如奥氏体不锈钢的晶界处贫铬,则特别容易引起晶间腐蚀。

晶间腐蚀使金属的晶界遭到破坏,零件的外表虽然往往还保持着完好的状态,但强度却严重地降低了。例如,产生了晶界腐蚀的硬铝蒙皮,外表虽然完整,但却能用木棒甚至手指将它戳穿。飞机上的金属零件产生晶间腐蚀后,不能继续使用,必须更换。

12.1.2　金属的防腐方法

1.常用的防腐方法

(1)改善金属的本质。根据不同的用途选择不同的材料组成耐蚀合金,或在金属中添加合金元素,提高其耐蚀性,可以防止或减缓金属的腐蚀。例如,在钢中加入镍制成不锈钢可以增强防腐蚀能力。在冶炼金属本身的过程中,加入一些合金元素,如铬、镍、锰等,以增强其耐蚀能力。还可利用表面热处理,如渗铬、渗铝、渗氮等,使金属表面产生一层耐蚀性强的表面层。

(2)形成保护层。在金属表面覆盖各种保护层,把被保护金属与腐蚀性介质隔开,这是防止金属腐蚀的有效方法。工业上普遍使用的保护层有非金属保护层和金属保护层两大类。采用化学方法、物理方法和电化学方法实现的,一是用电镀、喷镀等方法镀上一层或多层金属;二是用油漆、搪瓷、合成树脂等非金属材料覆盖在金属表面上;三是用发蓝、磷化等氧化方法,使金属表面自身形成一层坚固的氧化膜,以防止金属的腐蚀。

1)金属的磷化处理。钢铁制品去油、除锈后,放入特定组成的磷酸盐溶液中浸泡,即可在金属表面形成一层不溶于水的磷酸盐薄膜,这种过程叫做磷化处理。

磷化膜呈暗灰色至黑灰色,厚度一般为 $5\sim20\ \mu m$,在大气中有较好的耐蚀性。膜是微孔结构,对油漆等的吸附能力强,若用作油漆底层,耐腐蚀性可进一步提高。

2)金属的氧化处理。将钢铁制品加到 $NaOH$ 和 $NaNO_2$ 的混合溶液中,加热处理其表面即可形成一层厚度约为 $0.5\sim1.5\ \mu m$ 的蓝色氧化膜(主要成分为 Fe_3O_4),以达到钢铁防腐蚀的目的,此过程称为发蓝处理,简称发蓝。这种氧化膜具有较大的弹性和润滑性,不影响零件的精度。故对精密仪器和光学仪器的部件,如弹簧钢、薄钢片、细钢丝等常用发蓝处理。

3)非金属涂层。用非金属物质如油漆、塑料、搪瓷、矿物性油脂等涂覆在金属表面上形成保护层,称为非金属涂层,也可达到防腐蚀的目的。例如,船身、车厢、水桶等常涂油漆,汽车外壳常喷漆,枪炮、机器常涂矿物性油脂等。用塑料(如聚乙烯、聚氯乙烯、聚氨酯等)喷涂金属表面,比喷漆效果更佳。塑料这种覆盖层致密光洁、色泽艳丽,兼具防蚀与装饰的双重功能。

搪瓷是含 SO_2 量较高的玻璃瓷釉,具有极好的耐腐蚀性能,因此作为耐腐蚀非金属涂层,广泛用于石油化工、医药、仪器等工业部门和日常生活用品中。

4)金属保护层。这是以一种金属镀在被保护的另一种金属制品表面上所形成的保护镀层,前一金属常称为镀层金属。金属镀层的形成,除电镀、化学镀外,还有热浸镀、热喷镀渗镀、真空镀等方法。

热浸镀是将金属制件浸入熔融的金属中以获得金属涂层的方法,作为浸涂层的金属是低熔点金属,如 Zn,Sn,Pb 和 Al 等。热镀锌主要用于钢管、钢板、钢带和钢丝,应用最广;热镀锡用于薄钢板和食品加工等的贮存容器;热镀铅主要用于化工防蚀和包覆电缆;热镀铝则主要用于钢铁零件的抗高温氧化等。

(3)改善腐蚀环境。改善环境对减少和防止腐蚀有重要意义。例如,减少腐蚀介质的浓度,除去介质中的氧,控制环境温度、湿度等都可以减少和防止金属腐蚀。也可以采用在腐蚀介质中添加能降低腐蚀速率的物质(称缓蚀剂)来减少和防止金属腐蚀。如,干燥气体封存法,即采用密封包装、在包装空间内放干燥剂或充入干燥气体(如氮气),使包装空间内相对湿度≤35%,从而使金属不易生锈。

目前已有许多国家采用此法包装整架飞机、整台发动机及枪支等,收到良好效果。

(4)电化学保护法。电化学保护法是根据电化学原理在金属设备上采取措施,使之成为腐蚀电池中的阴极,从而防止或减轻金属腐蚀的方法。

1)牺牲阳极保护法。牺牲阳极保护法是用电极电势比被保护金属更低的金属或合金做阳极,固定在被保护金属上,形成腐蚀电池,被保护金属作为阴极而得到保护。

牺牲阳极一般常用的材料有铝、锌及其合金。此法常用于保护海轮外壳,海水中的各种金属设备、构件以及防止巨型设备(如贮油罐)以及石油管路的腐蚀。

2)外加电流法。将被保护金属与另一附加电极作为电解池的两个极,使被保护的金属作为阴极,在外加直流电的作用下使阴极得到保护。此法主要用于防止土壤、海水及河水中金属设备的腐蚀。

金属的腐蚀虽然对生产带来很大危害,但也可以利用腐蚀的原理为生产服务,发展为腐蚀加工技术。例如,在电子工业上,广泛采用印制电路。其制作方法及原理是用照相复印的方法将线路印在铜箔上,然后将图形以外不受感光胶保护的铜用三氯化铁溶液腐蚀,就可以得到线条清晰的印制电路板。三氯化铁腐蚀铜的反应如下:

$$2FeCl_3 + Cu = 2FeCl_2 + CuCl_2$$

此外,还有电化学刻蚀、等离子体刻蚀新技术,比用三氯化铁腐蚀铜的湿化学刻蚀的方法更好,分辨率更高。

2.工厂中常用防腐工艺

(1)钢制件的发蓝处理。将钢制件放在空气-水蒸气或化学药物溶液中加热到适当温度,使其表面形成一层蓝色或黑色氧化膜,以改善钢的耐蚀性,这种工艺称为发蓝处理。例如,把钢制件放入烧碱 NaOH 和氧化剂($NaNO_2$,$NaNO_3$)溶液中,在 140~150℃ 温度下,保温 60~120 min,在表面生成一层以 Fe_3O_4 为主的多孔氧化膜。这层氧化膜牢固地与金属表面结合,经浸油处理(填充氧化膜孔隙)后,能有效地抵抗干燥气体的腐蚀。

发蓝处理广泛应用于机械零件、钟表零件、枪支零件的防腐。

(2)镀锌。锌是一种灰白色的金属,在干燥空气中很稳定,在潮湿空气中易与氧和二氧化碳作用,生成氧化锌和碳酸锌薄膜,这层膜能防止锌继续损坏。锌的电极电位比较低,能对钢铁零件起保护作用。

镀锌广泛用于在大气中工作的钢件及与铝合金接触的钢件。如飞机上起落架支柱轮叉、动作筒外壳、保险丝、开口销等的表面大都镀有一层锌。

(3)铝合金件的阳极氧化法。将铝制品放在硫酸电解槽的阳极上,通以电流,使零件表面生成一层氧化膜,这种方法称为阳极氧化法。阳极氧化法形成的氧化膜与基体金属结合牢固,不仅提高了铝制品的耐蚀性,还增加了表面的耐磨性,由于氧化膜的多孔性,具有较强的吸附油漆的能力,是良好的油漆底层。氧化膜的孔隙还可以吸附各种染料,经着色填充处理,使表面获得各种美丽的色彩。

阳极氧化法广泛用于飞机上的各种铝制件,如导管接头、各系统的摇臂、发动机上的压缩器叶轮等,飞机的蒙皮通常除包纯铝外,还用阳极氧化法来防腐。此外,阳极氧化法还可用于日常生活用器皿、壳体、笔套等铝制品的防腐及装饰。

(4)铜合金的纯化处理。将铜制件浸入氧化剂(铬酐及硫酸混合液)溶液中处理 $2\sim3$ min,制件表面即生成化学稳定性较高的钝化膜,提高了防腐蚀能力。

钝化处理操作简单、经济、不影响零件尺寸,所以仪表中的铜制件,如螺钉、垫片、齿轮等均采用钝化处理。

12.2　飞机的使用环境及破坏特征

飞机在使用过程中会遇到各种环境因素,如化学因素(主要是各种腐蚀介质环境)、噪声环境、热环境等。飞机所处的环境比一般机械更为恶劣,材料所遭受的侵蚀行为更为复杂,破坏程度也更为严重。飞机在这些因素的作用下,其零件材料、结构都会产生一定的破坏,影响其使用寿命。随着飞行速度的提高,这些因素的影响也更加严重、更加复杂化。

飞机与其他机械产品一样,除在设计和工艺制造等方面保证材料和结构具有很好的耐腐蚀破坏的能力以外,还必须研究零部件的表面处理方法,以进一步提高耐蚀性能,从而使其能在各种工作条件下安全、可靠地工作。

12.2.1　飞机使用环境的特点

1.环境因素复杂

中国飞机腐蚀环境分为两大地区:黄河流域、秦岭以北等不易发生大面积腐蚀的地区称为温和区,如沈阳、北京、西安等;长江流域以南、秦岭以南地区称湿热区,如广州、武汉、重庆等。即使在同一个气候区域内,存在的腐蚀介质也千差万别,如日照、水分、酸、碱、盐分等,不同地区的成分及含量也不相同,腐蚀介质环境极为复杂,飞机会发生各种类型的腐蚀,尤其是某些受力构件发生的应力腐蚀断裂和腐蚀疲劳会有很大的破坏性。

2.环境因素是随机变量

飞机在工作时可能遇到的各种环境中,又有多种因素的作用,而各因素对飞机材料、结构的影响也有不同的表现形式,但它们却有着共同的特点,即环境参数(因素)是多元随机变量。例如,沿海地区盐雾含量比内地大得多,城市和工厂内大气中污染物质含量比农村大得多,低空中有害成分比高空中含量多等等。很显然,环境参数(因素)的影响强度随地区、时间(季节、月、日)和高度的变化是随机的。这意味着影响每一个使用环境强度的因素不是单一的,而是多元的。环境强度和多个因素自变量之间不是确定性的函数关系,而是概率关系,需要用统计分析方法去找出彼此之间的变化规律,为飞机设计与制造提供参考数据。

12.2.2 飞机主要部位的腐蚀特性

1.机身部分

有些飞机机身的蒙皮与长桁或框采用胶接点焊的连接方式。在点焊过程中,焊点处留下了热应力并有可能破坏该处的包铝层,又由于焊点处的压紧力较差,易留下缝隙使腐蚀介质渗入而发生缝隙腐蚀。对于采用铆钉连接的蒙皮,由于埋头窝处的蒙皮与铆钉头之间有空隙,使该处的漆层易产生破裂或剥落,当湿气或其他腐蚀介质侵入后,在铆钉周围和蒙皮的边缘产生丝状腐蚀。

机身的客货舱通常为加温增压舱,舱内的暖空调气体冷却后形成冷凝水,凝集在蒙皮的内侧表面,由于湿度较大,是极易出现腐蚀的部位。

对于机身腹部的结构(地板以下区域的长桁、隔框、蒙皮等),处于机内一侧的表面上容易积存潮气、雨水、其他污物污水等,还易于滞留有机气体,形成了恶劣的腐蚀环境,经常出现大面积的结构腐蚀。

机身上开有不同用途的各种舱口、门和接近口,通常由梁、框架、加强接头和口框加强板组成,这些结构容易构成夹缝和空腔,极易产生严重的缝隙腐蚀。

机身后部承压隔框的搭接头和加强条的紧固件,在外力和腐蚀介质的共同作用下,可能出现应力腐蚀断裂和腐蚀疲劳破坏。机身后段的外蒙皮在其机翼部分也易产生腐蚀疲劳裂纹。

2.机翼部分

机翼箱体结构的内侧表面是易于腐蚀的部位,这主要是针对长期停放的飞机,尤其是处在高温高湿度地区的飞机,应当特别注意油箱内的微生物腐蚀问题。机翼箱体结构多采用整体的轧制厚板材料,通常是轧制淬火后经化学铣切加工制成的,这种材料的组织状态在腐蚀介质中极易出现层状腐蚀。前缘蒙皮的外侧表面长期承受带有尘埃的气流冲击,表面氧化膜极易破坏发生磨耗腐蚀。后缘延伸段的蒙皮和襟翼、副翼等活动面处,经常有雨水侵入发生腐蚀。机翼上翼面蒙皮通常采用铝-锌合金板材,对应力腐蚀断裂敏感,耐腐蚀疲劳性能也较差,易出现应力腐蚀裂纹和腐蚀疲劳裂纹。

在机翼和机身的结合部位,为了满足空气动力要求,通常都装有与机翼和机身外形相适配的整流蒙皮,此处便形成了由整流蒙皮与机身和机翼组成的狭窄空腔,腔内易积水且湿气不易排出,此处的蒙皮和支撑构件易出现大面积腐蚀。

3.尾翼部分

对于铝合金的水平安定面和垂直安定面来说,翼梁上、下缘条与翼面蒙皮及前后缘蒙皮的结合处,经常会发生缝隙腐蚀。水平安定面下翼面蒙皮的内侧表面也易发生大面积腐蚀。安定面翼梁构件多采用化铣成型的硬铝型材,与机翼大梁构件一样易发生层状腐蚀。由于尾翼离地面较高,目视检查困难,有的飞机在大修时才发现水平安定面和垂直安定面翼梁的腹板发生了穿透性的剥蚀，这是非常严重的潜在性故障。可转动的水平安定面的翼根接头是高应力承载件，曾有过多次出现应力腐蚀断裂的报道。

4. 起落架部分

前、主起落架舱属于非密封舱，所处的外界环境基本相同，舱内侧壁、顶棚的结构件经常受到空气和跑道的介质与杂质的侵蚀而发生腐蚀。某些飞机的主起落架安装座构件和作动筒支撑座在外力和介质的作用下易产生腐蚀疲劳裂纹。起落架是重要承力机构，它的转动关节处和支柱轴颈及轮轴轴颈等，如果润滑不良而又有腐蚀介质渗入，在长期的摩擦过程中会出现磨损腐蚀。

5. 发动机区域

发动机区域主要指发动机吊舱和发动机的安装构架，发动机吊舱通常包含悬臂梁及发动机安装架的支撑结构和吊舱尾段等。悬臂梁上的发动机安装架的接头处易出现应力腐蚀断裂，发动机的安装连接螺栓由于材料性质和腐蚀介质的影响易产生氢脆性破坏吊舱的侧壁、下盖、大包皮等板形件，在长期的振动作用下，紧固件易发生松动而产生缝隙，当腐蚀介质渗入后会发生腐蚀。吊舱的外侧表面特别是前缘处易受带有腐蚀性尘埃气体的冲击而腐蚀，某些飞机前整流锥尤易受到磨耗腐蚀，有的吊舱尾段结构会受到发动机排气的影响而出现大面积的蚀坑。

6. 发动机主要部件

发动机是决定飞机飞行性能和使用寿命的关键，飞机的安全及可靠性也主要依靠发动机的正常运转。因此，对发动机各零、部件的腐蚀及耐久性问题必须给予充分重视。以下列举出压气机叶片和涡轮叶片的情况。

(1)压气机叶片。压气机位于发动机的前方，在工作时叶片始终接受着高速气流的冲刷，同时承受着气流中所含砂石尘土、盐雾、雨水等多种腐蚀介质的作用。转子叶片还承受着各种应力的作用，如离心力、弯曲应力和振动应力等。压气机段还有温度的影响，但不同级的叶片有不同的工作温度。所以压气机叶片的工作环境比较复杂，腐蚀因素很多，带来的腐蚀问题也是很多的。

不同型号发动机的叶片可用不同的材料制造，随材料性质不同，会出现不同的腐蚀状况。如马氏体不锈钢制造的叶片，在潮湿大气和海洋性大气中工作时，易出现孔蚀，在蚀坑边缘逐步发展成裂纹，进而产生应力腐蚀断裂或腐蚀疲劳，严重的有开裂折断，甚至有造成事故的危险。用锻铝合金制造的压气机叶片，有出现晶间腐蚀和剥蚀的倾向，在强大离心力和振动应力的作用下易发生折断，也曾有过发生折断事故的报道。在我国海南地区使用的铝合金压气机叶片，在飞行 100 h 后检修时，有 60%～90% 的叶片需要更换。用钛合金制造的叶片，由于经常用在前级，所以常产生磨耗腐蚀和摩擦腐蚀。

(2)涡轮叶片。与压气机叶片相比，涡轮叶片的工作环境更为恶劣，除承受着巨大的离心应力、扭曲应力、振动应力和热应力外，同时还受到高温、高压、高速燃气流的作用，而且燃气产物的成分不定，随飞行的区域和燃料种类而变化。所以叶片的工作条件更为苛刻，出现腐蚀破坏的现象也更严重，经常出现的问题有叶片裂纹、叶片叶身细颈、蠕变、热疲劳、热腐蚀、过热、表面损伤等。

涡轮叶片多采用镍基铸造合金制成，叶片上产生的裂纹对叶片的寿命有重要的影响。因为叶片工作时在强烈燃气的冲击下，产生了复合共振(弯曲和扭转的复合)，导致榫槽配合面上出现疲劳裂纹。裂纹特点是单条穿晶的,具有较大危险性,严重时可贯穿整个榫槽,以致造成叶片断裂。

叶片叶身细颈、过热现象,大都是伴随着发动机超温、超转速状态产生的。当涡轮叶片承受过高的温度以后,叶片材料会产生塑性变形、伸长而导致破坏,这种现象称为"细颈"。叶片的高温区是局部的,一般在叶身高度的 2/3 处,所以,"细颈"经常发生在这个区域。叶身过热是一种烧伤,常伴随"细颈"出现,表面因过热而氧化,颜色发黑,材料硬度明显下降。

由于燃气的侵蚀,会在叶片整个表面出现蚀坑,严重时坑点密集、蚀坑深度较大,有可能在坑点处产生应力集中而诱发裂纹。燃气腐蚀现象比较普遍,在各种用途的发动机中都会出现,特别是海军的飞机发动机更为突出。

12.3　常用航空材料的防护

航空材料以铝合金、镁合金、钛合金、高强钢等应用较多,飞机工作环境的特殊性要求材料的密度小、强度高,还必须根据使用部位全面综合地考虑材料的疲劳性能、断裂性能、耐蚀性能、工艺性能及经济性等。

对使用中不允许更换以及难以检查或更换的零部件,应尽量选择耐蚀性较好的材料以确保寿命。金属材料中杂质的种类与含量明显地影响其耐蚀性,尤其是对高强度的钢、铝材料而言更是如此,所以对金属材料的成分应严格控制。因为材料经过热处理会改变组织结构,对其耐蚀性也会产生很大影响,尤其是对晶间腐蚀、应力腐蚀敏感性较大的材料,选择适当的热处理制度更为重要。为了进一步提高材料的耐蚀性,对各种材料的零件应采用相应的防护措施。

1. 铝合金的防护

铝合金在飞机制造业中占有非常重要的地位,合金用量约为飞机结构材料的 70%。

铝是化学性质非常活泼的金属,在自然条件下表面会生成一层氧化铝薄膜,具有较好的耐蚀性。但铝的电位较小,在腐蚀介质中与其他金属材料形成腐蚀电池时,铝总是先遭受腐蚀。不同种类的铝合金在不同的腐蚀环境中会出现不同的腐蚀形态。为了满足工作条件的需要,对铝制零件都应采用相应的防护方法。

(1)常用铝合金的腐蚀特性。防锈铝有铝-锰、铝-镁系两种合金,都具有耐蚀性较好的特点。防锈铝也有产生晶间腐蚀的倾向,随合金元素含量增加,其耐蚀性下降。

硬铝是飞机制造业中应用最多的材料之一。硬铝为铝-铜-镁系合金,其中的铜、镁含量越高,时效强化效果也越明显,耐蚀性下降。LY2 易产生晶间腐蚀、剥蚀和应力腐蚀,对于板材应选用两面包铝的板,各种零件都要经过表面防护处理。

超硬铝是铝-锌-镁-铜系合金,由于合金元素增多,强化效果加大。LC4 是飞机制造业中应用比较成熟、广泛的材料,但耐蚀性较差,尤其是应力腐蚀敏感性大,在设计与制造中应力求减少零件的沟槽、尖角截面突变和表面划伤,以避免发生应力腐蚀断裂破坏的危险。

铸造铝合金能用来制造各种形状复杂的、锻造难以成型的零件,可以减少工序、降低成本,但铸铝的强度一般均低于变形铝合金。ZL-102 是铝-硅系铸造合金,耐蚀性较好。ZL-301 是铝-镁合金,有较高的强度和塑性,耐蚀性也好。ZL-201 强度是铸铝中最高者之一,但铸造性和耐蚀性较差,对零件必须进行防护处理。

(2)铝合金的防护系统。飞机上的铝制零、部件很多,安装在不同的部位,必须根据应用的目的选择适当的表面处理方法并施加相应的涂层(见表 12 - 2),构成铝合金零部件的防护系统,即表面处理→底漆(单层或双层)→面漆。

表 12 - 2 铝合金零件表面处理方法

防护目的		表面处理方法
防蚀	大气	硫酸阳极化(热水或重铬酸盐封闭)
	油漆底层	化学氧化、铬酸阳极化、硫酸阳极化
	装饰	瓷质阳极氧化、硫酸阳极化着色
	减少对基体疲劳的影响	铬酸阳极化、化学氧化

其中的底漆,除了与面漆配套使用外,还有相当一部分要求单独使用,因此要求底漆有很好的耐蚀性,起到底漆和面漆的双重作用。飞机内部的铝合金零件,如型材、板材、框、铸件等其防护系统见表 12 - 3。飞机零件的面漆有很多种,使用在飞机外部的零件对面漆性能有更高的要求,以对飞机蒙皮面漆的要求最严格。

表 12 - 3 飞机内部铝合金零件用涂层系统

序 号	表面处理	涂层系统	干燥规范 温度/℃	干燥规范 时间/h	涂层特性	用 途
1	化学氧化或阳极化	涂一层 H06 - 2 锌黄环氧酯底漆	室温或 60～80	24～36; 4～3	附着力良好,防护性能优于醇酸底漆,可在 120℃ 长期使用	用于飞机内部铝合金零、部件的防护,如蒙皮内表面
2	化学氧化或阳极化	(1)喷涂一层 H06 - 2 锌黄环氧酯底漆; (2)喷涂一层 H04 - 2 环氧硝基磁漆(颜色按飞机部位的要求)	室温或 60～80; 或 100～120; 室温或 60～80	不少于 24; 4～3; 2～1.5; 不少于 4; 3～2	防护性能良好,结合力强,易于施工,但耐候性较差,适用于内部,可在 120℃长期使用	用于飞机内部铝合金零、部件的防护
3	化学氧化或阳极化	(1)喷涂一层 H06 - 2 锌黄环氧酯底漆; (2)喷涂一层 H04 - 10 环氧硝基无光磁漆(颜色按飞机部位要求)	室温或 60～80; 或 100～120; 室温或 60～80	不少于 24; 4～3; 2～1.5; 不少于 4; 3～2	防护性能良好,结合力强,易于施工,但耐候性较差,适用于内部,可在 120℃长期使用	用于要求涂层表面无光的飞机内部铝合金零、部件的防护
4	铬酸阳极化	(1)喷一层天蓝色氨基醇酸水溶性底漆; (2)喷一层酞菁蓝色氨基醇酸水溶性面漆; (3)喷第二层酞菁蓝色氨基醇酸水溶性面漆	120; 120; 120	0.5～1; 1～1.5; 1～1.5	附着力好,耐腐性强、漆膜坚硬,并具有良好的柔韧性	用于铝合金螺旋桨叶的防护

2.镁合金的防护

镁合金的弹性模量小,在受外力冲击时弹性变形功较大,能承受较大的冲击或震动载荷,所以可用来制造起落架轮毂。镁合金的最大缺点是不耐蚀,镁合金的化学活泼性强、电位负,在酸性、中性、弱碱性介质中都不耐蚀,与其他金属相接触时极易产生电偶腐蚀,并有较大的应力腐蚀敏感性。因此对镁合金零部件的防护要特别重视,并应在机械加工过程中采用工序间的防锈措施。

(1)常用镁合金的腐蚀特性。MB8 是镁-锰合金,最大的优点是有较好的耐蚀性,应力腐蚀倾向性小。

MB3 是镁-铝-锌系合金,强度高于 MB8,有较好的塑性,适用于锻造成型,而且切削加工性好,又有较好的腐蚀稳定性。

MB5 为镁-锌-锆系合金,是镁合金中具有最高屈服强度和抗拉强度的材料之一,但有发生应力腐蚀断裂的倾向。

ZM5 是镁-铝-锌系合金,是应用最广的铸镁合金,耐蚀性较好。

ZM2 是镁-锌-锆系合金,耐蚀性较好,强度较高,尤其是具有较高的屈服强度和耐热性。

ZM3 是镁-锆-稀土(主要为铈)系合金,主要的特点是气密性好,有较高的热强度,可在 $200\sim300℃$ 下工作,用于制造高气密性零件,如发动机增压机匣、压气机匣、燃烧室罩、进气道等。

(2)镁合金的防护系统。镁合金的耐蚀能力差,限制了其在航空制造业中的应用,因此,合金的防护问题更为重要。镁合金表面处理有化学氧化和阳极氧化两种,以化学氧化为最多,但化学氧化膜薄只有 $1\sim3~\mu m$,而且膜层较软,在使用过程中易划伤,一般在工序间防锈使用。对于镁合金零部件的防护,化学氧化膜只作为底层,必须加盖多层底漆和面漆之后才有较好的防护能力。

表 12-4 中列出了我国航空工业中常用的镁合金涂层系统。表 12-5 列出了几个国家发动机镁合金零件的涂层系列,其中美国的 Avco 公司采用的 HAE 阳极氧化处理所得膜厚为 $10\sim30~\mu m$,膜层质地坚硬,耐磨性好,对油漆有很好的吸附能力,进一步喷漆后盐雾试验可达 500 h。

表 12-4 镁合金零件用涂层系统

序　号	表面处理	涂层系统	干燥规范		涂层特性	用　途
			温度/℃	时间/h		
1	化学氧化	(1)浸一层 H01-2 环氧酚醛清漆;	150～160	3	具有较好的防水、防潮、防海水、防盐雾等防护性能,但不及加有 H06-2 底漆的好	用于内部镁合金件(包括外部镁合金零件的内表面)
		(2)喷一层加 2%FLU1-4 铝粉的 H04-1 绿环氧磁漆	100～120	2～1.5		

续表

序号	表面处理	涂层系统	干燥规范 温度/℃	干燥规范 时间/h	涂层特性	用途
2	化学氧化	（1）喷一层 H06－2 锌黄环氧酯底漆； （2）喷一层加 3%～10% FLU1－4 铝粉的 H06－2 锌黄环氧酯底漆； （3）喷一层 H04－2 各色环氧硝基磁漆或 H05－4 各色环氧酯无光烘漆，或按规定涂 H04－10 各色环氧硝基无光磁漆	100～120 100～120 100～120	2～1.5 2～1.5 2～1.5	具有较好的防水、防潮、防海水、防盐雾等防护性能	用于内部镁合金件（包括外部镁合金零件的内表面）
3	化学氧化	（1）浸（大型镁合金件允许喷）一层 H01－2 环氧酚醛清漆； （2）喷一层 H06－2 锌黄环氧酯底漆； （3）喷两层加 3%～5% FLU1－4 铝粉的 B01－6 丙烯酸清漆； （4）喷两层 B01－6 丙烯酸清漆	150～160 100～120 室温 室温	3 2～1.5 每层 1 每层 1	具有较好的防水、防潮、防海水、防盐雾等防护性能	用于外部镁合金件
4	化学氧化	（1）喷一层 H06－2 锌黄环氧酯底漆（可加入 3%～5% FLU1－4 铝粉）； （2）喷一层加 3%～5% FLU1－4 铝粉的 H06－2 锌黄环氧酯底漆； （3）喷四层 B04－6 白丙烯酸磁漆（或涂两层加 3%～5% FLU1－4 铝粉的 B01－6 丙烯酸清漆）； （4）喷两层 B01－6 丙烯酸清漆	100～120 100～120 室温（或 100～120） 室温	0.5～1 1～1.5 1～1.5 1～1.5	具有较好的防水、防潮、防海水、防盐雾等防护性能	用于外部镁合金件

表 12 - 5 几种发动机镁合金零件表面防护工艺及涂层系列

发动机名称	国　别	表面处理工艺	镁合金涂层系列	干燥温度、时间
斯贝	英国	重铬酸钾/硫酸锰化学处理；(135～150)℃；干燥 1 h	(1)第一层内外表面涂黏度 15～25 s 酚醛漆,四层黏度 60～70 s 酚醛漆 (2)中间层环氧树脂漆； (3)涂四层聚氨酯磁漆	(150±5)℃,30 min (190±5)℃,1 h (150±5)℃,30 min (190±5)℃,2 h
F100,F110	美国	HAE 阳极化处理；(140±5)℃,干燥 1 h	(1)一层透明环氧树脂底漆； (2)一层透明环氧树脂漆； (3)一层丙三基酞酸盐磁漆； (4)一层丙三基酞酸盐磁漆	(150±5)℃,30 min; (150±5)℃,30 min; (150±5)℃,≤1 h; (150±5)℃,≤1 h
涡喷-8	中国	重铬酸盐化学氧化处理	(1)H06-2 锌黄环氧底漆； (2)H06-2 锌黄环氧底漆+8%～10%铝粉底漆； (3)C$_{M-11}$ 醇酸磁漆 +(18～20)%铝粉面漆	晾放 10 min; (150±10)℃, 1～1.5 h; 160±10℃, 2～2.5 h

3.钛合金的防护

钛的密度只有 4.58 g/m³,而其强度(工业纯钛)与普通钢材相近,所以比强度较高。在 550℃以下钛表面生成致密的氧化膜,能保护金属内部不再进一步氧化,有较高的热强度,可在飞机的中温环境下工作。钛表面的氧化膜使金属成为钝态,在许多高活性介质中都有很高的耐蚀能力,尤其是能耐潮湿大气、海洋性大气和海水的腐蚀。在一般条件下,钛合金不易出现孔蚀和晶间腐蚀,但有产生应力腐蚀断裂、氢脆、镉脆的倾向。钛合金的缺点是工艺性差,不易切削加工,耐磨性也较差,成本较高。

(1)常用钛合金的腐蚀特性。工业纯钛(TA1,TA2,TA3)为单相组织,强度较低,但冷压性能优良,又可进行各种形式的焊接。通常用于制作 350℃以下受力较小的零件及冲压件或焊接成型的零件,如飞机骨架、隔热板、发动机上形状复杂的零件、船舶上耐海水腐蚀的零件等。钛-铝-锡合金(TA7)为单相 α 固溶体组织,有较高的热强度,用于制造在 500℃以下长期工作的零件,如压气机匣、各种模锻件等。钛铝合金 TA6 用于制作 400℃以下工作零件,如蒙皮、骨架、压气机壳体、叶片等。

这类合金有较好的工艺性,便于成型,可以进行热处理提高强度,但焊接性较差。钛-铝-钒合金(TC4)是航空工业中应用最多的钛合金,工艺也最成熟,可在 400℃以下长期工作,有较高的热强度,可用来制造压气机盘和叶片。如果严格控制合金杂质含量,能使合金在低温(-196℃)下保持良好的塑性,用于制造低温部件。钛-铝锰合金(TC1,TC2)均可在 400～500℃环境下工作。

(2)钛合金的防护系统。由于钛合金表面存在氧化膜,电位较正,与负电位金属接触时易使负电位金属发生电偶腐蚀。钛合金不耐磨,不能经受摩擦,必须进行强化处理,以提高其硬度。为了进一步扩大使用范围,可对零件表面施加相应的防护层,具体方法见表 12-6。

表 12-6　钛合金防护方法

使用目的	防护层类别	使用目的	防护层类别
耐磨	镀铬、化学镀镍	防止热盐应力腐蚀	化学镀镍
防止擦伤或黏结	镀银、镀铜	防止缝隙腐蚀	镀钯
防止接触腐蚀	阳极化、离子镀铝	防着火	镀铜、镀镍、离子镀铝
防止气体污染	阳极化		

对于要求进行涂漆的零件,首先经过吹砂或酸洗处理,并在处理后的 4 h 内涂漆,以保持漆膜的良好结合。可根据零件的使用部位,选择适当的单层底漆或由底、面漆组成的涂层系统,具体见表 12-7。

表 12-7　钛合金零件用涂层系统

序　号	表面处理	涂层系统	干燥规范		涂层特性	用　途
			温度/℃	时间/h		
1	吹砂,酸洗	涂一层 H06-2 锌黄环氧酯底漆	室温或室温后 100~120	24~36 15(min) 1.5~1	防护性较好,耐水、耐湿热、耐盐雾性能不如 F06-9 底漆,但长期耐油性比 F06-9 要好	适用于工作温度在 160℃以下的零件内表面的防护
2	吹砂,酸洗	(1)涂一层 H06-2 锌黄环氧酯底漆; (2)涂一层 H04-2 环氧硝基磁漆	室温后 100~120 室温或 60~80 或 100~120	15(min) 1.5~1 24 3~2 1.5~1	防护性能良好,结合力强,但耐候性较差	适用于工作温度在 160℃以下的内部零件的防护
3	吹砂,酸洗	(1)涂一层 B06-2 锌黄环氧酯底漆; (2)涂一层 13-2 丙烯酸聚氨酯磁漆	室温后 100~120 室温或 60~80	15(min) 1.5~1 24	优良的防护性和耐油性,保光保色性优异,漆膜附着力好	适用于工作温度在 160℃以下的外部零件的防护
4	吹砂,酸洗	(1)涂一层 F06-9 锌黄酚醛底漆; (2)涂一层 13-2 丙烯酸聚氨酯磁漆	室温后 100~120 室温或 60~80	15(min) 1.5~1 24 6	优良的防护性、耐油性好,并有优异的保色、保光性	适用于工作温度在 160℃以下的外部零件的防护

续 表

序 号	表面处理	涂层系统	干燥规范		涂层特性	用 途
			温度/℃	时间/h		
5	吹砂,酸洗	(1)涂一层 F06-9 锌黄酚醛底漆, (2)涂一层丙烯酸氨基磁漆	室温后 100～120 120	15(min) 1.5～1 2	良好的防护性能,附着力好,漆膜坚硬	适用于工作温度在 160℃ 以下的可烘烤零件的防护
6	吹砂,酸洗	涂一层 FH1-1 铝色环氧有机硅聚酰胺耐热漆	室温后 120	15(min) 4	在 250℃,100 h 耐热前、后的耐湿热、耐盐雾耐油性能均良好	适用于在 160～250℃ 温度范围工作的零件防护

4.航空用钢的防护

(1)主要航空钢材的腐蚀特性。

1)高强度钢和超高强度钢。飞机、发动机及其附件上的一些重要结构件,如起落架、涡轮轴和油泵的转动轴等,工作时受到很大的应力以及强烈的振动等交变载荷。因此,要求钢材必须具有很高的强度,同时有良好的韧性和塑性,使零件能经受外载荷的作用。30CrMnSiA 是飞机制造业中应用最多的高强度钢,对其进行适当热处理后可以获得良好的综合机械性能和满意的工艺性能,σ_b 为 1 100 MPa。在退火状态可以冷压,并具有较好的焊接性;在正火状态、不完全退火状态都有较好的切削加工性能。可用来制造起落架零件、连接件、机翼对接接头、重要的框肋、涡轮喷气发动机压气机转子的叶片和盘等。40CrNiMoA 经淬火和高温回火后是典型的高强度钢,σ_b 为 1 000 MPa。合金中含镍可以大幅提高钢的韧性,钼的加入可以细化晶粒、提高回火稳定性。所以,经过调质处理后其综合机械性能较好,特别适用于制造承受冲击及交变载荷的重要零件,如喷气发动机中的涡轮轴、压气机轴,活塞式发动机中的曲轴和连杆等。

一般认为,高强度钢和超高强度钢之间并没有明显的界线,同样化学成分的钢,改变热处理状态就可以得到不同水平的强度值,如上所述的 30CrMnSiA 和 40CrNiMoA 钢,在淬火高温回火状态下 σ_b 为 1 100 MPa 左右,属高强度钢。若在淬火低温回火状态,σ_b 为 1 500 MPa 以上,即为超高强度钢了。

30CrMnSiNi2A 是我国航空工业中使用最广泛的超高强度钢,是在 30CrMnSi 钢的基础上提高了铬、锰的含量,又加入了镍元素。经过适当热处理,其强度和韧性均比 30CrMnSi 有所提高,σ_b 可达 1 660 MPa。经退火后有较好的切削加工性能,还可进行焊接,可用来制造最重要的飞机零件,如起落架、机翼大梁、机翼机身对接接头、螺栓等。300 钢(40CrNi2SiMoVA)是中碳低合金超高强度钢,是在 40CrNiMo 钢的基础上增加了硅含量,也少量增加了碳和钼含量,还添加了钒,经过热处理其强度可提高到 1 960 MPa,并兼有优良的塑性、韧性和抗疲劳断裂性能,主要用作制造起落架外筒和活塞杆等。但因碳和合金元素含量较高,其焊接性差,一般不作焊接结构件。

高强度钢和超高强度钢都有较强的应力腐蚀和氢脆敏感性,在设计、加工、实际应用等环节中需特别注意这一问题。

2)不锈钢。航空工业中应用最多的不锈钢是马氏体不锈钢和奥氏体不锈钢。

马氏体不锈钢在可获得较高强度的同时,也有较好的耐蚀性,在海水、大气以及氧化性介质中有良好的耐蚀性,但在含氯、硫的介质中耐蚀性较差,并且要选择合理的热处理制度,否则会产生晶间腐蚀和应力腐蚀的倾向。

"18-8"型铬镍奥氏体不锈钢经过固溶处理,在室温下为单相奥氏体,其冷压、焊接和耐蚀性能都比马氏体不锈钢好,能抵抗 850℃ 以下大气的氧化和 750℃ 以下航空发动机燃气的腐蚀。但如果当工作温度在 500~700℃ 范围时,碳化物 $Cr_{23}C_6$ 将沿奥氏体晶粒边界析出,很容易产生晶间腐蚀,材料的强度也急剧下降,给构件的应用带来很大的危险。为了降低晶间腐蚀的倾向,在 1C18Ni9 钢中加入 Ti,形成 1Cl8Ni9Ti 钢,使钛与碳结合生成 TiC,而不形成碳铬化合物,不使晶界附近的基体形成贫铬区,因此降低了晶间腐蚀敏感性。奥氏体不锈钢还有应力腐蚀敏感性,受力构件在某些腐蚀介质中会发生严重的应力腐蚀断裂。但只要正确地选择合金成分和热处理制度,进行适当的表面处理及确保合理的使用应力,这些危害是可以避免的。

奥氏体不锈钢在飞机上有很多应用,1Cr18Ni9 用于制造飞机蒙皮、机翼、机身、尾翼等零件,1Cr18Ni9Ti 用于制造热气、燃气的排气管和尾锥体以及其他在潮湿介质中工作的零件。

3)高温合金。工作环境性质对航空发动机所用的高温合金也提出了更高的要求:其一,应具有较高的热强度。热强度是指材料在高温下所具有的抵抗塑性变形和断裂破坏的能力,包括高温下的抗拉强度、高温持久强度、蠕变极限、高温机械疲劳强度及高温缺口敏感性等指标。其二,应具有较高的热稳定性,也就是在高温工作条件下的抗氧化、抗热蚀、抗冲刷能力较强。其三,要求材料的比强度和弹性模量更高,这样可以减少发动机及整个飞行器的质量,提高结构刚度。其四,应具有良好的工艺性能,包括冶炼、铸造、压力加工、焊接及切削加工等性能,这也是决定材料能否使用的一个重要前提。

高温合金有三个主要类型:铁基高温合金是在 18-8 奥氏体不锈钢基础上发展起来的,使用温度比镍基合金低,在 600~850℃ 范围内,有较好的综合性能,可作为燃气轮机中工作温度在 750℃ 左右的结构材料。镍基高温合金广泛用于制造航空发动机各类燃气轮机的最热端部件,如导向叶片、涡轮盘、燃烧室等。目前镍基合金能承受的最高温度为 1 000℃ 左右,是高温合金中的重要材料。钴基高温合金的组织稳定性好,导热性比镍基合金稍高,而热膨胀系数较低,这对制作长寿命的静载部件或承受热疲劳的大构件都有很高价值,它还具有优良的耐热蚀和热疲劳性能。但其抗氧化性能要比大多数镍基合金略低,成本高,限制了它的广泛应用。

按照生产工艺的不同,可将高温合金分为变形高温合金和铸造高温合金。变形高温合金以"GH"加序号数字表示,铸造高温合金以"K"加序号数字表示。现将发动机主要零部件所用材料的牌号介绍如下:

用于制造燃烧室与加力燃烧室的材料有:GH30,GH39,GH140,GH44,GH128,GH22 等。

用于制造导向叶片的材料有:K32,K14,K17,K38,K3,K5 等。

用于制造涡轮工作叶片的材料有:GH33,GH143,GH49,GH118,K17,K19 等。

用于制造涡轮盘的材料有:GH36,GH132,GH136,GH135 等。

（2）钢的防护系统。一般的合金结构钢、铸钢及含铬量低于 14% 的不锈钢，在大气中，特别是在潮湿及海洋性环境中耐蚀性不高，经过适当表面处理后还要采用底漆、面漆系统以增加防护能力，对钢铁零件的防护系统介绍如下：

表面处理（镀锌、镀镉、镀镉-钛，吹砂、磷化、钝化）→ 底漆（单层或多层）→ 面漆。

使用温度在 120℃ 以下的一般钢铁零部件，还包括起落架以及部分前、中机身结构的零、部件，采用 H06-2 铁红环氧酯底漆和 H04-2 各色环氧硝基磁漆作面漆。使用温度高于 120℃ 的钢铁零、部件应采用 H61-83 铁红环氧有机硅聚酰胺耐热底漆和 H61-1 铝色环氧有机硅聚酰胺耐热漆作为面漆。对飞机中、后机身中可能接触到燃油、润滑油和水分的钢铁零、部件（整体油箱内接触燃油的钢件除外），需采用耐燃油性能良好的 X04-52 铝粉缩醛烘干磁漆和 X04-52 缩醛烘干清漆涂层。对于在 500℃ 以下工作的钢件，要求防护层具有良好的耐蚀性能和一定的抗氧化能力。对高强度钢进行防护处理时要特别注意防止产生氢脆性的危险，一般均采用低脆性涂层。对含铬量大于 14% 的不锈钢应进行钝化处理。钢材在各种环境下的耐蚀防护层见表 12-8。

表 12-8　钢材在各种环境下的耐蚀防护层

应用目的	防护层种类
常温	锌、镉、离子镀铝、无机盐铝涂层、磷化并涂漆、钝化
中温（500℃）	镍镉扩散层，无机盐铝涂层、离子镀铝、黄铜、乳白铬
60℃ 以上水	镉
海水	镉、镉-锡
油中	发蓝
低氢脆涂层	镉、镉-钛、松孔镉、离子镀铝、无机盐铝涂层、磷化涂漆
油漆底层	磷化

12.4　飞机的热环境影响及防护

在飞机的使用过程中，由于热环境的作用，机体结构的强度、刚度将受到影响并逐渐退化，最终将影响结构的寿命，因此必须考虑这一特殊环境的影响并采取热防护措施。

1. 飞机的热环境及其对材料性能的影响

飞机机身处于被外部（除飞机外）和内部（飞机本身）的热源加热的热环境里。

飞机的外部热源主要是气动加热以及太阳和行星的辐射。所谓气动加热，指的是飞机在飞行时其外表面受到加热的现象。热的产生是因为飞机在空中飞行时，流经飞机表面的空气质点由于摩擦而使其运动受到阻滞，这时，一部分机械能不可逆地变成了所谓空气内能（热能）。然后，飞机外表面通过对流传热过程接受热能而被加热。飞机在任何速度下，表面都存在气动加热现象，但是，在飞行速度较小时，气动加热现象不明显，当飞行速度很高（超声速）时，气动加热将变得非常严重。由此可见，飞机表面的气动加热是随飞行速度而变化的。对飞机来说，飞机外部加热源中的太阳能辐射则由飞行高度、地区纬度、季节、昼夜与太阳的相对位置等因素的控制。

2.高温防护涂层系统

现代燃气涡轮发动机要求效率高、耗油率小、寿命长、安全可靠。为了达到这一目的,采取的主要措施是提高涡轮进口燃气温度。目前,涡轮进口温度已提高到 1 350～1 400℃。在这种情况下,当前的镍基高温合金虽有较好的机械强度,却不能满足高温下的耐腐蚀性能。因为燃气机的耐热部件在高温、高压、高速燃气流之下工作,燃气流中除含有大量的氧以及燃烧产物 SO_2,SO_3,H_2S,V_2O_3 等腐蚀性成分外,还含有大量杂质微粒,随气流以 600～700 m/s 的速度冲刷在零件表面,在高温下这些腐蚀性介质的作用更为剧烈,将使零件遭受严重的破坏。为此,必须在热端部件表面施加一定的防护涂层,以改善材料在高温下的抗氧化性耐热蚀性、耐冲刷性、耐磨损性以及隔热性和绝缘性等,从而保证零件正常工作。

(1)耐热及耐冲刷涂层。发动机要求的耐热涂层,应有抗高温氧化和耐高温燃气腐蚀两种功能。进入燃气轮机的气体中含有大量的氧和一些其他氧化性介质,在高温下它们与金属表面发生反应生成了金属氧化物使金属表面破坏,使其失去了材料原有的机械性能。所以要求抗高温氧化的涂层,必须具有能阻止大气中的氧向基体材料迅速扩散的能力,同时涂层本身的组分也不能向基体材料内部扩散。涂层的熔点应高于零部件的工作温度,涂层稳定,才能有很好的高温防护作用。由于燃气中含有大量的腐蚀性介质,特别是含硫化合物,在高温下它们参与了金属表面的化学反应,发生了热腐蚀过程,使金属破坏更为严重,所以要求耐热腐蚀涂层的组分应不与硫酸盐反应,并能阻止硫酸盐向基体金属内部扩散。热腐蚀主要发生在涡轮叶片的进、排气部位以及承受高压的叶盆等处。另外,燃气中含有大量混入空气的砂粒、尘埃以及燃烧过程中产生的微粒,这些固态物质随高温、高压、高速气流一起冲击在零件表面,将产生严重的磨耗腐蚀。磨蚀作用主要发生在涡轮叶片、加热燃烧室筒体收敛部分、稳定器等部位。

事实上,以上三种腐蚀作用在耐热部件上的发生并没有严格的区分,涂层具有的防护功能越多,其使用价值越高。

1)渗 Al 及 Al-(Cr,Si,Pt)涂层。渗 Al 涂层是应用最早、最广泛的耐热涂层,在镍基、钴基金属表面渗 Al,可获得以 β-NiAl,β-CoAl 相为主的涂层,具有很好的耐热性和力学性能。一般认为,Al 浓度越高、渗层越厚,耐蚀性越好。渗 Al 涂层可用于镍基合金导向叶片和转子叶片的防护。为了进一步提高涂层的性能,加入其他元素进行改进,如 Al-Cr 涂层、Al-Si 涂层、Pt-Al 涂层,各项性能均有改善,尤其是 Pt-Al 涂层的耐热蚀性能有明显的改善。

2)MCrAlY 合金涂层。由于在合金成分中铝的含量较少,而以镍或钴的固溶体为主,因此,这种涂层实际上是一种耐热合金涂层,可采用电子束真空蒸发沉积法、阴极溅射＋电子束蒸发沉积法、低压等离子喷涂法制取。涂层的抗氧化和耐热蚀性能可比渗铝、渗铝-铬等改进的涂层提高几倍。涂层成分和制取方法对性能有很大影响,有实验数据报道证明,以镍为基的 NiCrAlY 涂层的抗高温氧化性能较好,以钴为基的 CoCrAlY 涂层耐高温燃气腐蚀性能较好。在 MCrAlY 涂层中添加铂元素对耐热蚀性能有所提高。

3)热喷涂层。用等离子喷涂工艺喷涂镍-铬-硼-硅自熔性合金涂层及镍-铬合金＋6％铝粉料为底层、氧化铝陶瓷粉为面层的复合涂层,在高温下有很好的化学稳定性和较高的强度与硬度,同时耐热、耐磨及耐冲刷,适于作发动机零件的热防护层。碳化铬-镍铬合金等金属陶瓷以及氧化锆、氧化铬等金属氧化物陶瓷涂层都有很好的抗氧化、耐磨损性能。喷铝是一种应用广泛的工艺,由于表面有一层比较致密的氧化铝膜可以保护基体不受氧化,并耐含硫或硫化物介质的侵蚀,可作为抗氧化耐热蚀涂层,但一般用于钢基零件在850℃以下工作的防护层。

4)高温搪瓷涂层。W-2搪瓷涂层的主要成分是硅钡酸盐玻璃料、三氧化二铬、黏土等。涂料用浸、喷等方法涂于零件表面经高温熔烧制成涂层。涂层与基体材料有良好的结合强度,并具有抗氧化、耐热蚀、耐热震、耐冲刷性能,适用于燃气轮机热端部件的防护。用于镍基、钴基高温合金时,可以明显地改善金属表层的贫铬现象。与W-2高温搪瓷涂层性能相近的还有T-1,B-1000等涂层。但高温搪瓷是无机非金属材料,与金属材料相比,存在着固有的一些缺点。

(2)热障涂层。热障涂层是近年来国内外发展起来的有效高温涂层。涂层不仅有良好的耐热性,还有很好的隔热作用,能降低金属表面温度达200℃,从而明显改善了高温蠕变性能并降低了氧化作用。在不改变金属表面温度的情况下,可以提高涡轮进口温度或者使冷却气流的消耗降低6%。或者在涡轮进口温度不改变的情况下,可以使用性能较低的金属材料。为此,要求涂层热导率低,以减少热量传递并可转移辐射热,还要求其有低的蒸汽压、低的辐射率和高的反射率。涂层的辐射率越低,其隔热作用越好。同时也要求热障涂层有良好的耐热疲劳和耐热冲击性能。

热障涂层通常是在合金基体上喷涂MCrAlY作为结合层,然后再采用等离子喷涂工艺喷一层厚度为0.3 mm～1.0 mm的氧化物陶瓷涂层,如氧化铝、氧化锆等。用MCrAlY作为结合层,是因为此结合层可以提供足够的抗环境腐蚀的能力,及能使氧化物陶瓷层与基体材料的力学性能相匹配,使涂层之间有很好的结合强度,不产生剥离。热障涂层的氧化物陶瓷层,大多数情况下采用含质量分数为6%～8%的Y_2O_3。部分稳定化的氧化锆涂层,在热循环条件下有很好的抗疲劳开裂能力,是理想的热障涂层材料。

据报道,近年来国外采用物理气相沉积法制取的热障涂层有很好的结合强度,其抗剥落寿命比采用等离子喷涂法制取的提高了7倍～10倍。这主要是因为物理气相沉积的陶瓷层是由开口的彼此分离的柱状晶所组成的,每一个柱状晶都与底涂层牢固结合,应变容量很大,是一个柔性层。涂层结构是可以调节的,根据需要可以涂覆开口柱状晶层与致密的封闭层相间的多层组织的陶瓷层。涂层具有良好的柔性,又有防止腐蚀介质侵入的能力。

热障涂层可用作航空发动机涡轮叶片、导向叶片、燃烧室、加力燃烧室筒体的高温防护层。

参 考 文 献

[1] 中国航空材料手册委员会.中国航空材料手册[M].北京:中国标准出版社,1988.

[2] 刘劲松,蒲玉兴.航空材料及热处理[M].北京:国防工业出版社,2014.

[3] 原梅妮.航空工程材料与失效分析[M].北京:中国石化出版社,2014.

[4] 王英杰,张芙丽.金属工艺学[M].北京:机械工业出版社,2016.

[5] 北京航空材料研究院.航空材料技术[M].北京:航空工业出版社,2013.

[6] 刘天佑.金属学与热处理[M].北京:冶金工业出版社,2012.

[7] 侯旭明.工程材料及成型工艺[M].北京:北京工业出版社,2003.

[8] 沈莲.机械工程材料[M].北京:机械工业出版社,1999.

[9] 王运炎.机械工程材料[M].北京:机械工业出版社,1991.

[10] 赵忠.金属材料及热处理[M].北京:机械工业出版社,1998.

[11] 王纪安.工程材料及材料成形工艺[M].北京:高等教育出版社,2000.

[12] 王晓敏.工程材料学[M].北京:机械工业出版社,1999.

[13] 吴兆祥.模具材料及热处理[M].北京:机械工业出版社,2000.

[14] 程培源.模具寿命与材料[M].北京:机械工业出版社,1999.

[15] 崔忠圻,覃耀春.金属学与热处理[M].北京:机械工业出版社,2009.

[16] 刘英俊.塑料填充改性[M].北京:中国轻工业出版社,1998.

[17] 王经武.塑料改性技术[M].北京:化学工业出版社,2004.

[18] 杨序纲.复合材料界面[M].北京:化学工业出版社,2010.

[19] 张长瑞.陶瓷基复合材料[M].长沙:国防科技大学出版社,2001.

[20] 王荣国,武卫莉,谷万里.复合材料概论[M].3 版.哈尔滨:哈尔滨工业大学出版社,2004.

[21] 中化报.塑料复合材料在我国航空航天工业中的应用[J].工程塑料应用,2003,31(8):14-14.

[22] 刘丽萍,冯志力,刘嘉.航空橡胶密封材料发展及应用[J].军民两用技术与产品,2013(6):13-16.

[23] 吴文林.浅析塑料、合成纤维、合成橡胶的结构特点[J].科学导报,2016(6):256.

[24] 姚琳.橡胶与金属的黏合技术[J].现代橡胶技术,2003(3):24-27.

[25] 张斌.浅析高分子合成技术与趋势展望[J].消费导刊,2013(3):149-149.

[26] 朱逸生.纤维材料在航空领域的应用[J].合成纤维,2009,38(04):1-4.

[27] 赵金榜.航空涂料及其今后发展[J].现代涂料与涂装,2011,14(5):26-30.

[28] 张广艳,李欣,黄倪丽.耐热结构胶黏剂的发展概况及其展望[J].化学与黏合,2005,27(3):169-171.

[29] 陆刚.聚氨酯涂料现状及发展趋势[J].化学工业,2013,31(1):23-26.

[30] 曲远方.功能陶瓷材料[M].北京:化学工业出版社材料科学与工程出版中心,2003.

[31] 董显林.功能陶瓷研究进展与发展趋势[J].中国科学院院刊,2003,18(6):407－412.

[32] 邢丽英,张佐光.结构隐身复合材料的发展与展望[J].材料工程,2002(4):48－51.

[33] 刘献明,付绍云,张以河,等.雷达隐身复合材料的进展[J].航空电子技术,2004,35(2):31－36.

[34] 曲艳双,朱迅,董鹏,等.树脂基复合材料的黏弹性研究进展[J].纤维复合材料,2008,25(1):42－44.

[35] 王敏.金属复合材料[J].金属功能材料,2003,10(4):47－48.

[36] 张荻,张国定,李志强.金属基复合材料的现状与发展趋势[J].中国材料进展,2010,29(4):1－7.

[37] 陈剑锋,武高辉,孙东立,等.金属基复合材料的强化机制[J].航空材料学报,2002,22(2):49－53.

[38] 王基才,尤显卿,郑玉春,等.颗粒增强金属基复合材料的研究现状及展望[J].硬质合金,2003,20(1):51－55.

[39] 黄玉东,曹海琳,邵路,等.碳纤维复合材料界面性能研究[J].宇航材料工艺,2002,32(1):19－24.

[40] 郑安呐,胡福增.树脂基复合材料界面结合的研究:界面分析及界面剪切强度的研究方法[J].玻璃钢/复合材料,2004(5):12－15.

[41] 邱海鹏,陈明伟,谢巍杰.SiC/SiC陶瓷基复合材料研究及应用[J].航空制造技术,2015,483(14):94－97.

[42] 张立同,成来飞.新型碳化硅陶瓷基复合材料的研究进展[J].航空制造技术,2003(1):24－32.

[43] 张立同,成来飞.连续纤维增韧陶瓷基复合材料可持续发展战略探讨[J].复合材料学报,2007,24(2):1－6.

[44] 周洋,袁广江,徐荣九,等.高温结构陶瓷基复合材料的研究现状与展望[J].硅酸盐通报,2001,20(4):31－36.

[45] 陆有军,王燕民,吴澜尔.碳/碳化硅陶瓷基复合材料的研究及应用进展[J].材料导报,2010,24(21):14－19.